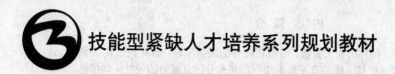

技能型紧缺人才培养系列规划教材

计算机组装与维护案例教程
（第二版）

王浩轩　沈大林　主　编

曾　昊　赵　玺　万　忠　王爱赪　副主编

U0310447

中国铁道出版社
CHINA RAILWAY PUBLISHING HOUSE

内 容 简 介

　　本书介绍了计算机系统、硬件的相关参数、计算机硬件的采购常识、计算机组装和维护、计算机检测与优化和计算机的维护与维修的有关基本知识，并充分注意最新的硬件采购信息。

　　本书共分 7 章，第 1 章介绍的是基本知识，为全书学习奠定基础；第 2、3、4 章介绍了计算机硬件的相关知识和选购常识，要求结合学习，通过上网和调查市场了解硬件产品，做到学习与实践相结合；第 5、6、7 章均是结合学习相关知识进行具体操作，边操作边学习相关的知识。

　　本书适应社会、企业和学校的需求，可以作为中等职业学校计算机专业的教材，也可作为培训学校的培训教材，还可以作为硬件爱好者的自学用书。

图书在版编目（CIP）数据

计算机组装与维护案例教程 ／ 王浩轩，沈大林主编.
—2 版. —北京：中国铁道出版社，2015.3
技能型紧缺人才培养系列规划教材
ISBN 978-7-113-19304-1

Ⅰ. ①计… Ⅱ. ①王… ②沈… Ⅲ. ①电子计算机－
组装－教材②计算机维护－教材 Ⅳ. ①TP30

中国版本图书馆 CIP 数据核字（2014）第 226042 号

书　　名：**计算机组装与维护案例教程（第二版）**
作　　者：王浩轩　沈大林　主编

策　　划：尹　娜　　　　　　　　　　读者热线：400-668-0820
责任编辑：李中宝
编辑助理：孙晨光
封面设计：付　巍
封面制作：白　雪
责任校对：汤淑梅
责任印制：李　佳

出版发行：中国铁道出版社（100054，北京市西城区右安门西街 8 号）
网　　址：http://www.51eds.com
印　　刷：北京鑫正大印刷有限公司
版　　次：2009 年 12 月第 1 版　　2015 年 3 月第 2 版　　2015 年 3 月第 1 次印刷
开　　本：787 mm×1092 mm　1/16　印张：15.25　字数：363 千
书　　号：ISBN 978-7-113-19304-1
定　　价：29.80 元

技能型紧缺人才培养系列规划教材

序

1982 年大学毕业后，我开始从事职业教育工作，那是一个百废待兴的年代，是职业教育改革刚刚开始的时期。开始进行职业教育时，我们使用的是大学本科纯理论性教材。后来，联合国教科文组织派来了具有多年职业教育研究和实践经验的专家来北京传授电子技术教学经验，专家抛开了我们事先准备好的教学大纲，发给每位听课教师一个实验器材，边做实验边讲课，理论完全融于实验的过程中。这种教学方法令我耳目一新并为之震动。后来，我看了一本美国麻省理工学院的教材，前言中有一句话的大意是："你是制作集成电路或设计电路的工程师吗？你不是！你是应用集成电路的工程师！那么你没必要了解集成电路内部的工作原理，而只需要知道如何应用这些集成电路解决实际问题。"再后来，我学习了素有"万世师表"之称的陶行知先生的"教学做合一"教育思想，也了解到了这些思想源于他的老师——美国的教育家约翰·杜威的"从做中学"的教育思想。以后，我知道了美国哈佛大学也采用案例教学，中国台湾的学者在讲演时也都采用案例教学……这些中外教育家的思想成为了我不断探索职业教育教学方法和改革职业教育教材的思想基础，点点滴滴融入到我编写的教材之中。现在我国职业教育又进入了一个高峰期，职业教育的又一个春天即将到来。

现在，职业教育类的大多数计算机教材应该是案例教程，这一点似乎已经没有太多的争议，但什么是真正符合职业教育需求的案例教程呢？是不是有例子的教材就是案例教程呢？许多职业教育教材也有一些案例，但是这些案例与知识是分割的，仅是知识的一种解释。还有一些"百例"类丛书，虽然例子很多，但所涉及的知识和技能并不多，只是一些例子的无序堆积。

本套丛书采用案例带动知识点的方法进行讲解，学生通过学习实例，掌握软件的操作方法、操作技巧或程序设计方法。本套丛书以一节为一个单元，对知识点进行了细致的取舍和编排，按节细化知识点并结合知识点介绍了相关的实例，将知识和案例放在同一节中，知识和案例相结合。本套丛书基本是每节由"案例效果""操作步骤""相关知识"和"思考与练习"四部分组成。"案例效果"中介绍了学习本案例的目的，包括案例效果、相关知识和技巧简介；"操作步骤"中介绍了实例的制作过程和技巧；"相关知识"中介绍了与本案例有关的知识；"思考与练习"中介绍了与案例有关的进阶案例。读者可以边进行案例制作，边学习相关知识和技巧，轻松掌握软件的使用方法、使用技巧或程序设计方法。

本套丛书的优点是符合教与学的规律，便于教学，不用教师去分解知识点和寻找案例，更像一个经过改革的课堂教学的详细教案。这种形式的教学有利于激发学生的学习兴趣、培养学生学习的主动性，并激发学生的创造性，能使学生在学习过程中充满成就感和探索精神，使学生更快地适应实际工作的需要。

本套丛书还存在许多有待改进之处，可以使它更符合"能力本位"的基本原则，可以使知识的讲述更精要明了，使案例更精彩和更具有实用性，使案例带动的知识点和技巧更多，使案例与知识点的结合更完美，使习题的趣味性等更显著……这些都是我们继续努力的方向，也诚恳地欢迎每一位读者，尤其是教师和学生参与进来，期待您们提出更多的意见和建议，提供更好的案例，成为本套丛书的作者，成为我们中的一员。

沈大林

第二版前言

　　随着计算机技术的飞速发展，虽然计算机的核心硬件技术仍然让非专业人士望而却步，然而计算机内部的架构已经远不如以往那样复杂，知识和经验已经成为了优秀的组装和维护人员最重要的资本。

　　针对读者的需求，同时根据职业教育中"突出实践"的原则，本书介绍了计算机系统的有关基本知识、硬件的相关参数、微型台式计算机硬件的采购常识和组装，微型计算机的检测与优化以及微型台式计算机的维护与维修基本知识。本书充分注意保证知识的完整性、系统性和时效性，使读者了解计算机硬件的相关知识、最新的硬件采购信息、组装完整的计算机和维护计算机等方面的知识。

　　本书共分7章，第1章介绍了计算机和微型计算机的发展，计算机工作原理和微型计算机系统的组成，计算机的应用，计算机内数据的表示和微机性能评价方法等内容；第2章介绍了计算机硬件的组装以及主板的结构，CPU、内存、机箱、硬盘、光驱、接口卡和外设的分类和特点，BIOS的设置等；第3章介绍了CPU、内存、机箱、硬盘、光驱和接口卡的选购常识和产品参数以及相关产品等；第4章介绍了显示器、键盘、鼠标、音箱和打印机等外设的指标和选购常识以及相关产品等；第5章介绍了Windows 7的时钟、语言和区域、计算机系统属性的设置方法；第6章介绍了计算机硬件部件和计算机系统的检测和优化，介绍了GPU-Z、3DMark Vantage、PCMark8、Windows 7优化大师和魔方电脑大师等十几款系统测试和优化软件的使用方法；第7章介绍了注册表和注册表应用常识，介绍了计算机的正确使用、保养和故障维修常识等。

　　本书具有两个突出的特点：一是信息量大，较全面地介绍了计算机的许多知识，同时介绍了大量实操内容；二是采用了理论联系实际的教学方法，结合实践和实操学习相关知识。除了第1章外，每一节均由四部分组成，第1部分为"案例描述"，第2部分为"实战演练"，第3部分为"相关知识"，第4部分为"思考与练习"。建议教师在使用本书进行教学时，可以针对四部分不同的特点采取不同的教学方法，将实战演练操作与相关知识有机地结合在一起，可以达到事半功倍的效果。采用这种方法学习的学生，掌握知识的速度快、学习效果好。

　　本书是第2版，介绍的硬件产品全面更新，计算机组装部分也介绍了较新的主板和配件的安装方法，Windows操作系统部分介绍了新版Windows 7，各种测试软件的版本也全面更新，并介绍了一些新测试软件的使用方法。全书的结构也作了适当的调整，更适合于教学。

　　本书主编为王浩轩和沈大林，副主编为曾昊、赵玺、万忠、王爱赪。许崇、陶宁、郑淑晖、张伦、肖柠朴、崔玥、郝侠、于建海、吴飞、丰金兰、王小兵、靳轲、苏飞、迟萌、王加伟等参加编写。

　　本书适应社会、企业和学校的需求，可作为中等职业学校计算机专业的教材，也可作为培训学校的培训教材，还可以作为硬件爱好者的自学用书。

　　由于技术的不断变化以及操作过程中的疏漏，书中难免有疏漏和不妥之处，恳请广大读者批评指正。

编　者

2014年12月

目录

CONTENTS

第1章 计算机概述

当今世界，随着科技的发展，计算机得到飞速发展，计算机是现代化社会的重要标志。无论电子计算机怎样变化，就其基本工作原理而言，都遵循存储程序和程序控制的原理，其基本结构都属于冯·诺依曼型计算机，即电子计算机至少应由运算器、控制器、存储器、输入设备和输出设备五部分组成。本章主要介绍关于微型计算机的一些基本常识和基本概念。

1.1 了解计算机

计算机是一种能够快速、高效地完成信息处理的数字化电子设备，它能按照人们编写的程序对输入的数据进行加工处理、存储、传送并输出信息。

1.1.1 计算机的发展和分类

1. 计算机的发展

（1）第 1 代计算机（1946—1958 年）：1946 年，世界上出现了第一台由电子管构成的数字式电子计算机 ENIAC（全称叫"电子数字积分计算机"），它问世于美国宾西法尼亚大学，如图 1-1-1 所示。ENIAC 由 18 000 多个电子管组成，占地 170 m^2，总质量为 27 t，功率为 150 kW，运算速度为每秒进行 5 000 次加法或 400 次乘法运算，是计算机发展历史上的一个里程碑。

第 1 代计算机的体积较大，运算速度慢，存储容量小，价格昂贵，使用不方便。主要用于科学计算，只在重要部门或科学研究部门使用。

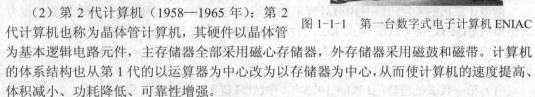

图 1-1-1 第一台数字式电子计算机 ENIAC

（2）第 2 代计算机（1958—1965 年）：第 2 代计算机也称为晶体管计算机，其硬件以晶体管为基本逻辑电路元件，主存储器全部采用磁心存储器，外存储器采用磁鼓和磁带。计算机的体系结构也从第 1 代的以运算器为中心改为以存储器为中心，从而使计算机的速度提高、体积减小、功耗降低、可靠性增强。

（3）第 3 代计算机（1965—1970 年）：第 3 代计算机也称为集成电路计算机，其硬件采用中、小规模集成电路为主要逻辑电路元件，主存储器从磁心存储器逐步过渡到半导体存储器，使得计算机体积进一步减小，运算速度、运算精度、存储容量以及可靠性等主要性能指标大为改善。

（4）第 4 代计算机（1970 年至今）：计算机进入了超大规模集成电路时代，其硬件采用大规模和超大规模集成电路，主存储器采用半导体存储器。伴随超大规模集成电路集成度的不断提高，微处理器不断发展，微型计算机也随之迅速发展。微处理器是一种超小型化的电子器件，它把计算机的运算器、控制器等核心部件集成在一个集成电路芯片上。微处理器的出现开辟了计算机的新纪元，在此基础上出现了世界第一台真正的个人计算机 Apple II，如图 1-1-2 所示。

图 1-1-2 个人计算机 Apple II

在此期间，计算机外围设备和软件业得到了迅猛发展，出现了面向对象的程序设计思想，数据库技术得到了广泛应用，网络技术也不断发展。随着超大规模集成电路的广泛应用，计算机在存储容量、运算速度和可靠性等各方面都得到了很大的提高。

硅芯片技术的高速发展同时也意味着硅技术越来越接近其物理极限，为此，世界各国的研究人员正在加紧研究开发新型计算机，人们正试图用光电子元件、超导电子元件、生物电子元件等来代替传统的硅电子元件，计算机从体系结构的变革到器件与技术革命都要产生一次量的乃至质的飞跃。新型的量子计算机、光子计算机、生物计算机、纳米计算机等具有模仿人的学习、记忆、联想和推理等功能，它们将会在 21 世纪走进我们的生活，遍布各个领域。

2. 微型计算机的发展

微型计算机就是个人计算机（personal computer），通常所说的 PC 就是微型计算机。微型机属于第四代计算机产品，是集成电路技术不断发展、芯片集成度不断提高的产物。

微型计算机硬件系统的核心是中央处理器（central processing unit，CPU），或者称为微处理器（microprocessor unit，MPU），通常它是由一片或几片大规模集成电路组成的具有运算器和控制器的中央处理机部件。有时为了区别大、中、小型中央处理器（CPU）与微处理器，把前者称为 CPU，后者称为 MPU。从其工作原理上来讲，微型计算机与其他几类计算机没有本质的差别。不同的是采用了集成度较高的超大规模集成电路（VLSI），将组成计算机硬件系统的两大核心部件——运算器和控制器，集成在一片或几片大规模集成芯片内。

微型计算机（microcomputer）是指以微处理器为核心，配上由大规模集成电路制作的存储器、输入/输出接口电路及系统总线所组成的计算机（简称微型机，又称微型电脑）。有的微型计算机把 CPU、存储器和输入/输出接口电路都集成在单片芯片上，称之为单片微型计算机，也叫单片机。桌面计算机、笔记本电脑、游戏机和种类众多的手持设备等都属于微型计算机。

微型计算机的发展阶段是由微处理器的发展决定的，IBM 公司选定了 Intel 的芯片作为其微型机 IBM PC 的 CPU，从此 Intel 的发展之路在很大程度上反映了 CPU 的发展之路及微型机的发展历史。下面以微处理器的发展、演变过程为主要线索，以 Intel 公司的微处理器产品为主线，介绍微型机的发展过程。

（1）第一代微处理器：1971—1973 年，微处理器字长 4 位和 8 位，低档。

1971 年 11 月 15 日，Intel 公司推出第一片 4 位微处理器 Intel 4004，一次可对 4 个二进制数进行运算（即字长为 4 位），它的功能相当于一台 ENIAC，4004 芯片上集成了 2 250 个晶体管，工作频率为 108 kHz。Intel 公司把 Intel 4004 和一块随机存取存储器芯片、一块只读存储器芯片和一块寄存器芯片组合在一起，制成了一台 4 位微型计算机 MCS-4，这是世界上第一台微型计算机。1972 年 4 月，Intel 8008 芯片问世。它是最早的 8 位微处理器，能同时对 8 个二进制位的数字进行传送和运算（字长为 8 位），计算能力和适应范围都优于 4004。

（2）第二代微处理器：1974—1977 年，微处理器字长是 8 位，中、高档。

1974 年，Intel 公司推出了 8080 型微处理器，它的运算速度比 4004 型要快 20 倍，芯片上集成了 6 000 个晶体管，时钟频率为 2 MHz。同时诞生了以 8080 为核心的微型计算机 MITS Altair 8800。1975 年，出现了集成度更高、性能更强、速度更快的 Z80 微处理器。它是 Zilog 公司在 Intel 8080 的基础上加以提高而制造出来的一种 8 位微处理器。1977 年，Intel 公司推出了 Intel 8085。

这一时期，微处理器的设计和生产技术已经相当成熟，组成微机硬件系统的其他部件也愈来愈齐全，集成度与速度越来越高，功能越来越强，组成系统的芯片也逐渐减少。

（3）第三代微处理器：1978—1983 年，微处理器字长为 16 位。

1978 年，超大规模集成电路工艺取得突破性进展，各大公司推出了可以与过去中档小型机比拟的 16 位微处理器，如 Intel 公司的 8086 等。1982 年，Intel 公司又推出了增强型 16 位微处理器芯片 80286，它集成了 13 万多个晶体管，主频达到了 20 MHz，增加了存储器保护和管理功能，并对虚拟存储寻址达 1 GB，使得 80286 成为多用户、多任务处理的微处理器，而这些曾是小型机和大型机的配置。

微处理器的发展，并不仅仅是集成度的提高和字长的增大，而且还有更多的寄存器，更强的存储器寻址能力，更多的寻址方式，更高的速度，更新的体系结构，更强大的指令系统和存储器管理功能。

（4）第四代微处理器：1984—1992 年，微处理器字长为 32 位。

许多公司相继研制开发了 32 位微处理器，如 Motorola 公司的 68020 微处理器、Zilog 公司的 Z80000 微处理器以及 Intel 公司在 1985 年 10 月推出的 80386 微处理器，它们都是 32 位的 CPU 芯片，用以制造微型计算机。其中，80386 芯片集成了 27.5 万个晶体管，时钟频率达到 33 MHz，使用这种微处理器，主机可装上 40 MB 内存，若加上虚拟存储，可达 64 MB。1989 年，Intel 公司的微处理器芯片 80486 出世，芯片的集成度超过了 100 万个晶体管，主频超过 100 MHz，极大地加快了计算机的运算速度。一块 80486 芯片能完成以前的三种芯片（80386 微处理器芯片和完成浮点运算的数学协处理器 80387 芯片以及 8 KB 的高速缓存芯片）的功能，这样就减少了三块芯片之间进行联系所需的时间，极大地提高了运算速度。

（5）第五代微处理器：1993—1996 年，微处理器字长为 32 位。

1993 年，Intel 公司推出新一代高性能"奔腾"（Pentium）微处理器芯片，这是一种速度更快的微处理器，被称为 586 或 P5，其寓意是指 Pentium 为该公司的第五代产品。Pentium 芯片集成了 310 万个晶体管，主频高达 60 MHz，以后又陆续推出 66、75、90、100、120、133、150、166、200 MHz 的芯片，CPU 的内部频率则是从 60 MHz 到 66 MHz 等。Pentium 最大的改进是支持在一个时钟周期内执行一至多条指令（即超标量结构），这些改进大大提升了 CPU 的性能。除此之外，Pentium 还具有良好的超频性能，可以把一个低主频 CPU 当作高主频 CPU 来使用，使得花费较低的代价即可获得较高的性能。而且所有的 Pentium CPU 内都已经内置了 16 KB 的一级缓存，这使它的处理性能更加强大。"奔腾"芯片广泛地运用于各种微型计算机，使计算机拥有更为强大的功能，可以运行更为强劲有力的软件。

（6）第六代微处理器：1996 年至今，微处理器字长为 32 和 64 位，高性能。

1996 年，Intel 公司推出了 Pentium Pro（高能奔腾）微处理器，如图 1-1-3 所示。Pentium Pro 的代号为 P 6，它集成了 550 万个晶体管，时钟频率高达 200/66 MHz。该芯片具有两大特色，一是片内封装了与 CPU 同频运行的 256 KB 或 512 KB 的二级缓存；二是采用了"动态预测执行"新技术，可以打乱程序原有指令顺序，按照优化顺序同时执行多条指令。这两项改进使得 Pentium Pro 的性能有了质的飞跃。以后，Intel 公司又陆续推出了 Pentium MMX（多能奔腾）、Pentium Ⅱ（奔腾二代）、Pentium Ⅲ（奔腾三代）和 Pentium 4 等微处理器。微处理器的主频已达到 450 MHz 至几 GHz，而且具有更强的多媒体功能。

2006 年 7 月 23 日，Intel 发布了具有革命性意义的全新一代酷睿 2 双核微处理器，它的出现代表了一个旧时代的终结，揭开了多核计算时代的帷幕。接着，又推出酷睿 2 四核微处理器。这些微处理器在各种服务器、台式机、工作站、数字媒体创建和高端游戏等市场提供了非凡的速度与响应能力，遥遥领先于其他处理器产品。

2008 年，Intel 推出了酷睿 i7 900 系列产品，如图 1-1-4 所示。2010 年，Intel 公司研制出 32 nm 微处理器制造工艺，用于 Nehalem 微架构，并推出一系列基于 Nehalem 微架构的处理器产品，产品将跨越台式机、笔记本以及服务器。接着 Intel 公司又研制出 22 nm 微处理器制造工艺。此外，还将计算内核和图形处理内核融合到一个微处理器中，即 CPU+GPU（内嵌显卡）。

图 1-1-3　Pentium Pro 微处理器　　　　图 1-1-4　酷睿 i7 920 微处理器

从 2010 年以来，Intel 和 AMD 等公司不断推出 CPU 新产品，微型计算机发展更加迅速，平均每两三个月就有新的产品出现，平均每两年芯片集成度提高一倍，性能提高一倍，性能价格比大幅度提高。计算机专家为现代微型机的发展总结了下列几个规律。

◎ Moore 定律：微处理器内晶体管的集成度每 18 个月翻一番；

◎ Bell 定律：如果保持计算能力不变，微处理器的价格每 18 个月减少一半；

◎ Gilder 定律：未来 25 年（1996 年预言）里，主干网的带宽将每 6 个月增加一倍；

◎ Metcalfe 定律：网络价值同网络用户数的平方成正比。

前两条定律涉及处理器技术，后两条定律与数据的传输相关。

为了全面描述微型机硬件的发展规律，还应该加上如下有关数据存储的两条经验定律。

◎ 半导体存储器发展规律：DRAM 的密度每年增加 60%，每 3 年翻 4 倍。时钟周期改进相对较慢，大约 10 年降低三分之一。

◎ 硬盘存储技术发展规律：20 世纪 90 年代，硬盘的密度每年增加 50%，最近每年增加约一倍。存取时间改进较慢，大约 10 年降低三分之一。

上述这些快速的发展为微型机系统性能的迅速提高提供了物质基础，而应用需求的拉动则是微型机发展的真正动力。将来，微型机将向着质量更轻、体积更小、运算速度更快、使用及携带更方便、价格更便宜的方向发展。

3. 计算机的分类

依据美国电气和电子工程师协会标准，计算机按计算机原理分类，可以分为模拟计算机和数字计算机；按用途分类，可以分为专用计算机和通用计算机；按功能与体积分类，可以分为超级计算机（巨型机）、大型计算机、中型计算机、小型计算机、微型计算机（简称微机，也叫个人计算机）等。PC（IBM PC）与苹果机同属于微型计算机，目前发展迅猛的笔记本电脑和平板电脑等也都属于微型计算机。下面简单介绍按规模分类的几种计算机，以及属于微型计算机中使用最多、发展最快的几种计算机。

（1）巨型计算机（supercomputer）：人们通常把最大、最快、最昂贵的计算机称为巨型计算机（超级计算机）。巨型机一般用在国防和尖端科学领域。目前，巨型机主要用于战略武器（如核武器和反导弹武器）设计、空间技术、石油勘探、长期天气预报以及社会模拟等领域。世界上只有少数几个国家能生产巨型计算机。例如，美国的克雷系列（Cray-1～Cray-4 等），我国自行研制的银河、天河、曙光和深腾系列。银河-Ⅳ号，2000 年，运算速度每秒 1 万亿次；天河一号，2010 年，运算速度每秒 2 570 万亿次（2010 年世界超级计算机排名世界第一）。2013 年，我国制作的天河二号超级计算机排名世界第一，运算速度为每秒 3.4 亿亿次，是此前排名世界第一的美国"泰坦"超级计算机计算速度的 2 倍，计算密度是"泰坦"超级计算机的 2.5 倍，与天河一号相比，天河二号计算性能和计算密度均提升了 10 倍以上，能效比提升了 3 倍，耗电量只有天河一号的 1/3 。

（2）大型主机（mainframe）：大型主机包括大型计算机和中型计算机，一般只有大中型企事业单位有必要配置和使用它，以大型主机和其他外围设备为主，放在计算中心的玻璃机房中，用户在计算中心的终端上工作，组成一个计算机中心。美国 IBM 公司在大型主机市场上一直处于霸主地位，拥有很多在国际上有代表性的大型主机，DEC、富士通、日立、NEC 也生产大型主机。不过随着计算机与网络的快速发展，许多计算机中心的大型主机正在被高档计算机群取代。

（3）小型计算机（minicomputer）：在集成电路推动下，20 世纪 60 年代 DEC 推出一系列小型机，例如 PDP-11 系列、VAX-11 系列，另外还有 HP 生产的 1000 和 3000 系列、IBM 公司生产的 AS/400 机以及我国生产的太极系列机。

小型计算机一般为中小型企事业单位或某一部门所有。例如，高等院校的计算机中心都以一台小型计算机为主机，配以几十台甚至上百台终端机，以满足学生学习程序设计课程的需要。

（4）微型计算机（microcomputer）：微型计算机也叫个人计算机（personal computer），它是使用微处理器（大规模集成电路组成）作为 CPU 的、体积较小的计算机，它的特点是价格便宜、使用方便。笔记本电脑、平板电脑等都属于个人计算机。微型计算机的应用已经遍及各个领域，几乎无处不在，发展迅猛。

（5）工作站（workstation）：工作站是介于 PC 和小型计算机之间的一种高档微型计算机。1980 年，美国 Appolo 公司推出世界上第 1 台工作站 DN-100。三十多年来，工作站迅速发展，现在已经成长为专门处理某类特殊事物的一种独立的计算机系统。著名的 Sun、HP 和 SGI 等公司是目前三个较大的生产工作站的厂家。工作站通常配有高档 CPU、高分辨率的大屏幕显示器和大容量的内外存储器，具有较强的数据处理能力和高性能的图形功能。它主要用于图像处理、计算机辅助设计（CAD）等领域。

（6）服务器（server）：服务器也属于一种高档微型计算机，是可供网络用户共享、高商业性能的计算机。服务器一般具有大容量的存储设备和丰富的外围设备。服务器上运行的网络操作系统要求较高的运行速度，为此很多服务器配置了双 CPU。服务器上的资源可供网络用户共享。

（7）笔记本式计算机（notebook computer）：笔记本式计算机也叫笔记本电脑，也属于一种高档微型计算机，它的整体架构如图 1-1-5 所示，包括 CPU（中央处理器）、主板、内存、硬盘、显卡、LCD（液晶显示屏）等部件。第一台笔记本电脑的发明者是美国人亚当·奥斯本（Adam Osborne），他被称为便携计算机之父。他发明并销售的第一台笔记本电脑名叫 Osborne 1，有一个超袖珍的内置显示屏（显示屏是显像管），键盘等外设一应俱全，如图 1-1-6 所示。它重 10.7 kg，采用 CP/M 操作系统。

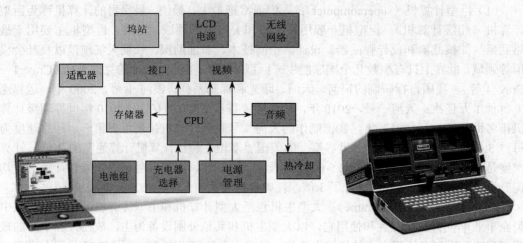

图 1-1-5　笔记本整体架构　　　　　　　　图 1-1-6　第一台笔记本电脑

（8）平板电脑：也叫平板计算机（Tablet Personal Computer），是一种小型、方便携带的微型计算机，它以触摸屏作为基本的输入设备，允许通过触控笔或数字笔进行作业而不是传统的键盘或鼠标。可以通过内建的手写识别、屏幕上的软键盘、语音识别或者一个真正的键盘（如果该机型配备的话）进行输入。平板电脑由比尔·盖茨提出，支持来自高通骁龙处理器，Intel、AMD 和 ARM 的芯片架构，平板电脑分为 ARM 架构（代表产品为 iPad 和安卓平板电脑）与 X86 架构（代表产品为 Surface Pro 和 Wbin Magic），X86 架构平板电脑一般采用 Intel 处理器及 Windows 操作系统。

平板电脑的发展伴随着通信技术的发展日新月异，通过内置的信号传输模块，即 WiFi 信号模块或 SIM 卡模块（即 3G 信号模块），实现平板电脑的上网功能。这种平板电脑按不同上网方式分为 WiFi 版和 3G 版。2010 年，苹果 iPad 在全世界掀起了平板电脑热潮，迅速风靡全球。目前，平板电脑几乎完全取代了原来的掌上电脑（PDA）、上网本、UMPC（超便携个人移动设备）、MID（手持移动设备） 和 UMD（超移动设备）等。

1.1.2　计算机工作原理和计算机系统

1.工作原理

从第一台电子计算机问世以来，无论电子计算机如何升级变化，就其基本工作原理和基本结构而言，都属于冯·诺依曼型计算机，即存储程序和程序控制的计算机。这种电子计算机由运算器、控制器、存储器、输入设备和输出设备五部分组成，各部件之间以总线或接口进行连接，控制器根据人们编制的程序指挥其他各部分协同工作，存储器犹如仓库用来存放数据和指令，运算器承担具体计算任务。通常把控制器、运算器集成在一块芯片上，即为微处理器；存储器又分为内存储器（在主机内，为半导体存储器）和外存储器，外存储器也可以归为输入、输出设备；把输入设备和输出设备合称为外围设备。

计算机处理信息的顺序也可归纳为输入→处理→输出。首先由输入设备将一系列指令和数据送到内部存储器；控制器根据人们编制的程序指挥其他各部分协同工作；运算器承担具体计算任务；存储器犹如仓库，存放数据和指令；输出设备则把结果通过一定方式传递出来（如显示、打印、绘制图形等）。整个系统是一个非常精巧和协调的有机整体，如图 1-1-7 所示。

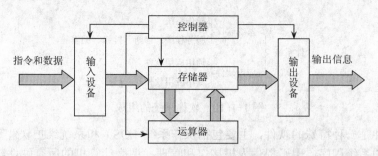

图 1-1-7　计算机工作流程图

2. 计算机系统

计算机系统由硬件（hardware）和软件（software）系统组成。硬件是软件工作的基础，离开了硬件，软件无法独立工作；软件又是硬件功能的扩充和完善，有了软件的支持，硬件功能才能得到充分地发挥。计算机的功能强弱取决于硬件的档次，而硬件是否能工作要取决于是否有合适的软件，两者相互渗透、相互促进，可以说硬件是基础，软件是灵魂。因此要运用计算机开展工作，计算机系统就要配备必需的硬件与相应的软件。

（1）硬件系统：硬件系统是指构成计算机的电子线路、电子元器件和机械装置等物理设备，是一些有形实体。硬件接受计算机软件的控制，协调人与计算机的交互，实现基本操作。

从结构上划分，硬件由主机和外设两部分组成，如图 1-1-8 所示。

从外观上来看，计算机由主机、显示器、键盘、鼠标、音箱等组成，如图 1-1-9 所示。通常看到的主机实际上是机箱的外观，一台计算机所需要的重要硬件设备都安装在机箱内部，通常包括主板、CPU、内存、硬盘、显卡、声卡、光驱、电源以及网卡等。而显示器、打印机、扫描仪、键盘和鼠标等输入/输出设备并不安装在机箱内部。

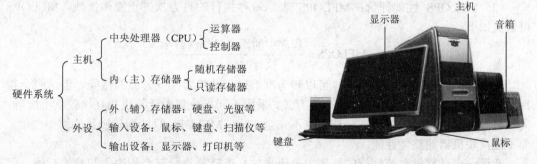

图 1-1-8　硬件系统的组成　　　　　　　　图 1-1-9　计算机外观

存储器是用来存放信息的部件，使微型计算机具有对信息的记忆功能。存储器根据其组成介质、存取速度及使用上的差别可分为两大类：一类称为内部存储器，简称为内存或主存，它的读写速度快，是用于暂时存放 CPU 中的运算数据与指令以及与硬盘等外部存储器交换数据的半导体存储器单元；另一类称为外部存储器，简称为外存或辅存，它的读写速度较慢。通常，内部存储器均采用半导体存储器，外部存储器有采用磁记录的硬盘以及光盘和 U 盘存储器等。

（2）软件系统：仅仅有硬件系统还不能实现人机对话，还需要借助于软件。软件系统是指程序及有关程序的技术文档资料，包括计算机本身运行所需要的系统软件、各种应用程序和用户文件等。软件是计算机系统的重要组成部分，基本可以分为系统软件和应用软件两大类，如图 1-1-10 所示。

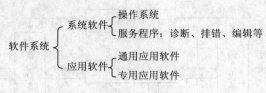

图 1-1-10　软件系统的组成

系统软件是一种特殊的软件，主要包括操作系统（OS）和系统维护软件等。操作系统是一套复杂的系统程序，用于提供人机接口和管理、调度计算机的所有硬件与软件资源，调节计算机各部分功能。不同类型的计算机可能配有不同的操作系统。常见的操作系统有 DOS、Windows、UNIX、Linux、OS/2 等。

应用软件是为解决实际问题而编制的计算机应用程序及其有关资料。对于一般使用者来说，只要选择合适的应用软件并学会使用该软件，就可以完成自己的工作任务。如果要通过计算机完成作图工作，那么需要安装一些图形图像处理软件。如果要通过计算机来实现文字编辑工作，那么需要安装文字处理系列软件。

3．微型计算机性能评价方法

CPU 是整个计算机系统的核心，它往往是各种档次计算机的代名词，CPU 的性能大致上反映出计算机的性能。计算机作为一个系统，评价其性能是一件较为复杂的事情。为简单起见，可采用衡量机器性能的唯一固定而且可靠的标准，即执行程序的时间。通常可以采用如下方法。

（1）MIPS 性能评价：MIPS 表示每秒执行的百万条指令数。MIPS 中，除包含运算指令外，还包含取数、存数、转移等指令在内。对于一个给定的程序，MIPS 可定义如下：

$$MIPS = \frac{指令条数}{执行时间 \times 10^6}$$

（2）MFLOPS 性能评价：MFLOPS 表示每秒执行的百万次浮点操作次数。MFLOPS 可定义如下：

$$MFLOPS = \frac{程序中的浮点操作次数}{执行时间 \times 10^6}$$

MIPS 和 MFLOPS 概念简单，可以较为准确地反映机器某一方面的性能。但这两个指标也有自身的缺陷。如 MIPS 和指令集有关，采用不同指令集的计算机相互比较就不准确，同一机器上用不同的指令测试，结果也不完全一样；MFLOPS 只能衡量机器的浮点性能，而不能反映机器的整体性能。

衡量一个计算机系统性能的好坏，最可靠的标准就是执行某个程序所花费的时间。但是，不同的程序分别在不同的计算机上执行，就会出现不同的测试结果。因此，国际上成立了一些组织和公司，专门从事基准程序的选择和标准的制定，较为著名的有 SPEC 和 ZD 实验室。他们研究、选择和发布基准程序。现在更多地采用基准测试程序的方法来评价计算机的性能。

1.1.3　计算机的应用

1．计算机的特点

（1）运算速度快：电子计算机的运算速度从最初的每秒几千次提高到了现在的每秒亿亿次。

（2）运算精度高：使用计算机进行数值计算可以精确到小数点后几十位、几百位甚至更多位。数值在计算机内部是用二进制数编码的，其精度主要由这个数值的二进制码的位数决定，可以通过增加数的二进制位数来提高精度，位数越多精度就越高。

（3）具有记忆功能：计算机的存储器类似于人类的大脑，可以"记忆"（存储）大量的数据和计算机程序。计算机的存储容量不断增大，可以存储的信息量也越来越大。

（4）具有逻辑判断功能：计算机在程序的执行过程中，会根据上一步的执行结果，运用逻辑判断方法自动确定下一步的执行命令。正是因为这种逻辑判断能力，使得计算机不仅能解决数值计算问题，而且能解决非数值计算问题，如信息检索、图像识别等。

（5）具有自动执行程序的能力：计算机可以在人们事先编制好的程序的控制下自动进行工作，不需要人为控制。

2．计算机的应用领域

计算机应用已经广泛深入到科学研究、军事、工农业生产、文化教育等现代人类社会的各个领域中，成为人类不可缺少的重要工具。

（1）科学计算（数值计算）：最初计算机的发明，是为了解决科学技术研究和工程应用中需要的大量数值计算问题。例如，利用计算机高速度、高精度的运算能力可以解决气象预报、火箭发射、地震预测、工程设计等庞大、复杂、人工难以完成的计算任务。

（2）数据处理（信息管理）：数据处理泛指非科学、非工程方面的所有对数据的计算、管理、查询和统计等。利用计算机信息存储容量大、存取速度快等特点，采集数据、管理数据、分析数据、处理数据并产生新的信息形式，方便人们查询、检索和使用数据。例如人口统计、企业管理、情报检索等。

（3）计算机通信：计算机通信是计算机应用最为广泛的领域之一，是计算机技术和通信技术高度发展、密切结合产生的一门新兴科学。目前 Internet 已经成为覆盖全球的计算机网络，在世界的任何地方，人们都可以彼此进行通信。例如，收发电子邮件、进行文件的传输、拨打 IP 电话、微信和卫星通信等。Internet 还为人们提供了内容广泛、丰富多彩、各种各样的信息。

微信（WeChat）是腾讯公司于 2011 年初推出的一款快速发送文字和照片、支持多人语音对讲的手机聊天软件。用户可以通过手机或平板快速发送语音、视频、图片和文字。微信提供公众平台、朋友圈、消息推送等功能，用户可以通过"摇一摇""搜索号码""附近的人""扫二维码"方式添加好友和关注公众平台，同时可以用微信将内容分享给好友以及将用户看到的精彩内容分享到微信朋友圈。

（4）计算机辅助工程：计算机辅助工程（computer aided engineering，CAE）是指计算机在现代生产领域，特别是生产制造业中的应用，可以提高产品设计、生产和测试过程的自动化水平，降低成本，缩短生产的周期，改善工作环境，提高产品质量，获得更高的经济效益。计算机辅助工程的应用主要包括计算机辅助设计、计算机辅助制造和计算机集成制造系统等内容，简介如下：

◎　计算机辅助设计（CAD）：是指利用计算机来辅助设计人员进行产品和工程的设计，如机械设计、集成电路设计、建筑设计、服装设计等各个方面。

◎　计算机辅助制造（CAM）：是指利用计算机来进行生产设备的管理、控制。例如，利用计算机辅助制造自动完成产品的加工、装配、包装、检测等制造过程。

◎　计算机辅助教学（CAI）：是指利用计算机进行辅助教学、交互学习。例如，利用计算机制作的多媒体课件，可以使教学内容生动、形象逼真，取得良好的教学效果。

◎　计算机辅助测试（CAT）：是指利用计算机进行产品的辅助测试。计算机网络辅助实验是 CAT 领域的新课题，利用计算机网络将图像、声音、数值信息进行远距离、多点、实时传输与控制，CAT 是在远程与特殊条件实验方面最有生命力和应用前景的领域。

◎ 计算机集成制造系统（CIMS）：是指集设计、制造、管理三大功能于一体的现代化工厂生产系统，具有生产效率高、生产周期短等特点，是 20 世纪制造工业的主要生产模式。在现代化的企业管理中，CIMS 的目标是将企业内部所有环节和各个层次的人员全都用计算机网络连接起来，形成一个能够协调统一和高速运行的制造系统。

（5）过程控制（实时控制）：随着生产自动化程度的提高，对信息传递速度和准确度的要求也越来越高，这一任务靠人工操作已无法完成，只有计算机才能胜任。以计算机为中心的控制系统可以及时地采集数据、分析数据、制订方案，进行自动控制。它不仅可以减轻劳动强度，而且可以大幅度提高自动控制的水平，提高产品的质量和合格率。因此，过程控制在冶金、电力、石油、机械、化工以及各种自动化部门得到广泛的应用，同时还应用于导弹发射、雷达系统、航空航天等各个领域。

（6）人工智能（AI）：人工智能是研究、开发用于模拟、延伸和扩展人的智能的理论、方法、技术及应用系统的一门新的技术科学，是计算机科学的一个分支。它生产一种能以与人类智能相似的方式做出反应的智能机器，包括机器人、语言识别、图像识别、自然语言处理和专家系统等。人工智能从诞生以来，理论和技术日益成熟，应用领域也不断扩大。

（7）电子商务：电子商务是指依托于计算机网络而进行的商务活动，是传统商业活动各环节的电子化和网络化。有了电子商务，就可以在互联网（Internet）和企业内部网（Intranet）等网络上以电子交易方式进行交易活动和相关服务活动。电子商务是近年来兴起并迅速发展的应用领域之一。

电子商务包括电子货币交换、供应链管理、电子交易市场、网络营销、在线事务处理、电子数据交换（EDI）、存货管理、自动数据收集系统和物流配送等附带服务。在此过程中，利用到的信息技术包括：互联网、外联网、电子邮件、数据库、电子目录和移动电话等。

随着互联网的快速发展，网络营销的价值也逐渐得到广大企业主的认可和重视。在互联网 Web 2.0 时代，网络应用服务不断增多，网络营销方式也越来越丰富，这包括搜索引擎营销、电子邮件营销、BBS 营销、病毒式营销、博客营销、播客营销、RSS 营销、SNS 营销、微信营销、创意广告营销、口碑营销、体验营销、趣味营销、知识营销、整合营销等。

（8）休闲娱乐：使用计算机玩电子游戏、听音乐、看视频、看电视等已经成为人们休闲娱乐的主要方式。

"三网融合"加速了计算机应用的发展。网络通常是指"三网"，即电信网络（主要的业务是电话、传真等）、有线电视网络（即单向电视节目的传送网络）和计算机网络。所谓"三网融合"是指电信网、广播电视网和计算机通信网的相互渗透、互相兼容，并逐步整合成为全世界统一的信息通信网络。"三网融合"是为了实现网络资源共享，避免低水平重复建设，形成适应性广、容易维护、费用低的高速、宽带、多媒体基础平台。"三网融合"后，可以在手机上看视频，用电视遥控器打电话，随需选择网络和终端，只要拉一条线或无线接入即可完成通信、电视、上网等。三网融合丰富了人们的现代生活。

 思考与练习1-1

一、选择题

1. 超大规模集成电路芯片组成的计算机属于现代计算机阶段的（　　　）。

   A. 第 1 代计算机　　　　　　　　B. 第 2 代计算机

   C. 第 3 代计算机　　　　　　　　D. 第 4 代计算机

2. 计算机处理信息的顺序可归纳为（　　　）。

    A．处理→输入→输出　　　　　B．输入→处理→输出

    C．采集→处理→输入　　　　　D．采集→处理→输出

3. 计算机系统与外部交换信息主要通过（　　　）。

    A．输入、输出设备　　　　　　B．键盘

    C．光盘　　　　　　　　　　　D．内存

二、填空题

1. 计算机可以分为_____、_____、_____、_____、_____、_____、_____和_____八种类型。

2. 计算机辅助工程包括_____、_____、_____、_____和_____等。

3. MIPS 表示_____，MFLOPS 表示_____。

4. 微处理器的发展分为_____代，第 5 代的特点是_____。

5. 硬件是构成计算机的实体，用来接受计算机软件的控制，协调人与计算机的交互，实现基本操作。从结构上划分，硬件由_____和_____两部分组成。

6. 软件是计算机系统的重要组成部分，是辅助人控制计算机实现人机交互的工具。现在的软件很丰富，基本可以分为_____和_____两大类。

7. 计算机具有_____、_____、_____、_____和_____特点。

8. 三网是指_____、_____和_____。

三、问答题

1. CPU 的主频、外频和前端总线（FSB）频率有什么不同？

2. CPU 的主存和缓存有什么不同？

3. 什么是 MIPS？什么是 MFLOPS？

1.2　微型计算机的组成

一台微型计算机主要由机箱、主机板（主板）、CPU、内存储器、硬盘、光驱、显示器和网卡等部件组成。根据其功能和重要性，通常把这些部件划分为微型计算机系统的核心设备、外部存储设备、输入/输出设备以及网络设备四大部分。本节针对这些组成部分，分别对 PC 的硬件和软件组成进行分类介绍。

1.2.1　核心设备

微型计算机的核心设备包括机箱、计算机电源、主板、CPU 和内存储器等。

1. 机箱、主板和 CPU

（1）机箱：机箱又称主机箱，是计算机大部分部件的载体（一般不包括显示器、键盘、鼠标）。它支撑并固定主机的各种板卡、线缆插口、数据存储设备以及电源等配件，如图 1-2-1 所示。

机箱可以为电源、主板、各种扩展板卡、光驱、硬盘等存储设备提供空间，并通过机箱内部的支撑、支架、各种螺钉或卡扣等连接件将这些零配件牢固地固定在机箱内部，外壳用硬度高的钢板和塑料结合制成，形成一个集约型的整体。它具有防压、防冲击、防尘、防电磁干扰及防辐射的功能，起屏蔽电磁辐射的作用。它还提供了许多便于使用的面板开关指示灯等，让操作者更方便地操作计算机或观察计算机的运行情况。现在的新型机箱，

可以做到不用一个螺钉来固定光驱和硬盘等部件，安装硬盘一般配给了硬盘架，如图 1-2-2 所示。

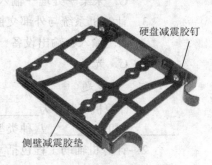

图 1-2-1　机箱　　　　　　　　　　　　　　　　　　图 1-2-2　硬盘架

机箱电源为计算机的各个部件提供稳定的电压和电流，如图 1-2-3 所示。启动计算机时，电源产生一个"Power Good"电源信号，表明电源状态正常，然后提供给主机硬件复位"RESET"信号，使系统正常启动。

（2）主板：主板是一块矩形的印制电路板，可以支持 CPU、各功能卡和各总线接口的正常运行，是 PC 的"总司令部"，如图 1-2-4 所示。主板上的 CPU（中央处理器）、chipset（芯片组）、DRAM（存储器）、BIOS（基本输入/输出系统）等决定了它是什么"级别"。判断一台主机档次的标准就是其所用的主板和 CPU，换句话说，若换上更好的主板和 CPU，就可以把计算机从低端机升级成为高端机，而其他的设备（如显示器、声卡、键盘等）基本上是通用的。

图 1-2-3　计算机电源　　　　　　　　　　　　　　　图 1-2-4　主板

（3）CPU 和 CPU 散热器：CPU 的英文全称是 central processing unit，即中央处理器。CPU 作为整个计算机系统的核心，负责系统中最重要的数值运算和逻辑判断工作，如图 1-2-5 所示。CPU 的功能主要有三个：读数据、处理数据和写数据。几乎所有大大小小的工作，都需要由 CPU 来下达命令，传达到其他设备执行。CPU 不但需要负责处理传送进来的信息，还要处理及运算资料，最后将处理后的信息送到指定的设备上，所以 CPU 执行的速度和计算机执行的效率有密切的关系。

CPU 散热器的作用是帮助 CPU 散热，使 CPU 能够正常工作，如图 1-2-6 所示。随着 CPU 性能的提高，其在工作时往往会散发很大的热量，如果这些热量不能很好地散发会影响其工作，甚至导致主机出现故障。因此目前出售的盒装 CPU 都会附带一个散热器，目的就是帮助 CPU 散热，使其能够长时间正常工作。目前大部分的 CPU 散热器是由散热片加风扇组成的,通过散热片迅速传导 CPU 工作中产生的热量,再通过风扇吹到附近的空气中去,以达到为 CPU 散热的目的。

2. 内存储器

内存储器包括寄存器、高速缓冲存储器(cache)和主存储器。寄存器在 CPU 芯片的内部,高速缓冲存储器也制作在 CPU 芯片内,通常所说的内存储器(内存)就是指主存储器。内存的质量好坏与容量大小会影响计算机的运行速度。微型计算机的内存储器都采用半导体存储器,从使用功能上分,主要包括只读存储器(Read Only Memory,ROM)和随机存储器(Random Access Memory,RAM,又称读/写存储器),如图 1-2-7 所示。此外还有存储系统设置信息的 CMOS 等。

图 1-2-5 CPU

图 1-2-6 CPU 散热器

图 1-2-7 内存储器(内存)

(1)只读存储器:只读存储器只能读出存储的数据,不能写入新数据。原有数据由厂家采用掩模技术一次性写入,它一般用来存放专用的、固定的程序和数据。断电后,只读存储器存储的数据不会消失,可永久保存。ROM 的用途很广,例如,计算机指令的执行是用一段微程序来实现的,将这段微程序固化在 ROM 中;BIOS 程序也是固化在 ROM 中的。

按照是否可以进行在线改写来划分,又可分为不可在线改写内容的 ROM 以及可在线改写内容的 ROM。不可在线改写内容的 ROM 包括掩模 ROM(Mask ROM)、可编程 ROM(PROM)和可擦除可编程 ROM(EPROM);可在线改写的 ROM 包括电可擦除可编程 ROM(EEPROM)和快擦除 ROM(Flash ROM)。

(2)随机存储器:随机存取存储器是一种可以随机读/写数据的存储器,也称为读/写存储器。RAM 有以下两个特点:一是可以读出,读出时并不损坏原来存储的内容,也可以写入数据,只有写入时才修改原来所存储的内容。二是 RAM 只能用于暂时存放信息,一旦断电,存储内容立即消失,即具有易失性。RAM 通常由 MOS 型半导体存储器组成,根据其保存数据的机理又可分为动态随机存储器(Dynamic RAM)和静态随机存储器(Static RAM)两大类。通常人们所说的内存指的是动态内存(DRAM)。

动态随机存储器是用 MOS 电路和电容作为存储元件的,由于电容会放电,所以需要定时充电以维持存储内容不变,称为刷新。例如,每隔 2 ms 刷新一次,因此称之为动态存储器。DRAM 的特点是集成度高,容量一般为几百 MB 至几 GB,主要用于大容量内存储器。动态随机存储器 DRAM 由插在主板内存插槽中的若干内存条组成。

静态内存(SRAM)是用双极型电路或 MOS 电路的触发器作为存储元件的,没有刷新的问题。只要有电源正常供电,触发器就能稳定地存储数据,因此称为静态存储器。SRAM 的特点是存取速度快,容量一般为几百 KB,主要用于高速缓冲存储器。

不同主板所支持的内存类型是不同的。主板使用的 DRAM 内存类型主要有 SDRAM、RDRAM、DDR、DDR2、DDR3 和 DDR4,目前主板大部分都支持 DDR3 内存,SDRAM 已基本淘汰。一般情况下,一块主板只支持一种内存类型,但个别主板具有两种内存插槽,可单独使用两种内存中的一种。

（3）CMOS 存储器（互补金属氧化物半导体内存）：CMOS 存储器是一种只需要极少电量就能存放数据的芯片。由于耗能极低，CMOS 内存可以由集成到主板上的一个小电池供电，这种电池在计算机通电时还能自动充电。因为 CMOS 芯片可以持续获得电量，所以即使在关机后，它也能保存有关计算机系统配置的重要数据。

1.2.2 外部存储和输入/输出设备

1. 外部存储设备

（1）硬盘：硬盘与其他记录介质相比，速度快、容量大，是计算机中最重要的存储设备，如图 1-2-8 所示。目前的主流硬盘容量为 160 GB、250 GB、320 GB、500 GB、1 TB 和 2 TB 等。计算机中显示出来的容量会比硬盘的标称容量要小，这是由于分区操作需要占用部分存储空间。在计算机中 1 TB=1024 GB，1 GB＝1024 MB。

（2）移动硬盘：移动硬盘是以硬盘为存储介质，强调便携性的存储产品，以高速、大容量、轻巧便捷等优点赢得许多用户的青睐，更大的优点还在于其存储数据的安全可靠性，如图 1-2-9 所示。

图 1-2-8　硬盘

图 1-2-9　移动硬盘

目前市场上绝大多数的移动硬盘都是以 3.5 英寸或 2.5 英寸硬盘为存储介质的，而只有很少部分的移动硬盘是以微型硬盘（1.8 英寸硬盘等）（1 英寸≈2.54 cm）为存储介质的，但价格因素决定着主流移动硬盘还是以 3.5 英寸或 2.5 英寸硬盘为基础。移动硬盘多采用 USB、IEEE 1394 等传输速度较快的接口，可以以较高的速度进行数据传输。

（3）优盘（U 盘）：U 盘全称"USB 闪存盘"，如图 1-2-10 所示。它是一种 USB 接口的无须物理驱动器的微型高容量移动存储产品，可以通过 USB 接口与计算机连接，实现即插即用。U 盘最大的优点就是小巧便于携带、存储容量大、价格便宜、性能可靠；U 盘中无任何机械式装置，抗震性能极强；U 盘体积很小，仅大拇指般大小，重量极轻，一般在 15 g 左右，特别适合随身携带；U 盘还具有防潮防磁、耐高低温等特性，安全可靠性很好。一般的 U 盘容量由几 GB 到几百 GB。

（4）光驱和光盘：光驱是可以读取光盘的设备，现在比较常见的光盘类型是 CD-ROM、CD-RW、DVD-ROM、DVD-RW 等，目前主要使用的是 DVD-RW，如图 1-2-11 所示。多媒体信息数字化后常常以五种数据形式存在，图像（image）、声音（audio）、MIDI（乐器数字接口）、文件、文本（text）和动画（animation）。保存这些数据需要巨大的存储空间，通常用户使用光盘，如图 1-2-12 所示，它具有存储容量大、保存时间长、工作稳定可靠、便于携带、价格低廉等优点。

图 1-2-10 优盘

图 1-2-11 光驱

图 1-2-12 光盘

2. 输入设备

（1）键盘：键盘是最常用也是最主要的输入设备，通过键盘可以将英文字母、数字、标点符号等输入到计算机中，从而向计算机发出命令、输入数据等。键盘按照信号的传送方法，可以分为有线和无线两大类，如图 1-2-13 所示。键盘按照其工作原理，可以分为机械式、电容式、塑料薄膜式和导电橡胶式。电容式键盘具有成本较低、寿命适中、手感良好、噪声较小等优点，因此成为主流的键盘产品。

图 1-2-13 键盘

（2）鼠标：鼠标是一种快速光标定位器，功能与键盘的光标键相似，可以快速移动屏幕上的箭头形光标，是计算机图形界面交互的必用外围设备，鼠标有有线和无线两大类，如图 1-2-14 所示。

图 1-2-14 鼠标

（3）手写板：对于大多数年龄较大的用户来说，文字输入是他们使用计算机的最大障碍。而文字输入、编辑又是目前使用计算机的基本技能，手写板的出现为大多数不习惯用键盘输入文字的人们带来了方便，如图 1-2-15 所示。

图 1-2-15 手写板

（4）扫描仪：扫描仪可以将拍好的照片、报刊杂志上的图像或影像通过扫描生成文件并保存到计算机中。此外，扫描仪还可以将纸上的文字经扫描后，通过"OCR"软件识别自动转成计算机里可编辑的文本文件，这样可以大大减少打字时的文字录入量，如图 1-2-16 所示。

3．输出设备

（1）显卡：显卡是系统必备的设备，负责将 CPU 送来的影像数据处理成显示器可以识别的格式，再送到屏幕上形成影像，如图 1-2-17 所示。CPU 的速度很快，如果显示速度很慢，那就造成了"瓶颈"，运算结果要花很长的时间才能显示到屏幕上，可见显卡对整机性能的影响非常大。

显卡主要由显示主芯片、显示缓存（简称"显存"）、BIOS、数字/模拟转换器（Random Access Memory Digital-to-Analog Converter，RAMDAC）、接口、电容和电阻等组成。一些多功能显卡还配备了视频输出及输入功能，现在大多数显卡将 RAMDAC 集成到主芯片中。另外，有些主板上集成了显卡，如果对显示要求不高可不用另配独立显卡。

（2）显示器：显示器（display）又叫监视器（monitor），计算机所有的反馈信息都是通过显示器显示到人们面前的，如图 1-2-18 所示。显示器的种类主要有 CRT 显示器、液晶显示器（LCD）、等离子显示器和 LED 显示器等。目前，液晶显示器（LCD）依靠环保、体积更小、平面性好等众多的优势，全面取代 CRT 显示器成为主流显示器，而 LED 显示器是发展的方向。

图 1-2-16　扫描仪

图 1-2-17　显卡

图 1-2-18　显示器

（3）声卡：声卡的主要工作是将数字数据转换成模拟信号送到音箱上发出声音，也负责其他声源的传送和放大，其性能的好坏直接影响到计算机播放声音的效果，如图 1-2-19 所示。

现在的很多主板上都集成了声卡，如果对声音的质量没有太高的要求，那么就无须另配独立声卡。但是对于音乐发烧友以及游戏玩家来说，想要听到美妙的旋律、逼真的音效以及大型游戏中那些震撼人心的质感背景音乐，没有一块好的独立声卡会使享受质量大打折扣。

（4）音箱：好的声卡，必须要有一套合适的音箱与之相配才能发挥最佳的效果。所以选择一款性能优异、音质良好的音箱也十分重要。音箱如图 1-2-20 所示。

音箱是计算机的一个外部多媒体设备，它使人们在使用计算机的过程中可以听到计算机发出的各种声音。虽然在计算机的使用过程中，音箱并不是必需的设备，但是随着多媒体软件越来越多的使用，音箱已经成为计算机的一种标准配置。

（5）打印机：打印机是将计算机的运算结果或中间结果以人所能识别的数字、字母、符号和图形等，依照规定的格式印在纸上的设备，如图 1-2-21 所示。

图 1-2-19　声卡

图 1-2-20　音箱

图 1-2-21　打印机

打印机有很多种类型，有常见的针式打印机、喷墨打印机和激光打印机等。打印机还能与本地计算机上的传真机、复印机和扫描仪结合起来形成多功能一体机。打印机正向轻、薄、短、小、低功耗、高速度和智能化方向发展。

1.2.3　网络设备

1. 网络适配器

网络适配器又称为网络接口卡，简称为网卡，英文简称 NIC（network interface card），如图 1-2-22 所示。网卡的主要工作原理是整理计算机中发往网络上的数据并将数据分解为适当大小的数据包之后向网络上发送出去。对于网卡而言，每块网卡都有一个全球唯一的编号，称为 MAC 地址，即物理地址，它是网卡生产厂家在生产时烧入 ROM 中的。它由多个 16 进制代码组成，例如：00-50-56-C0-00-01。通过该地址可在数据链路层识别局域网中的每台计算机。网卡与网络介质相连，通过网络介质连接到网络设备，如集线器、交换机或其他计算机等，以达到计算机之间通信的目的。

网卡按其所支持的网络介质可分为双绞线网卡、粗缆网卡、细缆网卡和光纤网卡四大类。针对不同的网络介质，网卡提供了相应的接口。适用于非屏蔽双绞线的网卡提供 RJ-45 接口；适用于细缆的网卡提供 BNC 接口；适用于粗缆的网卡提供 AUI 接口；适用于光纤的网卡提供光纤的 F/O 接口。也有部分 Ethernet 网卡集成几种不同类型的接口。

主流网卡都支持即插即用的功能，无须在操作系统中对网卡进行手工配置。目前市场上常见的是基于 PCI 总线集成 RJ-45 接口的 10/100 Mbit/s 自适应以太网卡。

2. 无线上网卡和无线网卡

无线上网可通过无线局域网（WLAN）或通过移动网络（GPRS、CDMA 1X 和 3G）两大类网络实现。无线局域网主要使用的设备有无线路由器（见图 1-2-23）和无线网卡（见图 1-2-24）。通过移动网络上网主要使用的设备是无线上网卡。无线上网卡和无线网卡外观很像，但功能大不一样。无线网卡只能在已布有无线局域网的范围内，并有无线路由器或无线 AP 设备才可以使用。要在无线局域网覆盖的范围以外通过无线广域网实现无线上网，计算机就要在拥有无线网卡的基础上再配置无线上网卡。无线上网卡就像普通的 Modem 一样用在无线信号可以覆盖的任何地方进行 Internet 接入。

图 1-2-22　有线网卡　　　　图 1-2-23　无线路由器　　　　图 1-2-24　无线网卡

3G 是第三代移动通信技术，它的主要优点是能极大地增加系统容量、提高通信质量和数据传输速率，可以将无线通信系统和 Internet 连接起来，为移动终端用户提供更多的服务。目前 3G 存在四种标准：CDMA2000，WCDMA，TD-SCDMA，WiMAX。无线上网卡的种类很多，如中国移动的 TD-SCDMA、中国电信的 CDMA2000、CDMA 1X 以及中国联通的 WCDMA 网络等。

无线网卡按照接口的不同可以分为 PCI 无线网卡（台式计算机专用的 PCI 接口无线网卡）、PCMCIA 无线网卡（笔记本电脑专用的 PCMCIA 接口网卡）、USB 无线网卡和 mini-PCI 无线网卡（笔记本电脑中应用比较广泛，它是内置型无线网卡，其优点是无须占用 PC 卡或 USB 插槽）。

目前大部分笔记本电脑已经配备了无线网卡。假如计算机虽然没有配置无线网卡，但是已经内置无线网卡的天线，也有 mini-PCI 插槽，安装一个 mini-PCI 的无线网卡也可以；假如没有无线网卡天线而且不想太费事，选购一块 USB 或 PCIMA 接口的无线网卡即可。

3. 网线

网线（network cable）是从一个网络设备（如计算机）连接到另外一个网络设备来传递信息的介质，是网络的基本构件。在常用的局域网中，使用的网线具有多种类型。通常情况下，一个典型的局域网一般不会使用多种不同类型的网线来连接网络设备，在大型网络或者广域网中为了把不同类型的网络连接在一起就会使用不同类型的网线。在众多种类的网线中，具体使用哪一种网线需要根据网络的拓扑结构、网络结构标准和传输速度来进行选择。

（1）双绞线（twisted pair，TP）可以分为屏蔽（shielded twisted pair，STP）和非屏蔽（unshielded twisted pair，UTP）两种。所谓的屏蔽就是指网线内部信号线的外面包裹着一层金属网，在屏蔽层外面才是绝缘外皮，屏蔽层可以有效地隔离外界电磁信号的干扰，如图 1-2-25（a）所示；而非屏蔽双绞线则没有金属网，如图 1-2-25（b）所示。

（2）同轴电缆（coaxial cable）是指有两个同心导体，而导体和屏蔽层又共用同一个轴心的电缆，如图 1-2-26 所示。

由于它在主线外包裹绝缘材料的外面又有一层网状编织的屏蔽金属网线，所以能很好地阻隔外界的电磁干扰，提高通信质量。同轴电缆的优点是可以在相对长的无中继器的线路上支持高带宽通信，而其缺点是体积大，细缆的直径就有 5 mm，要占用电缆管道的大量空间，而且成本高。

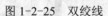

（a）屏蔽线　　　（b）非屏蔽线

图 1-2-25　双绞线　　　　　　　　　　　图 1-2-26　同轴电缆

（3）光缆（fiber optic cable）以光脉冲的形式来传输信号，因此材质也以玻璃或者有机玻璃为主，它由纤维心、包层和保护套组成，如图 1-2-27 所示。光缆的结构和同轴电缆类似，中心也是一根由玻璃或透明塑料制成的光导纤维，周围包裹着保护材料，根据需要还可以将多根光纤合并在一根光缆里面。根据光信号发生方式的不同，光纤可分为单模光纤和多模光纤。

光纤传导的是光信号，因此不受外界电磁信号的干扰，信号的衰减速度很慢，所以信号的传输距离比传送电信号的各种网线要远得多，特别适用于电磁环境恶劣的地方。由于光纤的光学反射特性，一根光纤内部可以同时传送多路信号，所以光纤的传输速度非常快，目前 1 GB/s 的光纤网络已经成为主流高速网络，理论上光纤网络最高可达到 50 000 GB/s 的速度。

光纤网络由于需要把光信号转变为计算机电信号，因此在接头上更加复杂，除了具有连接光导纤维的多种类型接头（如 SMA、SC、ST、FC 光纤接头）以外，还需要专用的光纤转发器等设备，负责把光信号转变为计算机电信号，并把光信号继续向其他网络设备传送。

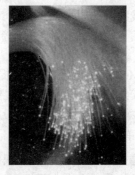

图 1-2-27　光缆

4. Modem

（1）Modem：Modem 是 Modulator（调制器）与 Demodulator（解调器）的简称，中文称为调制解调器。根据 Modem 的谐音，称之为"猫"。它是一种计算机硬件，能把计算机或其他设备的二进制数字信号转换成脉冲信号（模拟信号），这个过程也叫"调制"；而这些脉冲信号沿着普通电话线传送到另一个调制解调器，这个调制解调器再将脉冲信号转换成计算机可以识别的二进制数字信号，送到计算机或其他设备，这个过程也叫"解调"。这一过程完成了两台计算机间的通信。

根据 Modem 的形态和安装方式，Modem 可以分为外置式 Modem（放置于机箱外）、内置式 Modem、PCMCIA 插卡式 Modem（主要用于笔记本电脑）、机架式 Modem（主要用于电信局、校园网等网络的中心机房）和 USB 接口的 Modem（采用 USB 接口）。外置式 Modem 如图 1-2-28 所示，它通过串行通信口与主机连接，通过滤波器与外界电话线相连，方便灵巧、易于安装，闪烁的指示灯便于监视 Modem 的工作状况，但需要使用额外的电源与电缆。

除了以上几种 Modem 外，现在还有 ADSL Modem（见图 1-2-29）、Cable Modem 和光纤Modem 等。

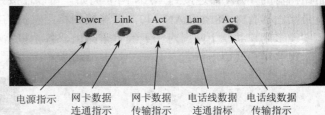

图 1-2-28　外置式 Modem　　　　　　　图 1-2-29　ADSL Modem 前面板

（2）ADSL Modem：ADSL Modem 是为 ADSL（非对称数字用户环路）提供调制和解调功能的机器。ADSL 设备按种类分为内置式 PCI 接口 ADSL Modem、USB 接口 ADSL Modem 和外置以太网式 ADSL Modem（这也是国内常见的一种，由中国电信提供）。前两种设备不需要安装网卡，只需要安装设备本身的驱动程序即可使用。而外置以太网式 ADSL Modem 需要在计算中安装一块网卡或者采用有内置网卡的主板，并安装其相应的网卡驱动程序，再通过双绞线连接网卡与 ADSL Modem。

（3）Cable Modem：Cable Modem 应用了 Cable 网络技术，该技术就是利用现有的有线电视网络线路，将单向传输电视信号改为双向的数字信号传输的技术。它的传输速率高、覆盖率高，但它是基于总线型网络结构，这意味着使用时要和邻近的所有用户分享有限的带宽，当一条线路上的用户增加时，其速度将会减慢。而且大部分情况下，线路还要传输有线电视节目信号，需要占用一部分带宽，所以 Cable Modem 的传输速率很难达到理论传输速度。

（4）光纤 Modem：光纤 Modem 提供 RS-232/485/422 串口转光纤功能。是连接远程终端单元到主机或分布式数据采集系统控制器的最佳选择。该产品采用光纤作为传输介质，提高了系统传输性能，有效地避免了恶劣环境下雷击、浪涌和电磁干扰等对通信设备的威胁。

5. 宽带路由器

路由是指通过相互连接的网络把信息从源地点移动到目标地点的活动。在路由过程中，信息会经过一个或多个中间结点。路由器如图 1-2-30 所示。它是互联网的主要设备之一，它通过路由决定数据的转发。路由器作为不同网络之间互相连接的枢纽，构成了 Internet 的骨架。它的处理速度是网络通信的主要瓶颈之一，它的可靠性则直接影响着网络互连的质量。因此，在园区网、地区网和整个 Internet 研究领域中，路由技术始终处于核心地位。

宽带路由器伴随着宽带的普及应运而生。宽带路由器在一个紧凑的箱子中集成了路由器、防火墙、带宽控制和管理等功能，具备快速转发能力，灵活的网络管理和丰富的网络状态等特点。多数宽带路由器针对中国宽带应用优化设计，可满足不同的网络流量环境，具备良好的电网适应性和网络兼容性。多数宽带路由器采用高度集成设计，集成 10/100 Mbit/s 宽带以太网 WAN 接口、并内置多口 10/100 Mbit/s 自适应交换机，方便多台机器连接内部网络与 Internet，可以广泛应用于家庭、学校、办公室、网吧、小区接入、政府、企业等场合。宽带路由器是一种专门用于共享上网的设备，在价格上与真正的路由器有很大差距，它是厂商为广大家庭用户和小企业用户能实现多台计算机共享上网特别定制的产品。虽然宽带路由器拥有简单的路由功能，但与真正的路由器功能相比，相差甚远。

在家庭用户中一般只提供一个可以接入到 WAN 网的端口，如果要实现多用户共享上网，可以使用宽带路由器，它提供了多点接入网络的"私有基站"，如图 1-2-31 所示。将宽带路由器的 WAN 口连接到 WAN 网（例如，可以连接到 ADSL Modem 的 LAN 口，一般宽带路由器有 4~8 个 LAN 口），再连接到相应主机的网卡上，经过配置宽带路由器，即可实现多用户共享上网；对于无线宽带路由，各主机需要安装无线网卡，再对其配置，方可实现多用户共享上网。

图 1-2-30　路由器

图 1-2-31　宽带路由器

1.2.4　软件的组成

1. 系统软件

操作系统是管理计算机硬件和软件资源的程序，可以控制其他程序运行，管理系统资源并为用户提供方便、有效、良好的操作界面的一种软件集合。大致包括五个方面的管理功能：进程与处理器管理、作业管理、存储管理、设备管理、文件管理。目前主机上常见的操作系统有 DOS、UNIX、Linux、Solaris、Windows、Mac OS 等。

操作系统的形态非常多，从简单到复杂，从手机的嵌入式操作系统到计算机的大型操作系统应有尽有。PC 用户大多使用微软开发的操作系统，如 Windows XP、Windows Server 2003、Windows Server 2008、Windows 7 和 Windows 8 等。

2．应用软件

应用软件是使用各种程序设计语言完成特定功能，为了满足用户不同领域、不同问题的应用需要而设计的软件。按照内容大致分为办公系统软件、图像工具、媒体工具、通信工具、翻译软件、防火墙和杀毒软件等。

 思考与练习1-2

一、选择题

1．（　　）不是 CPU 的主要功能。
　A．读数据　　　　　　　　　　B．控制各种硬件工作
　C．写数据　　　　　　　　　　D．处理数据
2．SRAM 存储器是（　　）。
　A．静态随机存储器　　　　　　B．静态只读存储器
　C．动态随机存储器　　　　　　D．动态只读存储器
3．下列（　　）操作系统是普通的家用 PC 可以直接安装使用的。
　A．Windows　　　　　　　　　B．Solaris
　C．Linux　　　　　　　　　　D．Mac OS

二、填空题

1．_____作为整个计算机系统的核心，负责系统中最重要的数值运算和逻辑判断工作。

2．在计算机中 1 GB＝_____MB，而硬盘厂家通常是按照 1 GB＝_____MB 进行换算的。

3．_____的主要工作原理是整理计算机中发往网络上的数据并将数据分解为适当大小的数据包之后向网络上发送出去。

4．_____是一块矩形的印制电路板，可以支持各种 CPU、功能卡和总线接口的正常运行。

5．操作系统的管理功能有_____、_____、_____、_____和_____。

1.3　计算机内数据的表示

1.3.1　计算机中的数

计算机实质上是一种电子设备，电子器件可以有高电位和底电位两种状态，可以将高电位定义为"1"，将低电位定义为"0"。这样，电子设备就可以用一组"高""低"变化的电位来表示一个"二进制"数。在计算机内部通常用二进制代码来存储、传输和处理数据。数值、图形、文字等各种形式的信息，需要计算机按照一定的法则转换成二进制数，然后再由计算机来处理这些二进制数，即完成数据的处理。

1．几种进制数的特点

（1）十进制数特点：它有 0～9 十个数字，在计算数时逢十进一，每位的权值为 10^n（n 等于 0、1、2……，右起第 1 位为 0，从右到左分别为 0、1、2……）。

（2）二进制数特点：它有 0 和 1 两个数字，在计算数时逢二进一，每位的权值为 2^n。二进制数从右向左每位数的权值分为 1、2、4、8、16、32、64、128、256……

（3）十六进制数特点：它有 0～9，A，B，C，D，E，F 十六个数字，在计算数时逢十六进一，每位的权值为 16^n。其中，A～F 分别表示十进制数的 10、11、12、13、14 和 15。

2．几种进制数的相互转换

（1）二进制数转换为十进制数：每位数等于数字乘以它的权值，再将各位数相加。例如，$(1001001)_2=1\times64+0\times32+0\times16+1\times8+0\times4+0\times2+1\times1=64+8+1=(73)_{10}$。

（2）十六进制数转换为十进制数：每位数等于数字乘以它的权值，再将各位数相加。例如，$(A8)_{16}=10\times16+8\times1=160+8=(168)_{10}$，$(49)_{16}=4\times16+9\times1=64+9=(73)_{10}$。

（3）二进制数转换为十六进制数：从右向左四位一组，最后不够四位时左边补 0，然后将每组二进制数转换为十六进制数即可。例如，$(1001001)_2=(0100\quad 1001)_2$，其中 $(0100)_2=4$，$(1001)_2=8+1=9$，则 $(1001001)_2=(49)_{16}$。

（4）十六进制数转换为二进制数：一位十六进制数对应四位二进制数，将每位十六进制数转换为四位二进制数，再连起来。例如，$(49)_{16}=(0100\quad 1001)_2=(1001001)_2$。

（5）十进制数转换为二进制数：可以采用凑数法，用十进制数减二进制数各位权值中可以减的最大权值数，记下与这位权值数对应的二进制数，再用剩余的十进制数继续减，直到为 0 止。例如，$(73)_{10}$ 转换为二进制数，可以减 64，剩余的数 9 可以减 8，剩余的数可以减 1，最后为 0，说明与权值为 64、8、1 对应的二进制数的各位数字为 1，其余为 0，即 $(1001001)_2$，如图 1-3-1 所示。

（6）十进制数转换为十六进制数：先将十进制数转换为二进制数，再将二进制数转换为十六进制数。例如，$(73)_{10}=(1001001)_2=(49)_{16}$。

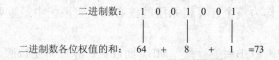

图 1-3-1　十进制数转换为二进制数

1.3.2　字符与汉字的编码

1．字符的编码

计算机中的数据可以分为数值型数据与非数值型数据。其中数值型数据就是常说的"数"（如整数、实数等），它们在计算机中是以二进制形式存放的。而非数值型数据与一般的"数"不同，通常不表示数值的大小，而只表示字符、汉字或图形等非数值的信息，这些信息在计算机中也是以二进制形式来存放的。

（1）ASCII 码编码：目前，国际上通用的且使用最广泛的字符有十进制数字符号 0～9、大小写英文字母、各种运算符、标点符号等，这些字符不超过 128 个。为了便于计算机识别与处理，它们在计算机中是用二进制形式来表示的，通常称之为字符的二进制编码。

目前使用最多的字符集是 ASCII 码（美国信息交换标准代码）字符集，它是由美国标准化委员会制定的。该编码被国际标准化组织 ISO 采纳，作为国际通用的信息交换标准代码。ASCII 码是用 7 位二进制数表示一个字符，共能表示 $2^7=128$ 个不同的字符，包括了计算机处理信息常用的 26 个英文大写字母 A～Z、26 个英文小写字母 a～z，数字符号 0～9、算术与逻辑运算符号、标点符号等。在一个字节（8 位二进制）中，ASCII 码用了 7 位，最高一位空闲，常用来作为奇偶校验位。另外，还有扩展的 ASCII 码，它用 8 位二进制数表示一个字符的编码，可表示 $2^8=256$ 个不同的字符。用 ASCII 表示的字符称为 ASCII 码字符，ASCII 码编码表如表 1-3-1 所示。

表 1-3-1　ASCII 码字符表

$b_4b_3b_2b_1$ ＼ $b_7b_6b_5$	000	001	010	011	100	101	110	111
0000	NUL	DLE	SP	0	@	P	`	p
0001	SOH	DC1	!	1	A	Q	a	q
0010	STX	DC2	"	2	B	R	b	r
0011	ETX	DC3	#	3	C	S	c	s
0100	EOT	DC4	$	4	D	T	d	t
0101	ENQ	NAK	%	5	E	U	e	u
0110	ACK	SYN	&	6	F	V	f	v
0111	BEL	ETB	'	7	G	W	g	w
1000	BS	CAN	(	8	H	X	h	x
1001	HT	EM	)	9	I	Y	i	y
1010	LF	SUB	*	:	J	Z	j	z
1011	VT	ESC	+	;	K	[	k	{
1100	FF	FS	,	<	L	\	l		
1101	CR	GS	–	=	M	]	m	}
1110	SO	RS	.	>	N	^	n	~
1111	SI	US	/	?	O	_	o	DEL

十进制数字字符的 ASCII 码与它们的二进制值是有区别的。例如，十进制数 8 的 7 位二进制数为 $(0001000)_2$，而十进制数字字符 "8" 的 ASCII 码为 $(0111000)_2=(38)_{16}=(56)_{10}$，由此可以看出，数值 8 与字符 "8" 在计算机中的表示是不一样的。数值 8 能表示数的大小并可以参与数值运算；而字符 "8" 只是一个符号，它不能参与数值运算。

（2）国际统一编码：为了统一各种语言字符的表达方式，国际上又制定了国际统一编码（Unicode 编码）。在这种编码的字符集中，一个字符的编码占用 2 个字节，一个字符集可以表示的字符比 ASCII 码字符集所表示的字符扩大了一倍。

2. 汉字的编码

为使计算机可以处理汉字，也需要对汉字进行编码。计算机进行汉字处理的过程实际上是各种汉字编码间的转换过程。这些汉字编码有：汉字信息交换码、汉字输入码、汉字内码、汉字字形码和汉字地址码等。汉字信息交换码全称叫"信息交换用汉字编码字符集"，是我国国家标准总局于 1981 年 5 月 1 日颁发的，它也称为国标码集。国标码集共收集了 6 763 个汉字，682 个数字、序号、拉丁字母等图形符号。国标码集规定，一个汉字的编码用 2 个字节表示。

国标码集规定，全部国标汉字及符号组成 94×94 的矩阵，在这个矩阵中，每一行称为一个"区"，每一列称为一个"位"。这样，就组成了 94 个区（01～94），每个区内有 94 个位（01～94）的汉字字符集。区码和位码简单地组合在一起（即两位区码居高位，两位位码居低位）就形成了"区位码"。区位码可唯一确定某一个汉字或汉字符号，反之，一个汉字或汉字符号都对应唯一的区位码，如汉字"啊"的区位码为"1601"（即在 16 区的第 1 位）。所有汉字及符号的 94 个区划分成如下四个组。

1～15 区为图形符号区，其中，1～9 区为标准符号区，10～15 区为自定义符号区。

16～55 区为一级常用汉字区，共有 3 755 个汉字，该区的汉字按拼音排序。

56～87 区为二级非常用汉字区，共有 3 008 个汉字，该区的汉字按部首排序。

88～94 区为用户自定义汉字区。

汉字的内码是从上述区位码的基础上演变而来的。它是在计算机内部进行存储、传输所使用的汉字代码，每个汉字的内码占用 2 个字节。区码和位码的范围都在 01～94 内，如果直接作为机内码必将与基本的 ASCII 码冲突。为避免与基本 ASCII 码发生冲突，分别在区码、位码上增加$(A0)_{16}$，即$(10100000)_2$。由此可得，一个汉字的内码占 2 个字节，分别称为高位字节与低位字节，这两个字节的内码按如下规则确定：

高位内码 = 区码 + $(A0)_{16}$ 低位内码 = 位码 + $(A0)_{16}$

例如，汉字"啊"的区位码为十进制的"1601"，用十六进制分别表示区码、位码，即为$(10)_{16}$与$(01)_{16}$。在区码、位码上分别增加$(A0)_{16}$，即

$$(10+A0)_{16}=(B0)_{16} \qquad (01+A0)_{16}=(A1)_{16}$$

则"啊"字的内码是$(B0A1)_{16}$，即$(1011000010100001)_2$。

汉字是一种象形文字，每一个汉字都是一个特定的图形，这种图形可以用点阵来描述。例如，如果用 16×16 点阵来表示一个汉字，则该汉字图形由 16 行 16 列共 256 个点构成，这 256 个点需用 256 个二进制的位来描述。约定当二进制位值为"1"表示对应点为黑，"0"表示对应点为白。一个 16×16 点阵的汉字需要 2×16 = 32 个字节用于存放图形信息，这就构成了一个汉字的图形码，所有汉字的图形码就构成了汉字字库。

当用某种汉字输入法将一个汉字输入到计算机之后，汉字管理模块立即将它转换为 2 个字节的国标码，同时将国标码每个字节的最高位置为"1"，作为汉字的标志，即将国标码转换成汉字内码。根据内码对应到字库中的汉字图形码，以输出字形。

思考与练习1-3

一、填空题

1．十进制数 9 的 7 位二进制数为_____，而十进制数字字符"9"的 ASCII 码二进制数为_____，十六进制数为_____，十进制数为_____。

2．$(1001101)_2$ 的十进制数是_____，$(1111111)_2$ 的十进制数是_____。

3．$(BA)_{16}$ 的十进制数是_____，$(56)_{16}$ 的十进制数是_____。

4．$(10111001)_2$ 的十六进制数是_____。$(C9)_{16}$ 的二进制数是_____。

5．$(100)_{10}$ 的二进制数是_____。$(126)_{10}$ 的二进制数是_____。

二、问答题

1．简单介绍十进制、二进制、十六进制和八进制数的特点。

2．简单介绍 ASCII 码编码的特点。简单介绍国际统一编码的特点。

3．简单介绍国标码集的特点。

第2章　计算机硬件的组装

一般组装个人台式计算机硬件的流程是：CPU→CPU 散热器→内存条→机箱电源→主板→硬盘→光驱→各种线缆→各种插卡，组装后的成品计算机可以进行开机启动测试，BIOS 和系统的设置。本章通过完成 4 个案例，介绍了计算机的主机及外设的安装步骤以及 BIOS 和系统的设置方法等，同时了解相关知识和一些注意事项。

2.1 【案例1】安装 CPU 和内存

 案例描述

安装一台微型计算机的第一步就是先将 CPU 安装到主板之上，再将 CPU 散热器安装到 CPU 之上，接着在主板上安装内存条。在安装时，特别需要注意防止静电，人体在干燥天气下积聚的静电很容易对主板集成电路造成损坏。

目前市场中较流行的 CPU 有 Intel 酷睿系列产品等，AMD 速龙 II X4 系列产品等；按核心数量分有单核、双核、四核、六核、八核等；按 CPU 主频分有 1.8 GHz、2.6 GHz、2.8 GHz、2.9 GHz、3.0 GHz、3.2 GHz、3.3 GHz、3.5 GHz、3.6 GHz、4.0 GHz、4.2 GHz 等；按接口分有 LGA1155、LGA1150、LGA775、LGA1366、LGA1156、LGA2011、Socket 479、Socket 771、Socket 604、BGA，Socket FM2、Socket AM3、Socket 940、Socket939 等。

目前市场中较流行的内存条主要有金士顿台式机 4 GB、DDR3 内存条，金士顿骇客神条台式机 8 GB、DDR3 内存条，ADATA/威刚台式机 8 GB、DDR3 内存条，三星台式机 2 GB、DDR3 内存条等。

 实战演练

1. 安装前准备

安装前除了准备一些卡扣和螺钉等配件，还需准备改锥等工具，下面简单介绍常用的安装工具。

（1）十字改锥：用于拆卸和安装螺钉，最好是带有磁性螺钉头的那种，如图 2-1-1 所示，以便在空间狭窄的地方直接使用十字改锥进行处理。

（2）镊子：用镊子来夹取螺钉、跳线帽及其他的一些小零碎物件，如图 2-1-2 所示。

（3）尖嘴钳：如果没有镊子，可使用尖嘴钳，可夹可钳，操作很方便，如图 2-1-3 所示。

图 2-1-1　十字改锥　　　　　　　图 2-1-2　镊子　　　　　　　图 2-1-3　尖嘴钳

2. 安装 CPU

（1）先检查 CPU 的正反两面，看是否有缺损，如图 2-1-4 所示。

（2）将主板平放在平台上，打开 CPU 插座，再向下轻压固定 CPU 压杆，同时用力往外拉动压杆，使其脱离固定卡扣，脱离卡扣后再将压杆垂直拉起，如图 2-1-5 所示。

（3）将固定处理器的扣盖与压杆反方向拉起，将 CPU 插座完全打开，如图 2-1-6 所示。

（a）正面　　　　　（b）背面　　　　　　（a）轻压压杆　　　（b）拉动抬起

图 2-1-4　CPU 的正面和背面　　　　　图 2-1-5　打开 CPU 压杆

（4）拿出 CPU，将双侧有缺口的位置对准 CPU 插槽上相应的"缺口"，只要将它们对准就可以将 CPU 插入插座。检查 CPU 是否完全平稳插入插座，如图 2-1-7 所示。

（a）抬起扣盖　　　（b）完全打开　　　　　（a）对准缺口　　　（b）插入插座

图 2-1-6　打开处理器扣盖　　　　　　　图 2-1-7　放入 CPU

（5）CPU 安放完后合上扣盖，并反方向微用力扣下压杆，至此 CPU 安装完毕，如图 2-1-8 所示。

（a）合上扣盖　　　　　　　　　（b）扣压压杆

图 2-1-8　CPU 最后安装

3．安装 CPU 散热器

（1）安装散热器前先在 CPU 表面均匀涂上一层散热硅脂，很多散热器在购买时已经在底部与 CPU 接触的部分涂上了硅脂，如果没有则需要均匀涂抹一层硅脂，如图 2-1-9 所示。

（2）将主板反转至背面，将散热器底座处对应的螺母位置插入主板 CPU 四周对应的孔中，如图 2-1-10 所示。再按住该散热器底座并将主板反转到正面，平放于桌子上，CPU 散热器底座安装完毕。

  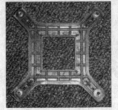 

硅脂

（a）CPU 散热器正面　（b）CPU 散热器背面　　　（a）散热器底座　　　（b）与主板固定

图 2-1-9　CPU 散热器的正面和背面　　　　　图 2-1-10　安装 CPU 散热器底座

（3）将散热器的四角对准主板上底座螺母的相应位置，并确认四个角的螺钉均已入螺母的孔内，然后拧紧四角的螺钉，如图 2-1-11 所示。

（4）固定好 CPU 散热器后，将该散热器风扇的电源线接到主板的供电接口上。在主板 CPU 的四周有一个四针插座，将电源线的插头插入，如图 2-1-12 所示。目前有四针与三针等几种不同的散热器电源接口，由于主板的散热器电源插头都采用了防插反设计，反方向无法插入，所以操作容易。

| （a）安装散热器 | （b）固定散热器 | （a）散热器电源插座 | （b）连接电源 |

图 2-1-11　安装 CPU 散热器　　　　图 2-1-12　安装散热器供电接口

4．安装内存

在内存成为影响整体系统性能的最大瓶颈时，双通道的内存设计大大解决了这一问题，建议选择两条同品牌和同规格的内存来搭建双通道，这样可以保障设备良好的兼容性。另外，为了防止静电放电损坏内存，可以在组装内存前用手摸机壳、暖气片等放电。

（1）内存条的安装比较简单，不论是哪种内存，在内存的金手指上都有缺口，是防插反设计，用户仔细对比内存手指部分和插槽就可以找到正确插入方向。

（2）安装时先将内存插槽两端的卡扣打开，然后将内存平行放入内存插槽中，用两拇指按住内存两端向下轻压，听到"啪"的一声即说明内存安装到位，并且内存插槽两端的卡扣自动合并将内存固定，如图 2-1-13 所示。

（3）主板上的内存插槽一般都采用两种不同的颜色来区分双通道和单通道，将两条规格相同的内存条插入到相同颜色的插槽中，即打开了双通道功能，如图 2-1-14 所示。

图 2-1-13　安装内存　　　　　　　图 2-1-14　实现双通道

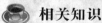 相关知识

1．主板的结构

主板上面安装了组成计算机的主要电路系统，主要由各种插槽、CPU 插座、总线、各种接口、BIOS 芯片、主板芯片组、I/O 控制芯片、键盘和面板控制开关接口、指示灯插接件、扩充插槽、直流电源供电插接件等元件，如图 2-1-15 所示。主板的一个特点是采用开放式结构，其上有 6～8 个扩展插槽，供 PC 机外围设备的控制卡（适配器）插接，通过更换这些插卡，可以对微机的相应子系统进行局部升级，使厂家和用户在配置机型方面有更大的灵活性。主板主要部件特点简介如下。

CPU 供电接口

CPU 插座
散热器

插孔
北桥芯片

PCI-E X1 插槽
频率发生器

PCI-E X16 插槽

PCI 插槽

电容

CPU 风扇电源接口

FDD 软驱接口
内存插槽

ATX 电源接口

SATA 硬盘、光驱接口

电池
南桥芯片

IDE 硬盘、光驱接口

外接 USB 接口

图 2-1-15　主板

（1）BIOS 芯片：它是一块存储器，如图 2-1-16 所示。其内存有与该主板搭配的基本输入/输出系统程序，能够让主板识别各种硬件，还可以设置引导操作系统的设备，调整 CPU 外频等计算机最基本的信息，没有它计算机就不能工作。BIOS 芯片实质是 CMOS（互补金属氧化物半导体）芯片，CMOS 指芯片的类型，而 BIOS 是装在芯片里的程序，BIOS 程序对 CMOS 参数进行设置。在主板上软驱接口和 PCI 插槽中间有一块圆圆的纽扣电池，专门用来在关机后给 CMOS 芯片供电，保证断电后 CMOS 芯片内的数据不丢失。CMOS 芯片一般位于电池附近。

（2）主板芯片组：它包括南桥和北桥芯片，如图 2-1-17 和图 2-1-18 所示。主板芯片组几乎决定着主板的全部功能和性能。北桥芯片主要负责决定主板的系统总线频率，内存类型、容量和性能，显卡插槽规格，处理 CPU、内存、显卡三者间的数据流通；南桥芯片负责决定扩展槽和扩展接口的类型和数量等，处理硬盘等存储设备和 PCI 之间的数据流通。还有些芯片组由于纳入了 3D 加速显示（集成显示芯片）、声音解码等功能，还决定着计算机系统的显示性能和音频播放性能等。

图 2-1-16　BIOS 芯片　　　　图 2-1-17　南桥芯片　　　图 2-1-18　北桥芯片

通常，南桥和北桥芯片横跨 AGP 插槽左右两边。南桥芯片一般位于主板上离 CPU 插槽较远的下方，PCI 插槽的上面；北桥芯片在 CPU 插槽旁边被散热片盖住。例如，以 Intel 440BX 芯片组为例，它的北桥芯片是 Intel 82443BX 芯片，在主板上靠近 CPU 插槽的位置，由于芯片的发热量较高，在这块芯片上装有散热片。南桥芯片在靠近 ISA 和 PCI 槽的位置，芯片的名称为 Intel 82371EB。

芯片组以北桥芯片为核心，一般情况下，主板的命名都是以北桥的核心名称命名的，例如，P45 的主板就是用的 P45 的北桥芯片。现在在一些高端主板上将南桥和北桥芯片封装在一个芯片内。随着技术的发展，笔记本专用 CPU 的出现，就有了与之配套的笔记本专用芯片组。

（3）内存插槽：内存插槽一般位于 CPU 插座下方。主板所支持的内存种类和容量都由内存插槽来决定。目前主要的内存插槽有 SIMM、DIMM 和 RIMM 三种，绝大部分主板都采用 DIMM 内存插槽，用来插 DDR、DDR2 和 DDR3 内存条。

内存条通过金手指与主板连接，内存条正反两面都带有金手指。金手指两端不像 SIMM 那样是互通的，它们各自独立传输信号，因此可以满足更多数据信号的传送需要。DDR 内存是插不进 DDR2 DIMM 的，同理 DDR2 内存也是插不进 DDR DIMM 的，因此在一些同时具有 DDR DIMM 和 DDR2 DIMM 的主板上，不会出现将内存插错插槽的问题。3*DDR DIMM 内存插槽如图 2-1-19 所示。

（4）PCI 插槽：PCI 插槽是基于 PCI 局部总线的扩展插槽，插槽多为乳白色，如图 2-1-20 所示。英特尔公司 1993 年提出了 64 bit 的 PCI 总线，总线频率可达 66 MHz，速率最高达 266 MB/S。该插槽可插上显卡、声卡、网卡、Modem、股票接受卡、多功能卡等。

（5）PCI Express 插槽：它可以简称 PCI E。随着 3D 性能不断提高，AGP 已越来越不能满足视频处理带宽的需求，目前显卡接口多转向 PCI Express 插槽，它是最新的总线和接口标准，将全面取代现行的 PCI 和 AGP。该插槽的主要优势就是数据传输速率高，而且还有发展潜力。该插槽有 PCI Express 1X、PCI Express 2X、PCI Express 4X、PCI Express 8X 和 PCI Express 16X 几种规格。目前主板支持双显卡（NVIDIA SLI/ATI 交叉火力）。PCI Express 插槽如图 2-1-20 所示。

图 2-1-19　3*DDR DIMM 内存插槽

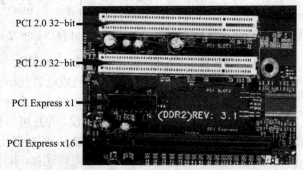

图 2-1-20　PCI Express 插槽和 PCI 插槽

（6）硬盘接口：硬盘接口有 IDE 接口和 SATA 接口，如图 2-1-21 所示。在老型号主板上多集成 2 个 IDE 口，通常 IDE 接口都位于 PCI 插槽下方。而新型主板上，IDE 接口为 1 个甚至没有，代之以 SATA 接口。SATA 接口是由 Intel、IBM、Dell、APT、Maxtor 和 Seagate 公司共同提出的硬盘接口规范，它将硬盘的外部传输速率理论值提高到了 150 MB/s。提升时钟频率可以提高接口传输速率。SATA 接口的硬盘又叫串口硬盘，是 PC 硬盘发展的趋势。

图 2-1-21　一个 IDE 接口和四个 SATA 接口

（7）LPT 接口（并口）：并行接口又简称为"并口"，接口是 25 针 D 形接头，8 位数据同时通过并行线传送，数据传送速度大大提高。但当传输距离较远、位数多时会导致通信线路复杂且成本提高，干扰会增加，容易出错。一般用来连接打印机或扫描仪。现在的打印机与扫描仪多使用 USB 接口。

（8）COM 接口：COM 接口是微软定义的标准接口，也叫串口，即串行接口。串行口不同于并行口之处在于它的数据和控制信息是一位接一位地传送出去的。虽然这样速度会慢一些，但传送距离较并行口长，因此若要进行较长距离的通信时，应使用串行口。其作用是连接串行鼠标和外置 Modem 等设备。通常 COM1 使用的是 9 针 D 形连接器，也称之为 RS-232 接口，而 COM2 使用的是老式的 DB25 针连接器，也叫 RS-422 接口，已经很少使用。目前，一般主板提供了两个 COM 串行接口，新主板只提供一个 COM 接口，笔记本电脑可能不提供 COM 接口。

（9）PS/2 接口：它的功能比较单一，仅能用于连接键盘和鼠标。一般情况下，鼠标的接口为绿色、键盘的接口为紫色，如图 2-1-22 所示。PS/2 接口的传输速率比 COM 接口稍快一些。目前，支持该接口的鼠标和键盘越来越少，更多的是使用 USB 接口。由于该接口使用非常广泛，因此很多使用者即使在使用 USB，也更愿意通过 PS/2-USB 转接器插到 PS/2 上使用，外加键盘和鼠标每一代产品的寿命都非常长，因此该接口现在依然使用得较多，但会逐渐被 USB 接口完全取代。

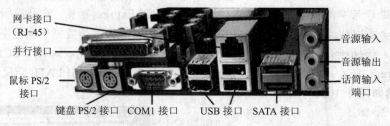

图 2-1-22　COM 接口、PS/2 接口和 USB 接口

（10）USB 接口：USB 是一个外部总线标准，用于规范计算机与外围设备的连接和通信。USB 接口如图 2-1-20 所示，它已成功替代串口和并口，并成为当今个人计算机和大量智能设备的必配接口之一。USB 版本经历了多年的发展，到现在已经发展为 3.1 版本。

USB 接口最大可以支持 127 个外设，并且可以独立供电。USB 接口可以从主板上获得 500 mA 的电流，支持热插拔，真正做到了即插即用。一个 USB 接口可以同时支持高速和低速 USB 外设的访问，它由一条四芯电缆连接，其中两条是正负电源，两条是数据传输线。高速外设的传输速率为 12 Mbit/s，低速外设的传输速率为 1.5 Mbit/s。USB 2.0 标准最高传输速率可达 480 Mbit/s。

（11）板载声卡：声卡是一台多媒体计算机的主要设备之一，现在的声卡一般有集成声卡（板载声卡）和独立声卡（外置式声卡）之分。随着主板整合技术的提高，主板中越来越多地采用板载声卡。1996 年 6 月，英特尔、雅玛哈等 5 家软硬件公司共同提出了一种全新的芯片级 PC 音源结构标准，即 AC97（Audio Codec97）标准，最新版本 2.3。较新的声卡大部分的 Codec 都符合该标准。很多的主板产品，不管采用何种声卡芯片，都称为 AC 97 声卡，如图 2-1-23 所示。也有少数高端产品采用创新公司的贵族音频芯片，如图 2-1-24 所示。

板载声卡一般有软声卡和硬声卡之分。一般软声卡没有主处理芯片，只有一个解码芯片，通过 CPU 的运算来代替声卡主处理芯片的作用。而板载硬声卡带有主处理芯片，很多音效处理工作就不再需要 CPU 参与了。板载声卡接口通常有 3 孔和 6 孔之分。

（12）网卡：它的主控制芯片是网卡的核心单元，网卡性能的好坏，主要看其芯片的质量。目前常用的网卡控制芯片主要生产商是英特尔和 Realtek。千兆自适应网卡目前几乎已经是标准配置。也有少数高端产品，如华硕 P5KE-WiFi 主板板载无线网卡，如图 2-1-25 所示。

（13）板载显示芯片：有板载显示芯片的主板不需要独立显卡就能实现普通的显示功能。AMD 不少产品甚至自带高清解码与 HDMI 输出，性能堪比独立显卡。板载显示芯片如图 2-1-26 所示。

   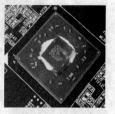

图 2-1-23　AC 97 声卡芯片　图 2-1-24　高端声卡芯片　图 2-1-25　网卡芯片　图 2-1-26　显卡芯片

2．CPU 的分类

（1）Intel 系列：美国 Intel（因特尔）公司创建于 1968 年，是目前生产 CPU 的最大厂商。1971 年 Intel 公司推出全球第一个 4004 微处理器；1981 年，IBM 采用 Intel 生产的 8088 微处理器推出全球第一台 IBMPC；1992 年成为全球最大的半导体集成电路厂商。Intel 领导着 CPU 的世界潮流，它生产的 CPU 系列主要有 286、386、486、Pentium（奔腾）、Pentium Pro、PentiumII、PentiumIII、Pentium4（奔腾 4）、Pentium D、Pentium 4 Extreme Edition（奔腾 4 至尊版）、Pentium D Exterme Eidition、Pentium Dual-Core（奔腾双核）、Celeron（赛扬）、Core Duo（酷睿 双核）、Core 2 Extreme（酷睿 2 至尊版）、Core 2 Quad（酷睿 2 四核）、Core 2 Quad Extreme（酷睿 2 四核 至尊版）、Core i3（酷睿 i3）、Core i5、Core i7、Pentium M、Core 2 Solo（酷睿 2 单核）、Atom（凌动超低功耗）、Celeron Dual-Core（赛扬双核）、Atom（凌动）、Xeon（至强）、Itanium（安腾）等一系列产品，当前台式计算机流行使用较多的是 Core i3、Core i5、Core i7 系列及奔腾和赛扬系列。几种 Intel 系列 CPU 如图 2-1-27 所示。

图 2-1-27　几种 Intel 系列 CPU

Core i7 以英特尔桌面旗舰处理器的身份统领高端消费市场，Core i5 则是中端桌面处理器的"领军人物"，Core i3 定位于 Core 家族入门处理器。在 Core 品牌之后，还有经典的 Pentium 品牌主导普通应用，Celeron 系列提供入门级的解决方案，Atom 处理器则是为上网本和手持设备量身打造。Intel 的 CPU 不仅性能出色，而且在稳定性、功耗方面都较为理想，只是价格贵了一些。

（2）AMD 系列：美国 AMD（超威半导体）公司创建于 1969 年。它是专门为计算机、通信和消费电子行业设计和制造各种创新的微处理器、闪存和低功率处理器解决方案等。AMD 公司的微处理器有 K5、K6、K6-2、K7、K8、K10、Athlon XP、Opteron（皓龙）、Athlon 64（速龙，又叫阿斯龙 64）、Athlon X2 64（双核速龙 64）、Turion 64（炫龙 64）、Sempron 64（闪龙）、Phenom（翠龙）、Thunderbird（雷鸟）、Duron（钻龙，根据其英文发音也被俗称为"毒龙"）等为核心的一系列（也叫框架）产品，在 CPU 市场上的占有率仅次于 Intel。AMD 公司认为，由于在 CPU 核心架构方面的优势，同主频的 AMD 微处理器具有更好的整体性能。几种 AMD 系列 CPU 如图 2-1-28 所示。

图 2-1-28　几种 AMD 系列 CPU

　　AMD 已与众多 OEM 厂商建立联盟，其中包括 HP、IBM、SUN、联想、清华紫光、曙光等计算机制造商。AMD 产品的特点是性能较高而且价格便宜，早期的微处理器产品发热量往往比较大，早期产品中兼容性不好的问题已经基本解决。

　　（3）VIA 系列：VIA（威盛）电子股份有限公司成立于 1992 年 9 月，它是台湾一家生产主板芯片组的厂商，它还生产微处理器芯片、高端手机用 CPU 系统芯片组、网络通信芯片、光储存、音效视讯多媒体控制芯片等的生产厂商。威盛的 CPU 拥有 X86 架构的自主知识产权，在通用 CPU、GPU、芯片组等方面也是全球前三大厂商。威盛公司生产的 CPU 性能比英特尔与 AMD 稍差，但功耗控制比较好，很多 CPU 产品都可以无风扇运行，最大特点就是价格低廉，功耗很低、省电、实用。目前，VIA 主要是做手机和专用设备的 CPU。

　　（4）龙芯系列：北京神州龙芯集成电路设计有限公司创建于 2002 年，龙芯 CPU 是中国科学院计算技术研究所自主研发的通用 CPU。2002 年 8 月 10 日，龙芯 1 号龙芯 X1A50 研发成功，频率为 266 MHz。龙芯 2 号的频率最高为 1 GHz。龙芯 3A 是首款国产商用 4 核处理器，其工作频率为 900 MHz～1 GHz，峰值计算能力达到 16 GFLOPS。龙芯 3B 是首款国产商用 8 核处理器，主频达到 1 GHz，支持向量运算加速，峰值计算能力达到 128 GFLOPS，具有很高的性能功耗比。龙芯 3 号是一款多核处理器，可以实现对内峰值每秒 500～1000 亿次的计算速度。目前中科院有研发以龙芯为处理器的超级计算机计划。

　　3．CPU 核心和接口

　　（1）CPU 核心和双核 CPU：核心又称为内核（Die），是 CPU 最重要的组成部分。CPU 中心那块隆起的芯片就是核心，它具有固定的逻辑结构，一级缓存、二级缓存、三级缓存、执行单元、指令级单元和总线接口等逻辑单元。CPU 所有的计算、接受/存储命令、处理数据都由核心完成。核心在某种程度上决定了 CPU 的工作性能。

　　为了便于 CPU 设计、生产、销售的管理，CPU 制造商分别给各种 CPU 核心命名一个代号，这个代号就是 CPU 核心类型。不同或相同系列（也叫框架，如 Pentium 4 和 K6-2）的 CPU 都会有不同的核心类型，甚至同一种核心都会有不同版本的核心类型，核心版本的变更是为了修正上一版本存在的错误，并提升一定的性能。每一种核心类型都有其相应的制造工艺（如 0.13 um、45 nm、22 nm 等）、核心面积（这是决定 CPU 成本的关键因素，成本与核心面积基本上成正比）、核心电压、电流大小、晶体管数量、各级缓存的大小、主频范围、流水线架构和支持的指令集、功耗和发热量的大小、封装方式、接口类型、前端总线频率（FSB）等。

　　双核微处理器是指在一个处理器上集成两个运算核心，从而提高计算能力。AMD 公司将两个内核做在一个 Die（内核）上，通过直连架构连接起来，集成度更高，两个 CPU 内核使用相同的系统请求接口，兼容单内核微处理器所使用的 940 针引脚接口。英特尔公司在一开始时设计将放在不同 Die（内核）上的两个完整的 CPU 内核封装在一起，连接到同一个前端总线上，是多个核心共享二级缓存、共同使用前端总线的。显然，AMD 的双核是真正的

"双核"，而英特尔公司的解决方案只是"双芯"，CPU 工作时会产生总线争抢，影响性能。而且，"双芯"结构还为未来更多核心的集成埋下了隐患，成为提升系统性能的瓶颈。

从用户端的角度来看，AMD 的方案能够使双核 CPU 的管脚、功耗等指标与单核 CPU 保持一致，从单核升级到双核，不需要更换电源、芯片组、散热系统和主板，只需要刷新 BIOS 软件即可，这对于主板厂商、计算机厂商和最终用户的投资保护是非常有利的。

双核心技术对于解决 CPU 频率和性能提升瓶颈具有革命性的作用，也让用户有机会接触到更高性能的处理器。如果要双核处理器真正发挥它的实力，还需要主板架构、操作系统和应用软件的全方位支持。另外，单核和双核的价格差不多。

CPU 核心的发展方向是更低电压、更低功耗、更先进的制造工艺、集成更多的晶体管、更小的核心面积（可以降低 CPU 的生产成本，降低 CPU 价格）、更先进的流水线架构和更多的指令集、更高的前端总线频率、集成更多的功能（如集成内存控制器等）以及双核心和多核心（也就是 1 个 CPU 内部有 2 个或更多个核心）等。目前，AMD 公司和 Intel 公司新生产的微处理器都是双核、4 核，甚至 10 核的 CPU。

（2）CPU 接口：CPU 需要通过某个接口与主板连接才能进行工作。CPU 经过这么多年的发展，采用的接口方式有引脚式、卡式、触点式、针脚式等。目前，CPU 的接口都是针脚式接口，对应到主板上就有相应的插槽类型。CPU 接口类型不同，在插孔数、体积、形状上都有变化，所以不能互相插接。早期（Intel i386 以前）的 CPU 的引脚较少，大多是直接焊接到主机板上。自 Intel i486 以后，由于 CPU 的引脚增多，也为了方便 CPU 升级换代，Intel 推出了 Socket（插座）接口的 CPU。这种接口 CPU 的引脚是大量的插针，它需要主板上有与之相配的插座才能插入，如图 2-1-29 所示。另外还需要说明的是，接口型号只是说明该接口可以安装什么型号的 CPU，而不是说凡是接口相同的 CPU 都能互换使用。同一接口的 CPU 由于内核不同、电压不同等因素，也不一定就能在同一主板上使用。下面介绍几种 CPU 接口：

图 2-1-29　Socket 接口的 CPU 及插座

◎ Socket 478：该接口是 Intel 为替代 Socket 423 所推出的一种广泛用于 Pentium 4 的 CPU 接口，它有 478 个插脚。该接口用于后期 Willamette、NorthWood 和 Prescott 核心的 Pentium 4 与 P4 Celeron。图 2-1-30 是 Socket 478 接口的 CPU 正（中）、背面（左），以及 NorthWood 核心的 P4（右）。

图 2-1-30　Socket 478 接口的 CPU

◎ Socket 939 是 AMD 公司 2004 年 6 月推出的 64 位桌面平台接口标准，目前采用此接口的有高端的 Athlon 64 以及 Athlon 64 FX，具有 939 根 CPU 针脚。Socket 939 处理器和 Socket 940 插槽是不能混插的，但是，可以使用相同的 CPU 散热器。图 2-1-31 所示就是 AMD 64 位 CPU，由左到右依次为 Athlon 64 正、背面和 Athlon 64 FX 正、背面图像。

图 2-1-31　Socket 939 接口的 CPU

◎ Socket 775：又称 Socket T，是目前应用于 Intel LGA 775 封装的 CPU 所对应的接口，目前采用此种接口的有 LGA 775 封装的 Pentium 4、Pentium 4 EE、Celeron D 等 CPU。Socket 775 接口 CPU 的底部没有传统的针脚，而代之以 775 个触点，即并非针脚式而是触点式，通过与对应的 Socket 775 插槽内的 775 根触针接触来传输信号。Socket 775 接口不仅能够有效提升处理器的信号强度、提升处理器频率，同时也可以提高处理器生产的良品率、降低生产成本。Socket 775 将成为今后所有 Intel 桌面 CPU 的标准接口。

◎ LGA 1366：主板由 X58 ICH10 芯片组组成，支持 LGA 1366 接口的 Bloomfield 处理器，支持三通道 DDR3 内存。和双通道标识类似，三通道内存主板上会有三条插槽是同样的颜色，用同规格的内存插满即可组成三通道。

◎ Socket A 接口：它也叫 Socket 462，是目前 AMD 公司 Athlon XP 和 Duron 处理器的插座接口。

◎ Socket AM3 接口：它是所有 AMD 桌面级 45 nm 处理器均采用的插座接口。它有938 针的物理引脚，支持 DDR3 内存。

◎ Socket B 接口：它是所有 Intel 桌面级 45 nm 处理器均采用的插座接口。它采用 LGA1366 针封装，支持 DDR3 内存。

4．内存结构

内存是由内存芯片、电路板、金手指等部分组成的。下面以 DDR2 内存为例介绍内存的物理结构，其硬件结构如图 2-1-32 所示。

图 2-1-32　DDR2 内存

（1）PCB 板：也叫印制电路板或印刷线路板，是电子元器件的支撑体，颜色多数为绿色。现在的 PCB 板都采用分层设计，例如，4 层或 6 层等。理论上 6 层 PCB 板比 4 层 PCB板的电气性能好，性能也较稳定，名牌内存多采用 6 层 PCB 板制造。因为 PCB 板制造严密，所以从肉眼上较难分辩 PCB 板是 4 层或 6 层，只能借助一些印在 PCB 板上的符号或标识来确定。

（2）金手指：金手指的黄色接触点是内存与主板内存槽接触的部分，数据是靠它们来传输的。金手指是铜制导线，使用时间长久可能有氧化的现象，会影响内存的正常工作。

（3）内存芯片：内存芯片（也叫内存颗粒）是内存的灵魂，常见的内存芯片有 Infineon、HY、SAMSUNG、WINBOND、TOSHIBA、SEC、MT 等，它们的性能也有很多不同。

（4）内存芯片空位：在内存条上常有这样的空位，这是因为采用封装模式预留了一片内存芯片为其他采用这种封装模式的内存条使用。

（5）内存固定卡缺口：内存插到主板上后，主板上的内存插槽会有两个夹子牢固地扣住内存，这个缺口便是用于固定内存。

（6）内存脚缺口：内存脚上的缺口一是用来防止内存插反的（只有一侧有），二是用来区分不同的内存。以前的 SDRAM 内存条有两个缺口，而 DDR 则只有一个缺口，不能混插。

（7）SPD 芯片：它是一个 8 脚 EEPROM 可擦写存储器小芯片，容量有 256 Byte，可以写入一些信息，包括厂商名称、单片容量、芯片类型、生产日期、内存的标准工作状态、工作速度、响应时间等，还可能有电压、容量系数和一些厂商的特殊标识，以协调计算机系统更好地工作。主板也可以从 SPD 中读取到内存的信息，并按 SPD 的规定来使内存获得最佳的工作环境。

5. 内存类型

不同的主板所支持的内存类型是不相同的。主板使用的内存类型主要有 SDRAM、RDRAM、DDR、DDR2 和 DDR3，目前主板大部分都支持双通道 DDR2 和 DDR3 内存。一般情况下，一块主板只支持一种内存类型，但个别主板具有两种内存插槽，可以使用两种内存中的一种。

几种内存的内存脚缺口个数与位置均不一样，用来区分不同的内存，如图 2-1-33 所示。

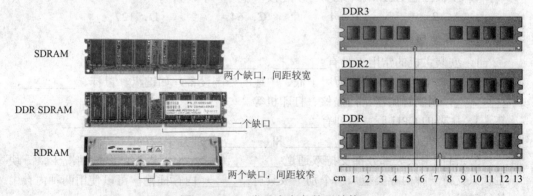

图 2-1-33　常见内存条外形结构

（1）SDRAM 内存：它有 168 线，数据带宽 64 bit，电压 3.3 V。该种内存已经基本被淘汰。

（2）RDRAM 内存：它采用了新一代高速简单内存架构。该内存很快被 DDR 内存替代。

（3）DDR 内存：DDR SDRAM 简称 DDR，也就是"双倍速率 SDRAM"的意思，是 SDRAM 内存的升级版本，数据传输速度为 SDRAM 内存的两倍，能耗没有增加。

（4）DDR2 内存：DDR2 内存每个时钟能够以 4 倍于工作频率的速度读/写数据，因此传输数据的等效频率是工作频率的 4 倍。它能够在 100 MHz 的发信频率基础上提供每插脚最少 400 MB/s 的带宽，工作电压 1.8 V，进一步降低发热量，提高频率。DDR2 内存工作频率为 400、533、667、800、1000 MHz 等，采用 200、240 脚的 FBGA 形式。DDR2 内存容量可达 4 GB。

（5）DDR3 内存：它面向 64 位构架，比起 DDR2 有更低的工作电压 1.5 V，性能更好、更省电。DDR3 目前最高工作频率可达到 2 000 MHz，DDR3 内存容量可达 4 GB。另外，DDR3 还采用根据温度自动自刷新、局部自刷新等技术，在功耗方面也要出色得多。

（6）DDR4 内存：DDR4 内存的标准规范已经基本制定完成，三星、海力士等也早都陆续完成了样品，但因为 DDR3 正处于如日中天的壮年期，DDR4 并不会急匆匆地到来，估计 DDR4 内存将于 2014 年首先用于服务器领域，然后再过一年半左右才进入桌面。

DDR2 和 DDR3 是目前市场上的主流内存产品。内存品牌还有很多。例如，海力士（Hynix）、金士顿（Kingston）、三星（Samsung）、胜创（KINGMAX）、勤茂（TwinMOS）等。

 思考与练习2-1

一、选择题

1．安装风扇前，应先在 CPU 表面均匀涂上一层（　　）。
　　A．磁性材料　　　　　　　　　B．散热硅脂
　　C．树脂　　　　　　　　　　　D．强力胶

2．安装主板时，应特别注意防静电，以下无效操作是（　　）。
　　A．不连接线路　　　　　　　　B．增加室内湿度
　　C．机箱接地　　　　　　　　　D．带上防静电手环

3．以下不属于硬盘内部接口的是（　　）。
　　A．SCSI 总线　　　　　　　　　B．IDE 总线
　　C．光纤总线　　　　　　　　　D．USB 总线

4．主板上的 USB 端口最多可以连接（　　）个设备。
　　A．2　　　　　B．4　　　　　C．64　　　　　D．127

二、填空题

1．安装主机的常用工具有_____、_____、_____。

2．主板上的 USB 接口适用于低、中速的外围设备，如键盘、鼠标、_____、_____、调制解调器、扫描仪、打印机等。

3．主要的 CPU 厂家系列有_____、_____、_____和_____。

4．内存是由_____、_____和_____等部分组成的。

5．目前主板大部分都支持双通道_____和_____内存。一般情况下，一块主板只支持一种内存类型，但个别主板具有_____内存插槽，可以使用两种内存中的一种。

6．DDR2 内存可以用_____和_____频率方式表示，它们的关系是_____。

2.2 【案例 2】安装机箱、硬盘、光驱和接口卡

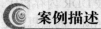 **案例描述**

在安装完 CPU、CPU 散热器和内存条以后，接着需要安装机箱，以及将主板、硬盘和光驱等安装到机箱内。无论安装什么硬件，其接口对应主板都要严格按照规范的要求，配件的接口和主板插槽都提供了非常简单的使用方法，详情可参考各种主板说明书。现在很多主板自身集成了有线网卡和声卡模块，甚至内置显示卡，这就不需要额外安装了。内置的显示卡和声卡一般性能不如独立的显示卡和独立声卡。

实战演练

1. 安装机箱电源

（1）安装时注意机箱后部预留的开口与电源背面螺钉的位置要对应好，否则容易把电源装反，如图 2-2-1 所示。

（2）将电源放入机箱预留处，并将电源用螺钉固定，如图 2-2-2 所示。

图 2-2-1　调整电源安装方向　　　　　　　　图 2-2-2　安装电源

（3）一般机箱带有 3 个 5.25 英寸及 2 个 3.5 英寸的设备安装空间，以及电源开关指示灯和信号指示灯，机箱内部还有一些信号线，将其分组并固定以备使用，如图 2-2-3 所示。

（4）取出机箱外接电源线，如图 2-2-4 所示。机箱后面板安装的电源上有一个电源插座，可以插入主机的电源线的一端，如果连接错误，电源线是不能插入插座的。

图 2-2-3　机箱　　　　　　　　　　　　　图 2-2-4　电源线

2. 安装主板

机箱为了适应不同类型的主板，其底板上用于安装螺钉的孔位很多，不同的主板需要用到的螺钉孔位是不同的。如果在错误的孔位上安装了螺钉，就可能导致主板短路，因此要先确定用来固定主板的螺钉定位孔哪几个孔需要螺钉，哪几个需要塑胶固定柱。如果主板和底板相同位置有对应的孔，就说明此处需要一个固定单元（螺钉和螺母）；如果底板上对应的小孔是圆形螺钉孔，说明此处应加装螺钉；如果底板上对应的小孔呈漏斗状滑孔，则需要采用塑胶固定柱。

（1）很多机箱提供了抽取式主板托盘，如图 2-2-3 所示，方便了主板的安装，让用户无须抱着笨重的机箱来安装主板。本案例使用做示范的机箱就采用了这个设计，让整个装机过程简单了不少。而在安装主板之前，可先把托盘从机箱中抽出，使其从机箱中独立出来。

（2）安装主板前，需要先把主板对应 I/O 接口的背板固定到机箱上，如图 2-2-5 所示。然后将机箱提供的主板底座螺母安装到机箱主板托盘的对应位置，如图 2-2-6 所示。

螺钉的作用是将主板支撑在机箱底板上方，机箱提供的螺钉有两种，金属和塑料。金属螺钉有耐用、固定作用强的优点，但有造成主板短路的可能；塑料螺钉虽然绝缘性能好，但是固定作用小，容易出现松脱的现象。因为主板的四个角落位置是固定主板的主要关键，所以应该使用固定能力强的金属螺钉，保证主板稳固在机箱上。

图 2-2-5　I/O 接口板固定到机箱

图 2-2-6　安装主板底座螺母

（3）安装螺钉时，将其对准托盘上的螺钉孔，然后尽量将螺钉拧紧。按同样方法安装好主板四个角落的螺钉。把螺钉和白色塑胶固定柱一一对应地安装在机箱底板上。然后将主板直接平行朝上压在底板上，使每个塑胶固定柱都能穿过主板的固定孔扣住。将螺钉拧到与其相对应的螺母上。切忌螺钉上得过紧，以防止主板变形。

（4）安装好螺钉后，就可以将主板放进托盘并固定了。将主板放入托盘时，应该倾斜一定的角度用手慢慢推入，如图 2-2-7（a）所示。这样可以很方便地将主板上的外部输出接口从机箱背面的挡片孔位中伸出来。

（5）将主板放入托盘后，调整主板位置，可以通过与机箱背部的主板挡板完全重合，露出所有插槽来确定是否安装到位，如图 2-2-7（b）所示。

（a）调整主板位置

（b）安装主板

图 2-2-7　将主板安装到位

如果使用的机箱较小，在放入主板时会有一定的难度，可以先将电源拆下来，这样机箱中可供操作的空间就大了许多，安装主板就方便很多。主板完全放入后，位置可能会有小小的偏差，应该慢慢进行调整，使主板上的固定孔同螺钉上的螺钉孔对准，然后使用螺钉将主板固定起来。而由于本案例使用的是带主板抽取托盘的机箱，所以没有这方面的问题。

（6）为主板固定螺钉也需要注意，应该先上一个螺钉，稍微拧紧一些，等其他几个螺钉都已经上到指定的螺钉孔后，再一起拧紧所有螺钉，这样就可以完全固定主板，如图 2-2-7（b）所示。如果每上一个螺钉就拧紧，上了几个螺钉后就会发觉，主板的一些固定孔已经和指定的螺钉孔出现位置偏差，这时如果强行固定主板，就很容易造成主板变形甚至损坏。

由于使用的是主板抽取托盘，所以在完成了主板的安装之后，只需要把托盘放回机箱就可以，如图 2-2-8 左图所示。然后通过螺钉来固定主板抽取托盘，如图 2-2-8 右图所示。

（7）将电源线插入主板供电电源接口，如图 2-2-9 所示。目前，大部分主板采用了 24 针的供电电源设计，但是仍有些主板为 20 针。

图 2-2-8　将主板抽取托盘放回机箱和固定主板抽取托盘　　　　图 2-2-9　连接主板供电电源

（8）目前部分主板采用 4 针的加强供电接口设计，也有采用 8 针设计，为 CPU 提供稳定的电源供应。只要将电源线插入 CPU 供电接口即可，如图 2-2-10 所示。

（9）接下来将主板上 SATA 接口、USB 接口及机箱开关、重启、硬盘工作指示灯接口（插座）等插入相关插头，具体的安装方法可以查看主板说明书。一般情况下，主板插座旁会标出插座的名称（说明书中有说明），注意一一对应，不要插错，再将机箱内的各种线缆进行简单的整理并加以绑扎，部分插头如图 2-2-11 所示。本例中主机各接口如图 2-2-12 所示。

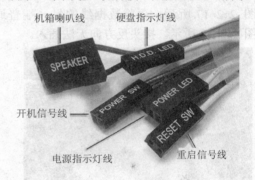

图 2-2-10　连接 CPU 供电电源　　　　　　　图 2-2-11　部分插头

3. 安装硬盘

（1）将硬盘固定在机箱 3.5 英寸的硬盘插槽上的方法是，先把硬盘反过来，确定硬盘接口方向是面向自己，如图 2-2-13 所示。然后翻过来放入机箱，沿着插槽位置向下插入，如果插槽过紧，可以同时按下硬盘插槽侧面的卡扣，将其顺利地放入硬盘插槽，如图 2-2-14 所示。

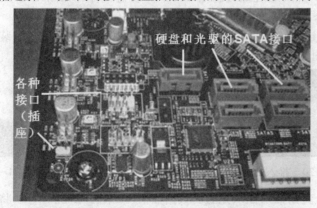

图 2-2-12　主板上的其他接口　　　　　　图 2-2-13　硬盘接口方向面向自己

对于普通机箱，只需要将硬盘直接放入机箱的硬盘托架上，拧紧螺钉固定即可，现在也有很多免工具的机箱，不需要螺钉，通过机箱自带的扣具就可以完成硬盘的安装和固定。而一些机箱提供了独立的 3.5 英寸硬盘托架，可以将 3.5 英寸硬盘托架拆卸下来，以方便安装硬盘。

（2）用拇指按压硬盘，确认它已经固定好，如图 2-2-14 所示。在硬盘插槽侧面露出固定螺钉的孔，安装上螺钉，拧紧固定，如图 2-2-15 所示。

（3）这里使用的是一块 SATA 硬盘，在电源上找到 SATA 专用的电源线（黑黄红线），安装时将其插入即可，接口全部采用防插错设计，反方向无法插入，如图 2-2-16 所示。

图 2-2-14　将硬盘放入插槽　　图 2-2-15　拧紧螺钉安装硬盘　　图 2-2-16　连接硬盘的电源线
　　　　　　并按压硬盘

（4）使用主板附带的红色 SATA 数据线，把一个直角插口插入硬盘的数据插槽，如图 2-2-17 所示，再将数据线的另一端普通插口插入主板的硬盘接口（数据插槽），如图 2-2-18 所示。接头反方向无法插入。

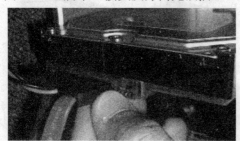 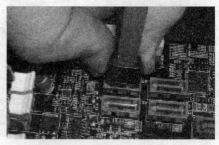

图 2-2-17　连接硬盘　　　　　　　　　　图 2-2-18　连接主板对应的数据线

4. 安装光驱

（1）对于普通的机箱，需要先将机箱 5.25 英寸的前面板拆除，打开安装 DVD 光驱的位置，如图 2-2-19 所示。

（2）将光驱推入机箱的托架中，然后通过螺钉固定即可，和硬盘一样。如图 2-2-20 所示。如果需要取下时，把螺钉取下后将其拉出即可，非常方便。

（3）这次使用的也是 SATA 接口的光驱，所以使用与 SATA 硬盘同样的电源线，安装时将数据线与电源线插入即可，如图 2-2-21 所示。

 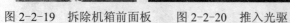  

图 2-2-19　拆除机箱前面板　　图 2-2-20　推入光驱　　图 2-2-21　连接光驱的电源线

（4）将红色 SATA 数据线的一个直角插口插入光驱的数据插槽，如图 2-2-22 所示。将红色数据线的另一普通插口插入主板的数据插槽接口，如图 2-2-23 所示。

图 2-2-22　连接光驱

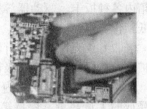

图 2-2-23　连接主板

5. 安装显卡

（1）根据显卡插槽的位置，拆下机箱上相对应的挡片安装显卡。

（2）用手轻握显卡两端，垂直对准主板上的显卡插槽，向下轻压到位后，该插槽上的卡扣自动合并将显卡固定，如图 2-2-24 所示。

（3）调整显卡对应插槽的位置，安上螺钉，拧紧固定，如图 2-2-25 所示。对机箱内的各种线缆进行简单地整理，以提供良好的散热空间。

图 2-2-24　安装显卡

图 2-2-25　固定显卡

6. 安装声卡和网卡

（1）安装声卡：如果没有集成的声卡，根据声卡插槽的位置，拆下机箱上相对应的挡片安装声卡，声卡如图 2-2-26 所示。用手轻握声卡两端，垂直对准主板上的声卡插槽，向下轻压到位后，再用螺钉将声卡固定在机箱上，即完成了声卡的安装。

（2）安装网卡：如果没有集成的网卡，根据网卡插槽的位置，拆下机箱上相对应的挡片安装网卡，网卡如图 2-2-27 所示。用手轻握网卡两端，垂直对准主板上的网卡插槽，向下轻压到位后，再用螺钉将网卡固定在机箱上，即完成了网卡的安装。

目前，大部分新型主板内都集成了声卡和网卡，无须再安装外部声卡和网卡。

图 2-2-26　声卡

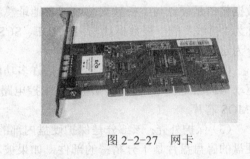

图 2-2-27　网卡

🌀 相关知识

1. 机箱的特性

（1）坚固性：机箱框架牢固，外壳坚实，使用后不会因冷热变化、轻微撞击、搬运、局部受压而产生变形，特别是卧式箱可允许把显示器放在上面。易变形的机箱可能会导致箱内各种板卡、驱动器等的故障。另外，坚实的机箱，其支撑支架牢固，可减少震动，降低工作噪声。

（2）扩充性：机箱有较宽阔的空间，易于安装各种板卡，托架多可随时增加驱动器。扩充性良好的机箱在升级计算机、更换扩充箱内配件时有充足的空间可利用。

（3）散热性：机箱内部空间大，面板与背板通风性能好，就能充分扩散配件工作中释放的大量热量，保持箱内温度不至于过高。减少因过热而死机的现象，延长机器的使用年限。

（4）屏蔽性：机箱一般采用铁合金制成，能减少机箱内电磁波对外辐射和降低外界电磁波对主机的干扰。

（5）兼容性：兼容性也就是良好的通用性。应具备标准的机箱规格，各种装配孔、装配架应满足绝大部分配件的安装需求。特别是主板的安装不能出现错位，其他配件的安装位置也不能出现空间上的冲突。兼容性能良好的机箱应实用、安装方便、拆卸容易，一般装卸过程中不会出现卡阻或错位。

（6）美观性：好的机箱制作工艺精良、外形美观大方、线条流畅、颜色协调、无碰划痕迹。

2. 硬盘结构

硬盘主要由接口、控制电路和磁盘盘片等组成，如图 2-2-28 所示，各部分特点简介如下。

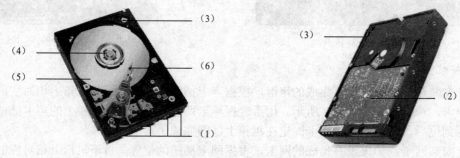

图 2-2-28　硬盘

（1）接口：硬盘接口包括电源接口和数据接口两部分。电源接口是与主机电源线的接入插口，它与软驱、光驱的电源接口没有区别，其作用是为硬盘正常工作提供电力保证。数据接口是硬盘与主板数据总线或者地址总线之间进行数据传输交换的通道，通常是使用称为"排线"的一根数据线与主板 IDE、SCSI 或 SATA 接口相连接，因此数据接口也可以分为这三种接口系列。

（2）控制电路部分：该部分包括许多功能模块和集成电路。例如主轴调速电路、磁头驱动与伺服定位电路、读/写电路、主控电路、接口电路、缓存芯片和类似于主板 BIOS 的CMOS 芯片。

（3）保护外壳：该部分是保护硬盘内部的磁盘盘片免受外界的物理冲击和灰尘的侵袭。硬盘的磁盘盘片是十分精密的部件，如果被灰尘盖上会造成巨大的数据损失。另外，它还有空气交换的作用，它上面往往有一个带有过滤器的透气孔，通过这个小孔可以让因高速旋转而大量发热的硬盘内部的热空气顺利排出，保持硬盘内部的气压和外界大气压一致。

（4）主轴马达：主轴马达用于驱动盘片高速旋转，它虽然没有多么强大的动力，但却是十分精密的部件。

（5）磁盘盘片：磁盘盘片是硬盘存储数据的载体，硬盘是在合金材料表面涂上一层很薄的磁性材料，通过磁层的磁化来存储信息。现在硬盘盘片上大多采用金属薄膜材料（也有使用玻璃作为盘片的生产材料），具有高存储密度、高剩磁及高矫顽力等优点。

（6）磁头：磁头是硬盘中最精密的部件之一，它由读写磁头、传动手臂和传动轴三部分组成。磁头是硬盘技术中最重要和关键的一环，实际上是集成工艺制成的多个磁头的组合，它采用非接触式头-盘结构，加电后在高速旋转的磁盘表面移动，与盘片之间的间隙只有 0.1～0.3 μm，这样可以获得很好的数据传输速度。现在转速为 7 200 r/min 的硬盘间隙一般都低于 0.3 μm，以利于读取较大的高信噪比信号，保证数据传输速度的同时提供可靠性保障。

3. 硬盘分类

硬盘按照用途可以分为台式机硬盘、笔记本硬盘和移动硬盘；按照大小可以分为 160 GB、250 GB、320 GB、500 GB、640 GB、750 GB、1 TB、1.5 TB、2 TB、3 TB、4 TB 和 6 TB 等，按照接口划分，目前硬盘主要有以下几种类型，各种类型的硬盘特性简介如下。

（1）SATA（Serial ATA）：使用 SATA 接口的硬盘又叫串口硬盘，是目前 PC 应用最多的硬盘。SATA 接口硬盘采用串行连接方式，它的总线使用嵌入式时钟信号，具备更强的纠错能力，提高了数据传输的可靠性。它还具有结构简单、支持热插拔和转速快的优点，但价格较贵。

（2）SATA2：希捷在 SATA 的基础上加入 NCQ 本地命令阵列技术，并提高了磁盘速率。

（3）SAS（Serial Attached SCSI）：是新一代 SCSI 技术，和 SATA 硬盘相同，都采取序列式技术以获得高传输速度，可达到 3 Gb/s。此外也缩小了连接线，改善了系统内部空间等。

4. 光驱结构

DVD 光驱正面如图 2-2-29 所示，可以看到，它包含下列部件：① 防尘门和 DVD 托盘；② 读盘指示灯；③ 手动退盘孔，当光盘由于某种原因不能退出时，可用小硬棒插入此孔将光盘退出，但部分光驱无此功能；④ 弹出键，按一下此键，光盘会自动弹出。

图 2-2-29 DVD 光驱正面

DVD 光驱的背面如图 2-2-30 所示，一般包含下列部件：① 电源线插座；② 主从跳线，光驱和硬盘一样也有主盘和从盘工作方式之分，可根据需要通过此跳线开关设置；③ 数据线插座，图中为 SATA 接口的数据线插座；④ 音频线插座，此插座通过音频线和声卡相连。

SATA 接口 DVD 光驱

图 2-2-30 DVD 光驱背面

5. 光驱分类

CD 光盘有 CD-ROM（只读光盘）、CD-R（可写光盘，只能写入一次，以后不能再改写）和 CD-R/W（可重复擦、写光盘）三种。DVD 光盘由 DVD-VIDEO（又可分为电影格式及个人计算机格式，用于观看电影和其他可视娱乐，总容量可达 17 GB）、DVD-ROM（基本技术与 DVD-Video 相同，但它包含与计算机兼容的文件格式，用于存储数据，容量是 4.7 GB）、DVD-R、DVD+R（只能写一次，容量是 4.7 GB）、DVD-R/W、DVD+R/W（采用顺序读/写存取）、DVD-RAM（可以用做虚拟硬盘，能随机存取）、DVD-AUDIO（比标准 CD 的保真度好一倍）、蓝光光盘等盘片。

光盘驱动器和光盘刻录机简介如下。目前市场上前三种光驱已不存在。

（1）CD-ROM 光盘驱动器：简称光驱，只能读 CD-ROM、CD-R 和 CD-R/W 光盘。

（2）CD-R 可写光盘驱动器：它也叫刻录光驱或刻录机，是一种一次写入多次读出的光盘驱动器，可以读 CD-ROM、CD-R 和 CD-R/W 光盘。

（3）CD-R/W 可反复擦写光盘驱动器：是可以反复擦写 CD-R/W 光盘的驱动器，可以多次读 CD-ROM、CD-R 和 CD-R/W 光盘。主要有 M-O、P-C 两种。

（4）DVD 光驱：是一种可以读取 DVD 碟片的光驱，除了兼容 DVD-ROM、DVD-VIDEO、DVD-R、CD-ROM 等格式光盘外，对于 CD-R/W、CD-I、VIDEO-CD、CD-G 等光盘都能很好地支持。

（5）DVD 刻录光驱：DVD 刻录机有 DVD+R、DVD-R、DVD+R/W、DVD-R/W 和 DVD-RAM。刻录机的外观和普通光驱差不多，只是其前置面板上通常都清楚地标识着写入、复写和读取三种速度。

（6）COMBO 光驱："康宝"光驱是人们对 COMBO 光驱的俗称。它是一种集合了 CD-ROM 光驱、CD 刻录机和 DVD-ROM 光驱为一体的多功能光存储产品。用户可通过一台光盘驱动器进行多种应用。例如读、一次写入、多次写入等，提高了数据传送速度，而且使用更加简便。

（7）蓝光光驱：它是用蓝色激光读取盘上的文件。因蓝光波长较短，可以读取密度更大的光盘。普通光驱用的红光波长有 700 nm，而蓝光只有 400 nm，所以蓝光实际上可以更精确，能够读写一个只有 200 nm 的点，而相比之下，红色激光只能读写 350 nm 的点，所以同样的一张光盘，点多了，记录的信息也就更多。Blu-ray Disk 是蓝光盘，是 DVD 的下一代标准之一，主导者以索尼、松下、飞利浦为核心，又得到先锋、日立、三星、LG 等巨头的鼎力支持，存储原理为沟槽记录方式，采用传统的沟槽进行记录，然而通过更加先进的抖颤寻址实现了对更大容量的存储与数据管理，目前已经达到 100 GB。与传统的 CD 或是 DVD 存储形式相比，BD 显然带来更好的反射率与存储密度，这是其实现容量突破的关键。蓝光光盘的直径为 12 cm，和普通光盘（CD）及数码光盘（DVD）的尺寸一样。这种光盘利用 405 nm 蓝色激光在单面单层光盘上可以录制、播放长达 27 GB 的视频数据，比现有的 DVD 容量大 5 倍以上（DVD 的容量一般为 4.7 GB），可录制 13 h 的普通电视节目或 2 h 的高清晰度电视节目。蓝光光盘采用 MPEG-2 压缩技术。蓝光光驱可以兼容读取普通的 DVD 碟片和 CD 碟片，但是普通光驱不能读取蓝光碟片。

（8）蓝光刻录光驱：不但具有蓝光光驱读取 BD 的能力，还可以刻录 BD。

（9）蓝光 COMBO：集合了 CD-ROM 光驱、CD 刻录机、DVD-ROM 光驱和蓝光刻录光驱为一体的多功能光存储产品。

6. 显卡的基本结构和显示接口

（1）显卡的基本结构。

◎ GPU：中文为"图形处理器"，它类似于主板上的 CPU。GPU 使显卡减少了对 CPU 的依赖，并进行部分原本是 CPU 的工作，尤其是在处理 3D 图形时。GPU 所采用的核心技术有硬件 T&L（几何转换和光照处理）等。

GPU 是显卡的核心，显卡的主要技术规格和性能基本上取决于图形处理芯片的技术类型和性能。衡量图形处理芯片的技术先进性主要是看其所具有的二维/三维图形处理能力、芯片图形处理引擎的数据位宽度、与显示存储器之间数据总线的宽度和所支持的显存类型容量、内部 RAMDAC（模/数转换器）的工作时钟频率、具备几条像素渲染处理流水线、所支持的图形应用程序接口（API）种类和芯片生产工艺水平等。

◎ 显存（Video RAM）：它是显示存储器的简称，类似于主板的内存。它的主要作用是暂时保存图形处理芯片要处理的数据和处理完的数据。图形核心的性能愈强，需要的显存也就越多。现在显卡采用了 GDDR4 或 GDDR5 显存，容量为 128 MB、256 MB、512 MB 等。

◎ DAC 芯片：它的中文名字是数字-模拟转换器，其作用是将 CPU 输出的图像数字信号转换为图像模拟信号，该信号为 R、G、B 三原色信号和行、场同步信号，图像模拟信号通过 VGA 接口和电缆传输到 CRT 显示器中。

◎ 显卡 BIOS：它主要用于存放显示芯片与驱动程序之间的控制程序，另外还存有显示卡信息，它类似于主板的 BIOS，开机时，屏幕上会显示这些信息。早期显卡 BIOS 是固化在 ROM 中的，不可以修改，而现在多数显示卡则采用了大容量的 EEPROM，即所谓的 Flash BIOS，可以通过专用的程序进行改写或升级。

◎ 散热器：散热器主要是用来给 GPU 等芯片散热。低端显卡一般不需要配散热器，中端显卡可以配一般散热器，只有高端显卡才有必要配豪华散热器。

◎ 显卡 PCB 板：就是显卡的电路板，类似于主板的 PCB 板。

CPU 输出的数据经总线进入 GPU（图形处理器）进行处理，再送入显存保存，从显存读取出数据再送到 DAC，将数字信号转换成模拟信号，再将模拟信号从 DAC 输入显示器。

（2）显卡的显示接口：是指显卡与显示器、电视机等图像输出设备连接的接口。常见的显示接口有 VGA、DVI、HDMI 接口，S 端子和其他电视接口。从功能上看，S 端子和其他电视接口主要用于 VIDEO-OUT 和 VIDEO-IN，它们合称 VIVO。

◎ VGA 接口：它也叫 D-Sub 接口，作用是将 DAC 芯片输出的模拟信号输出到显示器。CRT 显示器因为设计制造上的原因，只能接受模拟信号输入，这就需要显卡才能输入模拟信号。为了可以连接 CRT 显示器，多数显卡都有 VGA 接口。

VGA 接口是一种 D 形接口，上面共有 15 针孔，分成三排，每排五个，如图 2-2-31 所示。

图 2-2-31　显卡 VGA 和 DVI 接口

对于 LCD、DLP 等数字显示设备，显示设备中需配置相应的 A / D（模拟/数字）转换器，将模拟信号转变为数字信号。在经过 D / A 和 A / D 两次转换后，不可避免地造成了一些图像细节的损失。VGA 接口通常应用于 CRT 显示器，用于连接液晶之类的显示器，显示效果会略微下降。

◎ DVI 接口：DVI 接口保证了全部内容采用数字格式传输，保证了主机到监视器的传输数据过程中无干扰信号引入，可得到更清晰的图像。DVI 接口有 DVI-A、DVI-D 和 DVI-I 三种类型；DVI-A（12+5）、单连接 DVI-D（18+1）、双连接 DVI-D（24+1）、单连接 DVI-I（18+5）、双连接 DVI-I（24+5）五种规格。接口尺寸为 39.5 mm×15.13 mm。DVI-A 接口只传输模拟信号，DVI-D 接口只传输数字信号，DVI-I 可以传送两类信号，目前应用主要以 DVI-D 为主。

DVI-A（12+5）接口如图 2-2-32 所示。DVI-D（18+1）接口如图 2-2-33 所示。DVI-D（24+1）接口如图 2-2-34 所示。DVI-I（24+5）和 DVI-I（18+5）接口如图 2-2-35 所示。

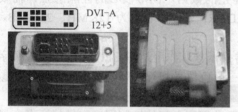

图 2-2-32　DVI-A（12+5）接口

图 2-2-33　DVI-D（18+1）接口

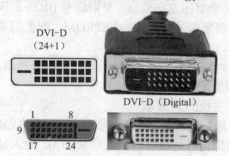

图 2-2-34　DVI-D（24+1）接口

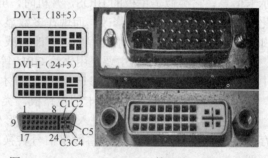

图 2-2-35　DVI-I（18+5）接口和 DVI-I（24+5）

两种 DVI 接口包含 24 个信号触点，分三行排列，每行 8 个，DVI-I 信号引脚的分配如表 2-2-1 和图 2-2-36 所示。

表 2-2-1　引脚 DVI 接口信号引脚的分配

序号	引　脚	序号	引　脚	序号	引　脚
1	T.M.D.S. Data2+	11	T.M.D.S. Data1 屏蔽	21	NC
2	T.M.D.S. Data2–	12	NC（空角）	22	T.M.D.S. 屏蔽
3	T.M.D.S. Data2 屏蔽	13	NC（空角）	23	T.M.D.S. Clock+
4	NC（空角）	14	–5V	24	T.M.D.S. Clock–
5	NC（空角）	15	地（+5V 和水平垂直同步逆程脉冲）	C1	*模拟 R
6	DDC 时钟	16	热插拔检测	C2	*模拟 G
7	DDC 数据	17	T.M.D.S. Data0+	C3	*模拟 B
8	*模拟垂直同步	18	T.M.D.S. Data0+	C4	*模拟水平同步
9	T.M.D.S. Data1+	19	T.M.D.S. Data0 屏蔽	C5	*模拟 GND（模拟 R、G、B 同步逆程脉冲）
10	T.M.D.S. Data1+	20	NC		

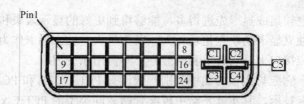

图 2-2-36　DVI 接口信号引脚的分配

◎ HDMI 接口：它的中文含义为高清晰度多媒体接口，是一种全数位化影像和声音传送接口，可以传送无压缩的音频信号及视频信号。HDMI 不仅可以满足 1080p 的分辨率，还支持 DVD-Audio 等最先进的数字音频格式，支持八声道 96 kHz 或立体声 192 kHz 数码音频传送。

DVI 的线缆长度不能超过 8 m，否则将影响画面质量，而 HDMI 基本没有线缆的长度限制，可以同时传送音频和视频信号，只要一条 HDMI 缆线，免除数码音频接线，能有效解决家庭娱乐系统背后连线杂乱纠结的问题。HDMI 支持 HDCP 协议，可用于机顶盒、DVD 播放机、个人计算机、电视游乐器、数位音响与电视机。不支持 HDCP 协议的显卡，不论连接显示器还是电视，都无法正常观看高清电影、电视节目。HDMI 接口如图 2-2-37 所示。

HDMI 接口　　　　VGA 接口　　　　　　　DVI 接口

图 2-2-37　显卡 HDMI 接口

◎ S 端子：即 S-Video（Separate Video）端子，其意义是将 Video 信号分开传送，也就是在 AV 接口的基础上将色度信号 C 和亮度信号 Y 进行分离，再分别以不同的通道进行传输，它出现并发展于 20 世纪 90 年代后期，通常采用标准的 4 芯（不含音效）或者扩展的 7 芯（含音效）。S 端子（4 芯）如图 2-2-38 所示。

S 端子（4 芯）　　DVI 接口　　　　VGA 接口　　S 端子（7 芯）

图 2-2-38　显卡 S 端子接口

7. 显卡分类和显卡接口

（1）显卡分类：显卡可以分为集成显卡和独立显卡两大类。

◎ 集成显卡：它是指主板中添加有显示芯片、显存及其相关电路，这种主板可以不需要独立显卡来实现普通的显示功能，以满足一般用户的使用。集成显卡的显示芯片有单独的，但大部分都集成在主板的北桥芯片中；一些主板集成的显卡也在主板上单独安装了显存，但其容量较小，集成显卡的显示效果与处理性能相对较弱，不能对显卡进行硬件升级。集成显卡的优点是功耗低、发热量小、部分集成显卡的性能已经可以媲美入门级的独立显卡，所以不用花费额外的资金购买显卡。

◎ 独立显卡：它是指将显示芯片、显存及其相关电路单独做在一块电路板上，自成一体而作为一块独立的板卡存在，它需占用主板的扩展插槽（ISA、PCI、AGP 或 PCI-E）。

独立显卡在技术上也较集成显卡先进得多，能够得到更好的显示效果和性能，并容易进行显卡的硬件升级。独立显卡的缺点是功耗大，发热量大。独立显卡作为独立的板卡存在，需要插在主板的相应接口上，它有单独的显存，不占用系统内存。

（2）显卡接口：它应与主板的插槽类别一致，有 PCI、AGP 和 PCI Express 接口。另外，最近还采用双卡技术，其实就是给主板配置两款同类型的 PCI-E x16 插槽，可以让用户同时插入两块同类型的 PCI-E 卡。这样做的目的往往是为了大幅提高整台计算机的图像处理能力，在运行 3D 游戏的时候可以得到更佳的运行效果。通常，只有 DIY 发烧友或者是游戏发烧友才会使用双显卡系统。

 思考与练习2-2

一、填空题

1．机箱的特性有_____、_____、_____、_____、_____和_____。

2．硬盘主要由_____、_____、_____、_____、_____和_____组成。

3．DVD 光盘有_____、_____、_____、_____、_____、_____和_____等。

4．常见的显示接口有_____、_____、_____、_____和_____。

5．显卡接口有_____、_____和_____。

二、问答题

1．简单介绍硬盘的结构。简单介绍各种类型硬盘的特点。

2．简单介绍显示卡的种类及各类的特点。简单介绍显示卡的显示接口与接口的特点。

2.3 【案例 3】安装计算机外设

 案例描述

在主机的外部连接输入/输出设备时，需注意主板所提供的各种插槽接口类型是否能满足相应设备的连接，然后根据主板可支持的设备进行安装。

 实战演练

1．安装键盘、鼠标

（1）键盘的连接线分为 USB 和 PS/2 接口两种，早期计算机一般连接 PS/2 插头，目前的计算机大部分连接 USB 接口。在连接 PS/2 插头时，应注意其凹形口与主机 PS/2 接口方向相对应，将其插入到主机紫色的 PS/2 插槽中即可，如图 2-3-1 所示。还有一些计算机同时配备了 USB 接口和 PS/2 接口，如果连接 PS/2 插头，可以余出更多的 USB 接口，以用于连接其他外围设备。

（2）鼠标的连接线分为 USB 和 PS/2 接口两种，早期计算机一般连接 PS/2 插头，目前的计算机大部分连接 USB 接口。在连接 PS/2 插头时，应注意其凹形口与主机 PS/2 接口方向相对应，将其插入到主机绿色的 PS/2 插槽中即可，如图 2-3-2 所示。还有一些计算机同时配备了 USB 接口和 PS/2 接口，如果连接 PS/2 插头，可以余出更多的 USB 接口，以用于连接其他外围设备。

图 2-3-1　连接键盘　　　　　　　　　　　　　　　图 2-3-2　连接鼠标

2. 安装视频输出设备

（1）找到视频连接线和显示器电源线，如图 2-3-3 所示。

图 2-3-3　视频连接线和显示器电源线

（2）将显示器的电源线连接到显示器背面的电源接口，如图 2-3-4 所示。

（3）将视频连接线的一头连接到显示器背面的视频输出接口（见图 2-3-5），另一头连接到主机的显卡插槽上。

　　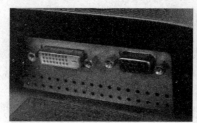

图 2-3-4　连接显示器电源线　　　　　　　　　　图 2-3-5　连接视频连接线

3. 安装音频输入/输出设备

（1）将话筒的连接线插入主机的音频输入插槽上，如图 2-3-6 所示。

（2）将音箱的连接线插入主机的音频输出插槽上，如图 2-3-7 所示。

图 2-3-6　连接音频输入线　　　　　　　　　　　图 2-3-7　连接音频输出线

有的键盘也具备音频输入插槽和音频输出插槽，则可以将话筒和音箱的连接线分别插入键盘的音频输入插槽和音频输出插槽，这非常方便。

4. 安装打印机

（1）将打印机电源线连接到打印机背部的插槽上，如图 2-3-8 所示。

（2）将打印机连接线的 USB 方口连接到打印机的背部，将 USB 扁口连接到主机上，如图 2-3-9 所示。

图 2-3-8　连接打印机电源线　　　　　　　图 2-3-9　连接打印机数据线

 相关知识

1. 键盘分类

（1）按键数分类：一般情况下，不同型号的键盘提供的按键数目也不同。日常使用的键盘有 101 键和 107 键等。键盘分为字母键、控制键、功能键和数字键（小键盘）四个区域，如图 2-3-10 所示。

近些年来又出现了多媒体键盘，它在传统键盘的基础上增加了不少常用快捷键或音量调节装置，并带有控制光盘驱动器键，上网键、收发 E-mail 键、声音调节键、打开浏览器软件键、启动多媒体播放器键等，许多复杂功能现仅需按一个特殊按键即可，使计算机操作进一步简化。同时，在键盘外形上也做了重大改进，体现键盘的个性化，受到广泛的好评。

（2）按功能分类：

① 标准键盘：标准键盘是市场上最常见的键盘，各厂商的标准键盘无论从尺寸、布局还是外形上来看，都是大同小异的。

② 人体工程学键盘：人体功能学键盘主要是提供给职业操作计算机的人，如图 2-3-11 所示。该键盘增加了底托，解决了长时间悬腕或塌腕的劳累，并将两手所控的键位向两旁分开一定的角度，使两臂自然分开，达到省力的目的。目前这类键盘品种很多，有固定式、分体式和可调角度式，以适应不同操作者的各种姿势。

图 2-3-10　普通键盘　　　　　　　　　　图 2-3-11　人体工程学键盘

③ 多功能键盘：多功能键盘比标准键盘多加了一些功能键，用来完成一些快捷操作，比如一键上网、开机、关机、播放 CD/VCD 的按键，话筒和音箱的插槽等，使用户使用起来更加方便，功能更强大，如图 2-3-12 所示。

④ 集成鼠标的键盘：这类键盘和笔记本上的键盘很类似，在键盘上集成的鼠标多以轨迹球和压力感应板的形式出现，节省了桌面的空间，如图 2-3-13 所示。

⑤ 手写键盘：手写键盘就是键盘和手写板的结合产品，如图 2-3-14 所示。

图 2-3-12　多功能键盘

图 2-3-13　集成鼠标的键盘

（3）按接口类型分类：

① PS/2 接口的键盘：大部分的键盘都属于此类，它与主板上的 PS/2 接口相连。

② USB 接口的键盘：作为一种新型的总线技术，USB（universal serial bus，通用串行总线）已经被广泛应用于鼠标、键盘、打印机、扫描仪、Modem、音箱等各种设备。其传输速率远远大于传统的并行口和串行口，设备安装简单并且支持热插拔。USB 设备一旦接入，就能够立即被计算机所识别，并装入任何所需要的驱动程序，而且不必重新启动系统就可立即投入使用。当不再需要某台设备时，可以随时将其拔除，并可再在该端口上插入另一台新的设备，然后，这台新的设备也同样能够立即得到确认并马上开始工作，所以 USB接口越来越受到厂商和用户的喜爱。USB 接口的键盘功能与普通键盘完全一致，只是接口相连接的方式不同。

③ 无线键盘：无线键盘的外观和普通键盘没有太大区别，如图 2-3-15 所示，它没有连接线，可以完全脱离主机，其有效范围一般在 3 m 左右。

图 2-3-14　手写键盘

图 2-3-15　无线键盘

2. 鼠标分类

鼠标的分类方法有很多种，可以按键数、接口形式、内部构造等进行分类。

（1）按键数分类：

① 两键鼠标：它通常叫做 MS 鼠标，如图 2-3-16 所示。

② 三键鼠标：也叫做 PC 鼠标，如图 2-3-17 所示，与两键鼠标相比，多了一个中间键，使用中间键在某些特殊程序中能起到事半功倍的效果。

③ 多键鼠标：常带有滚轮和侧键，如图 2-3-18 所示，使得浏览网页、文档时上下翻页变得极其方便。滚轮有横向、纵向的。有一个滑轮的称为 3D 鼠标，有两个滑轮的称为4D 鼠标。

图 2-3-16　两键鼠标

图 2-3-17　三键鼠标

图 2-3-18　多键鼠标

（2）按接口类型分类：

① PS/2 接口的鼠标：PS/2 接口的鼠标是目前市场上的主流产品，它使用了一个六芯的圆形接口，需要插接在主板上的一个 PS/2 端口中。

② USB 接口的鼠标： USB 接口的鼠标，如图 2-3-19 所示，功能完全一致，只是接口相连接的方式不同。

③ 无线鼠标：无线鼠标没有连接线，外形与普通鼠标没有太大区别，如图 2-3-20 所示。无线鼠标可分为红外无线型鼠标和蓝牙无线电型鼠标两种，如图 2-3-20 所示。红外无线型鼠标一定要对准红外线发射器后才可以活动自如，否则没有反应。

（3）按内部结构分类：

① 跟踪球鼠标：跟踪球鼠标实际上就是一个倒过来的机械鼠标，如图 2-3-21 所示。

图 2-3-19 USB 接口鼠标　　　图 2-3-20　无线鼠标　　　图 2-3-21　跟踪球鼠标

② 机械式鼠标：它由鼠标底部的胶质小球带动 X 方向滚轴和 Y 方向滚轴滚动。在滚轴的末端有译码轮，译码轮附有金属导电片与电刷直接接触，鼠标的移动带动小球的滚动，通过摩擦作用使两个滚轴带动译码轮旋转，接触译码轮的电刷随即产生与二维空间位移相关的脉冲信号。由于电刷直接接触译码轮，且鼠标小球与桌面直接摩擦，所以精度有限，电刷和译码轮的磨损也较大，它直接影响机械式鼠标的寿命。

③ 光电式鼠标：光电式鼠标是目前的主流产品，用发光二极管（LED）与光敏晶体管的组合来测量位移，这种鼠标的精度极高。从正面来看与机械鼠标没有任何区别，但是从底面来看，光电鼠标不带滚轮。目前这种鼠标比较流行。

3. 显示器分类和特点

按照显示屏幕对角线长度（以英寸为单位）分类，通常有 14 英寸、15 英寸、17 英寸、19 英寸、21 英寸和 24 英寸等；按照显示色彩分类，分为单色显示器和彩色显示器，单色显示器已成为历史；按照显示器的工作原理分类，可分为以下几种，它们的特点简介如下。

（1）CRT 显示器：是一种使用阴极射线管的显示器，阴极射线管主要由电子枪、偏转线圈、荫罩板、高压石墨电极、荧光屏和玻璃外壳六部分组成。目前这种显示器应用得很少了。

（2）液晶显示器（LCD）：它是一种采用液晶控制透光度技术来显示彩色图像的显示器。液晶显示器质量提高的关键是反应时间和可视角度。相比 CRT 显示器，液晶显示器的特点如下：

◎ 图像很稳定，可以做到真正的完全平面。

◎ 大多采用了数字方式传输数据和显示图像，不会产生由于显卡造成的色彩偏差或损失。

◎ 完全没有辐射，即使长时间观看液晶显示屏，也不会对眼睛造成太大伤害。

◎ 体积小、能耗低，一台 17 英寸液晶 LCD 显示器的耗电量大约相当于 17 英寸纯平 CRT 显示器耗电量的三分之一。

◎ 液晶显示器图像质量仍不够完善，在色彩表现、饱和度、亮度、画面均匀度、可视角度等方面，液晶显示器比 CRT 显示器还是差一些。

◎ 液晶显示器的响应时间也比 CRT 显示器要长一些，当画面静止时还可以，一旦画面更新速度快而剧烈时，画面会因响应时间长而产生重影、拖尾等现象。

（3）等离子显示器：是采用了近几年来高速发展的等离子平面屏幕技术的新一代显示设备。等离子显示器厚度薄、分辨率高、环保无辐射、占用空间少，可以作为家中的壁挂电视使用，代表了未来计算机显示器的发展趋势。等离子显示器具有高亮度和高对比度，对比度达到 500:1，亮度也很高，所以其色彩还原性非常好。等离子显示器的 RGB 发光栅格在平面中呈均匀分布，使图像即使在边缘也没有扭曲的现象发生；它具有齐全的输入接口。等离子显示器比传统的 LCD 显示器具有更高的技术优势，亮度高、色彩还原性好，灰度丰富，能够提供格外亮丽、均匀平滑的画面，对迅速变化的画面响应速度快等。

（4）LED 显示器：LED 就是发光二极管的英文缩写。它是一种通过控制半导体发光的显示方式，用来显示文字、图形、图像、动画、行情、视频、录像信号等各种信息的显示屏幕。最初，LED 只是作为微型指示灯，随着大规模集成电路和计算机技术的不断进步，LED 显示器正在迅速崛起，近年来逐渐扩展到手机、电视和计算机显示器等领域。

市面上所谓的 LED 显示器，其实是"LED 背光液晶显示器"；早期的液晶显示器，属于"CCFL 背光液晶显示器"。所以此二者都是液晶显示器，只是背光源不一样而已。不要看到 LED 显示器就误以为是下一代技术显示器，其实技术最新的是 OLED。不含汞的 LED 面板将更加节能和环保，功耗只是普通 LED 的 60%。部分显示器厂商已经开始使用"不含汞"的 LED 面板，如华硕的 MS 系列无汞 LED 背光面板就受到了不少用户的青睐，在节能的同时也更加环保。

LED 显示器与 LCD 显示器相比较，LED 显示器在色彩、亮度、可视角度、屏幕更新速度和功耗等方面都具有优势。相同大小的 LED 显示器与 LCD 显示器的功耗比约为 10：1，视角在 160°以上，色彩更艳丽，亮度更亮，屏幕更新速度更快。另外，LED 显示器比 LCD 显示器更薄、更清晰、寿命更长，更安全，更节能环保。LED 背光显示器将会得到很好的发展。

（5）OLED 显示器：它是有机发光二极管或有机发光的显示器，它的产业化已经开始，其中单色，多色和彩色器件已经达到批量生产水平。OLED 和 LED 背光是完全不同的显示技术。OLED 是通过电流驱动有机薄膜本身来发光的，发的光可为红、绿、蓝、白等单色，同样也可以达到全彩的效果。所以说 OLED 是一种不同于 CRT、LCD、LED 和等离子技术的全新发光原理。OLED 显示器在色彩、亮度、可视角度、屏幕更新速度和功耗等方面都具有很大优势。

4. 打印机分类

（1）按照打印输出方式分类：可分为串行式（LPM）、行式和页式（PPM）。

（2）按照打印原理分类：可分为针式、字模式、喷墨、热敏、热转印式、激光、光墨、LED、LCS、荧光、电灼、磁、离子等。目前主要的打印机为针式、喷墨、激光三大类。

① 针式打印机：针式打印机结构简单，技术成熟，消耗费用低，如图 2-3-22 所示。在票据打印方面有不可替代的作用，但是有速度慢、噪声大、难以实现彩色打印等缺点。

② 喷墨打印机：喷墨打印机整机价格低、工作噪声低、很容易实现彩色打印，是当前的主流打印机，如图 2-3-23 所示。缺点是打印速度相对较慢、耗材较为昂贵。

③ 激光打印机：激光打印机打印速度快、工作噪声低、打印成本低，如图 2-3-24 所示。缺点是整机价格较高、不能在短时间内普及、较难实现彩色打印。

图 2-3-22　针式打印机　　　图 2-3-23　喷墨打印机　　　图 2-3-24　激光打印机

 思考与练习2-3

一、填空题

1．不同厂家的键盘，按键的布局有时不完全相同。目前的标准键盘主要有_____键和_____键两种。

2．整个键盘分为四个区域：字母键区、_____、_____和数字键区（小键盘）。

3．鼠标按内部结构分类，可以分为_____、_____、_____和_____四种。

4．显示器按照显示器的显像管分类，可以分为_____、_____、_____、_____和_____五种。

5．目前主要的打印机为_____、_____和_____三大类。

二、问答题

1．简要介绍键盘的特点。简要介绍光电式鼠标的特点。

2．比较几种显示器的优缺点。比较几种打印机的优缺点。

2.4 【案例4】BIOS 的设置

案例描述

BIOS（basic input/output system）是基本输入/输出系统，是计算机中最基础、最重要的程序（中断控制指令系统），负责控制系统全部硬件的运行。BIOS 主要功能是为计算机提供最底层、最直接的硬件设置和控制，是连接软件程序和硬件设备之间的接口程序。

BIOS 程序存放在主板的一块长方形或正方形只读存储器芯片中，通常称为 BIOS 芯片，又称为 ROM BIOS。586 计算机推出后 ROM 多采用 EEPROM（电可擦写 ROM），通过跳线开关和系统配带的驱动程序盘，可以对 EEPROM 进行重写，方便地实现 BIOS 升级。

BIOS 有不同的种类，随着硬件技术的发展，同一种 BIOS 也先后出现了不同版本。目前市场上主要的 BIOS 有 Award BIOS、AMI BIOS 和 Phoenix BIOS 等，其中，Award BIOS 和 Phoenix BIOS 已经合并，二者的技术互有融合。不同的 BIOS 设置程序有较大的差别。

开机后，BIOS 将进行系统硬件的自检（power on self test，POST），包含 BIOS 程序完整性检验，RAM 可读写性检验，进行 CPU、DMA 控制器等设备测试，并对 PnP 模块进行检测和确认，然后依次从各个 PnP 模块上读出相应的设备正常工作时所需的系统资源数据等配置信息。BIOS 中的 PnP 模块将根据读取的信息建立没有硬件资源冲突的资源分配表，来达到使所有设备都能正常工作的目的。配置成功后，系统要将所有的配置数据写入 BIOS 中，此时可以看到（进入 Windows 操作系统前）屏幕上将出现一系列检测：配置内存、硬盘、光驱、声卡等，最后是"UPDATE ESCD……SUCCESSED"等提示信息。

完成自检后，BIOS 将系统控制权移交给系统的引导模块，由它完成操作系统的导入。因此，对 BIOS 进行合理的设置可以使系统功能得以正常且充分地发挥，同时将系统硬件发生故障的可能性降到最低。

熟练地掌握 BIOS 的设置方法，可以借此提高计算机的工作效率。

 **实战演练**

1. 进入 BIOS 设置的界面

在开机时按下特定的热键可以进入 BIOS 设置程序，不同类型的计算机进入 BIOS 设置程序的按键也不同，如表 2-4-1 所示。有的在屏幕上给出提示，有的没有提示。

表 2-4-1　进入 BIOS 设置的方式

BIOS 类 型	进 入 方 式
Award BIOS	按下【Del】键（屏幕上有提示）
AMI BIOS	按下【Del】或【Esc】键（屏幕上有提示）
COMPAQ BIOS	屏幕右上角出现光标时按下【F10】键（屏幕上无提示）
AST BIOS	按下【Ctrl+Alt+Esc】组合键（屏幕上无提示）
Phoenix BIOS	按下【F2】键（屏幕上无提示）

虽然 BIOS 的设置内容基本相同，但不同形式的 BIOS 其主界面会有很大的差别。Award BIOS 采用的表现形式都是列表的形式，各设置项在其主界面上一目了然，这里主要了解一下常用的 Award BIOS 设置。

（1）开机后，根据屏幕提示，按【Del】键进入 BIOS 设置程序，显示 BIOS 设置的主界面，界面采用简洁、易懂的列表方式，如图 2-4-1 所示。各菜单显示了所有可修改的主要设置项，使用键盘上的方向键，可以通过移动光标选中需要修改的设置项。当光标移动到某个设置项时，在屏幕的底部会出现相关的帮助信息，使操作者能够更好地理解该设置项的功能。

```
                    CMOS SETUP UTILITY
                  AWARD SOFTWARE, INC.
─────────────────────────────────────────────────────
   STANDARD CMOS SETUP        SUPERUISOR PASSWORD

   BIOS FEATURES SETUP        USER PASSWORD

   CHIPSET FEATURES SETUP     IDE HDD AUTO DETECTION

   POWER MANAGEMENT SETUP     SAVE & EXIT SETUP

   PNP AND PCI SETUP          EXIT WITHOUT SAUING

   LOAD BIOS DEFAULTS

   LOAD SETUP DEFAULTS
─────────────────────────────────────────────────────
   Esc : Quit                 ↑ ↓ → ←   : Select Item
   F10 : Save & Exit Setup    <Shift>F2 : Change Color

          Time, Date, Hard Disk, Type...
```

图 2-4-1　Award BIOS 设置的主界面

（2）选择设置项后，按【Enter】键即可打开该设置项的菜单，并进行相应的参数设置。在每个具体的操作项中，都会在下方和右侧给出相关的操作提示，以及快捷键的说明。

（3）在该 BIOS 设置的主界面上主要有以下几个设置项。

◎ STANDARD CMOS SETUP（标准 CMOS 设置）：用户可以实现对系统时钟、硬盘软驱设备规格、显示器类型、启动时对自检错误处理的方式等基本参数的设置。

◎ BIOS FEATURES SETUP（高级 BIOS 功能设置）：用户可以实现对 BIOS 的特殊功

能的设置。例如，设置病毒检查、磁盘启动顺序、内存检测方式、是否检测软驱等。

◎ CHIPSET FEATURES SETUP（芯片组功能设定）：用于芯片组工作状态的设置，通常采用默认值。

◎ POWER MANAGEMENT SETUP（电源管理设置）：用户可以对系统的节能进行设置，包括进入节能状态的等待延时时间、唤醒功能、IDE 设备节电方式、显示器节电方式等。

◎ PNP AND PCI SETUP（即插即用设备及 PCI 状态设置）：用户可以对 ISA 与 PnP 即插即用界面，以及 PCI 界面的相关参数进行设置。即插即用的功能设置中包括 PCI 插槽 IRQ 中断号、PCI IDE 接口 IRQ 中断号、CPU 向 PCI 写入缓冲、总线字节合并、PCI IDE 触发方式、PCI 突发写入、CPU 与 PCI 时钟比等。

◎ LOAD BIOS DEFAULTS（载入安全预设值）：用户可以载入 BIOS 的 CMOS 设置预设值，此设置比较保守，但能较好地避免出现问题，成功地启动计算机。

◎ LOAD SETUP DEFAULTS（载入最优化预设值）：用户可以载入 Optimized 的 CMOS 预设值，此设置有利于提高主板的速度。

◎ SUPERVISOR PASSWORD（设置管理员的密码）：用户可以对系统的登录或进入 SETUP 设置程序设置密码保护。

◎ USER PASSWORD（使用者密码）：用户可以对 BIOS 设置的修改设置密码保护。

◎ IDE HDD AUTO DETECTION（设置主从硬盘）：用户可以对 "Primary" 和 "Secondary" 两个 IDE 插槽进行设置。其中 "Primary Master" 的含义是连接在主 IDE 口的主盘，"Primary Slave" 的含义是连接在主 IDE 接口的从盘，"Secondary Master" 的含义是连接在从 IDE 接口的主盘，"Secondary Slave" 的含义是连接在从 IDE 口的从盘。

◎ SAVE & EXIT SETUP（保存并退出设置）：用户可以保存设置结果并退出 BIOS，计算机会重新启动，以便使用新的 BIOS 参数启动计算机。此选项的快捷方式是按【F10】键。

◎ EXIT WITHOUT SAVING（不保存退出）：用户可以在退出时，不保存对 CMOS 参数所做的修改，以参数的原值重新启动计算机。

有的 BIOS 设置的主界面内还有 Integrated Peripherals 选项，其含义是设置周边设备。例如，LPT 端口使用的 SPP、EPP 或 ECP 模式，以及 IDE 接口使用哪种 DMA Mode，还可以对板上 FDC 软驱接口、串并口、IDE 接口的允许/禁止状态、I/O 地址、IRQ 设置、USB 接口等进行设置。

2. 系统时间、日期的设置

（1）在 BIOS 设置的主界面内使用方向控制键，将光标移到 STANDARD CMOS SETUP 选项上，按【Enter】键，即可进入标准 CMOS 设置状态，如图 2-4-2 所示。

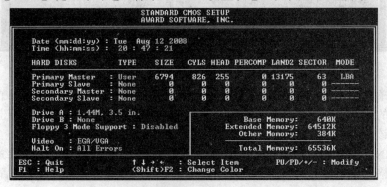

图 2-4-2 标准 CMOS 的设置界面

（2）使用方向控制键将光标移动到当前日期的参数设置位置，格式为"mm : dd : yy（月：日：年）"，可以使用【Page Up】或【Page Down】键修改，设置的日期将保存到CMOS RAM 中。

（3）将光标移动到当前时间的参数设置位置，格式为"hh : mm : ss（时：分：秒）"，可使用【Page Up】或【Page Down】键修改，设置的时间将保存到 CMOS RAM 存储器中。

（4）设置完成后，按【Esc】键可以返回到 BIOS 设置的主界面。

3. 启动顺序的设置

（1）在 BIOS 设置的主界面内使用方向控制键，将光标移到 BIOS FEATURES SETUP选项上，按【Enter】键，即可进入高级 BIOS 功能设置状态，如图 2-4-3 所示。

（2）使用方向控制键将光标移动到 Boot Sequence 参数位置，系统默认的参数值为"A，C"，表示现在的启动顺序是先从 A 盘启动，如果检测完 A 盘里面没有启动程序后，说明使用 A 盘启动不成功，再跳转到 C 盘启动。

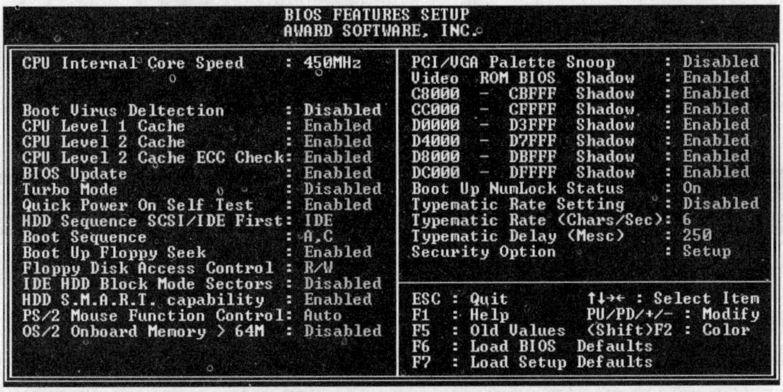

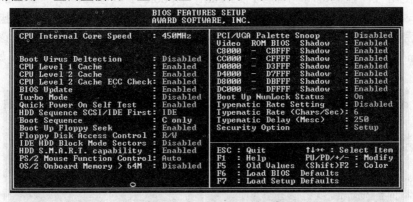

图 2-4-3　高级 BIOS 功能的设置界面

（3）使用【Page Up】或【Page Down】键修改该参数的值为"C only"，这样计算机启动时就不用检测 A 盘而直接从 C 盘（硬盘）启动了，如图 2-4-4 所示。

图 2-4-4　修改启动顺序

（4）使用方向控制键将光标移动到 Boot Up Floppy Seek 参数位置，系统默认的参数值为"Enabled"，表示启动时搜索软驱，使用【Page Up】或【Page Down】键修改该参数的值为"Disabled"，禁止启动时搜索软驱，以提高启动的速度，如图 2-4-5 所示。

（5）设置完成后，按【Esc】键可以返回到 BIOS 设置的主界面。

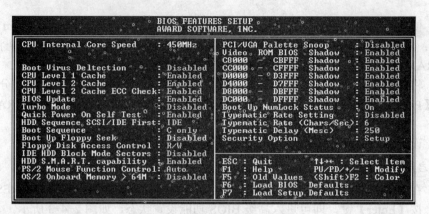

图 2-4-5　禁止启动时搜索软驱

4. BIOS 的开机密码设置

（1）在 BIOS 设置的主界面内使用方向控制键，将光标移到 SUPERVISOR PASSWORD 选项上，按【Enter】键，即可进入系统管理员的密码设置状态，如图 2-4-6 所示。

（2）输入要设置的密码后按【Enter】键，系统还会要求再一次输入密码，用来确认两次设置的密码是否一致，如图 2-4-7 所示。再次按【Enter】键，系统管理员密码设置完毕。

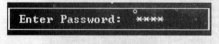

图 2-4-6　系统管理员的密码设置界面

图 2-4-7　确认密码的输入

（3）使用方向控制键将光标移到 USER PASSWORD 选项上，按【Enter】键，即可进入普通用户的密码设置状态，具体设置操作同系统管理员的密码设置。

（4）设置完成后，按【Esc】键可以返回到 BIOS 设置的主界面。这样虽然设置了相应的密码，但是并未实现开机后弹出密码提示框进行密码验证，还需要进入到 BIOS FEATURES SETUP 的菜单项设置界面进一步设置安全选项。

（5）使用方向控制键将光标移到 Security Option 参数位置，系统默认的参数值为"Setup"，表示只有进入 CMOS 设置时，才需要系统管理员的密码，平常进入操作系统不需要输入密码，如图 2-4-8 所示。使用【Page Up】或【Page Down】键修改该参数的值为"System"，这样才可以保证每次开机都需要输入正确的密码才能进入系统，如图 2-4-9 所示。

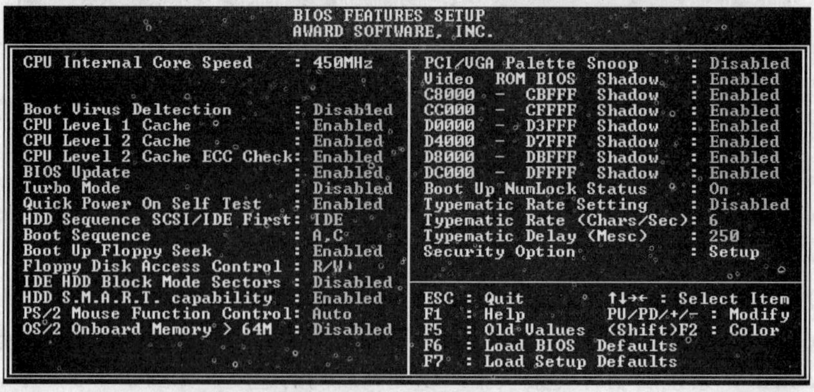

![BIOS FEATURES SETUP 界面截图](...)

图 2-4-8　安全选项的参数

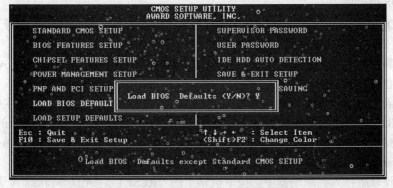

```
                    BIOS FEATURES SETUP
                   AWARD SOFTWARE, INC.

CPU Internal Core Speed   : 450MHz   PCI/VGA Palette Snoop    : Disabled
                                     Video ROM BIOS Shadow    : Enabled
Boot Virus Deltection     : Disabled C8000  -  CBFFF Shadow   : Enabled
CPU Level 1 Cache         : Enabled  CC000  -  CFFFF Shadow   : Enabled
CPU Level 2 Cache         : Enabled  D0000  -  D3FFF Shadow   : Enabled
CPU Level 2 Cache ECC Check: Enabled D4000  -  D7FFF Shadow   : Enabled
BIOS Update               : Enabled  D8000  -  DBFFF Shadow   : Enabled
Turbo Mode                : Disabled DC000  -  DFFFF Shadow   : Enabled
Quick Power On Self Test  : Enabled  Boot Up NumLock Status   : On
HDD Sequence SCSI/IDE First: IDE     Typematic Rate Setting   : Disabled
Boot Sequence             : A,C      Typematic Rate (Chars/Sec): 6
Boot Up Floppy Seek       : Enabled  Typematic Delay (Mesc)   : 250
Floppy Disk Access Control : R/W     Security Option          : System
IDE HDD Block Mode Sectors : Disabled
HDD S.M.A.R.T. capability  : Enabled ESC : Quit      ↑↓←→ : Select Item
PS/2 Mouse Function Control: Auto    F1  : Help      PU/PD/+/- : Modify
OS/2 Onboard Memory > 64M  : Disabled F5 : Old Values  (Shift)F2 : Color
                                     F6  : Load BIOS  Defaults
                                     F7  : Load Setup Defaults
```

图 2-4-9　设置开机需要密码验证

（6）设置完成后，按下【Esc】键可以返回到 BIOS 设置的主界面。

5. BIOS 的还原设置

当计算机出现不稳定现象或者要将 BIOS 最佳化时，需要 BIOS 还原设置。在 BIOS 设置的主界面中有两个菜单项 LOAD BIOS DEFAULTS 和 LOAD SETUP DEFAULTS。

（1）在 BIOS 设置的主界面内使用方向控制键，将光标移到 LOAD BIOS DEFAULTS 选项上，按【Enter】键，可以恢复 BIOS 的默认值设置。如果计算机出现不稳定（如经常死机），有可能是 BIOS 设置参数不当，那么就需要重新载入，让其回到原始设置值。

（2）将光标移到 LOAD BIOS DEFAULTS 选项上，按【Enter】键，会弹出 "Load BIOS Defaults（Y/N）?" 确认对话框，如图 2-4-10 所示。按【Y】键，再按【Enter】键，即可加载 BIOS 的安全默认值。此设置可令系统在最稳定的状态下工作，然后再重新设置各项参数。

（3）使用方向控制键，将光标移到 LOAD SETUP SETTINGS 选项上，即 BIOS 的最佳值设置。让 BIOS 设置发挥到出厂时最佳的设置，此设置是主板厂商调整出的最佳状态。

```
                    CMOS SETUP UTILITY
                   AWARD SOFTWARE, INC.

STANDARD CMOS SETUP               SUPERVISOR PASSWORD
BIOS FEATURES SETUP               USER PASSWORD
CHIPSET FEATURES SETUP            IDE HDD AUTO DETECTION
POWER MANAGEMENT SETUP            SAVE & EXIT SETUP
PNP AND PCI SETUP     ┌─────────────────────────────┐ SAVING
LOAD BIOS DEFAULT     │ Load BIOS  Defaults (Y/N)? Y │
LOAD SETUP DEFAULTS   └─────────────────────────────┘

Esc : Quit                        ↑↓→←  : Select Item
F10 : Save & Exit Setup           (Shift)F2 : Change Color

        Load BIOS Defaults except Standard CMOS SETUP
```

图 2-4-10　载入 BIOS 原始设置

（4）按【Enter】键，弹出 "Load SETUP Defaults（Y/N）?" 确认对话框，按【Y】键，再按【Enter】键，即可加载 BIOS 的最佳值，如图 2-4-11 所示。

```
Load SETUP Defaults (Y/N)? Y
```

图 2-4-11　载入 BIOS 出厂设置

6. BIOS 的保存及退出

（1）在 BIOS 设置完成后，如果想退出 BIOS 设置程序，并让改动的设置生效，可以在 BIOS 设置的主界面内使用方向控制键，将光标移到 SAVE & EXIT SETUP 选项上，再按【Enter】键，也可以使用快捷键方式，按【F10】键，弹出"SAVE to CMOS and EXIT（Y/N)？Y"确认对话框，如图2-4-12所示，提示用户退出时是否将修改的参数值保存到CMOS中。按下【Y】键，就会保存修改的设置并退出。按下【N】键，返回BIOS设置的主界面，可重新进行设置。

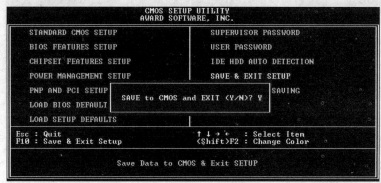

图2-4-12　保存并退出

（2）当改变了参数后，如果放弃当前参数值的设置，可以选择EXIT WITHOUT SAVING选项，再按【Enter】键即可直接退出。也可以直接按【Esc】键，弹出"Quit without Saving（Y/N)？Y"确认对话框，如图2-4-13所示。按【Y】键，直接退出，并且不会保存修改的设置。按【N】键，返回BIOS设置的主界面，可以重新选择退出方式。

图2-4-13　不保存并退出

7. BIOS 的升级

（1）在DOS提示符下，用"Format a：/s"命令制作一张DOS启动盘（不能通过Windows 95/98 "创建启动盘"功能制作）。

（2）将新版本的BIOS数据文件（扩展名为.BIN）、主板BIOS写入程序Awdflash.exe复制到该软盘上。

（3）查看主板跳线，如果主板上存在更新BIOS跳线保护，则必须关闭主机电源，将主板上的BIOS更新跳线置于允许状态。对于采用"软件设置"代替硬件跳线的主板来说，在"BIOS特性设置"或"芯片特性设置"菜单内提供了允许更新BIOS设置项，更新前必须设为"Enabled"。

（4）将该软盘插入到驱动器中，按下机箱上的"RESET"按钮，从软盘A引导DOS操作系统（如果启动顺序不是A盘优先，则启动时需要按【Del】键进入BIOS设置的主界面，将BIOS FEATURES SETUP菜单项内的"Boot Sequence"参数设为"A，C"（可以参考启动顺序的设置操作步骤）。

图2-4-14　Award flash Memory Writer 界面

（5）在DOS提示符下，执行BIOS写入程序"Awdflash.exe"，将BIOS数据写入BIOS芯片中。

输入A:\>awdflash，按【Enter】键后稍等待片刻，屏幕显示如图2-4-14所示。

（6）在"File Name to Program：（新的BIOS文件名）"后的文本框内输入新BIOS数

据文件名。例如，输入"BE6_PL.BIN"（包括文件名及扩展）并按【Enter】键，进入"File Name to Save:"的设置。输入存放备份当前 BIOS 数据的文件名，例如，输入"BE6OLD.bin"，按【Enter】键后便开始将旧 BIOS 备份到软盘上的"BE6OLD.bin"文件中。然后进入"Are you sure to program （y/n）"询问是否确认写入。按【Y】键，此时会显示一个动态进度框提示 BIOS 的更新进度，数秒后即可结束。如果在更新过程中，出现断电、复位或软驱读故障等均会造成严重后果，因此写入时千万不能停电、复位；按【N】键可取消写入操作。

（7）写入结束后，按【F1】键复位，再按【F10】键，按【Y】键，确认执行保存并退出。

（8）对于通过跳线、BIOS 设置允许/禁止更新 BIOS 程序的主板来说，更新成功后一定要关机恢复为原来的禁止写入状态，以防不测。

相关知识

1. BIOS 的作用

BIOS 的主要作用有三个，自检和初始化、程序服务、设置中断。

（1）自检和初始化：开机自检程序（POST）是 BIOS 在开机后最先启动的程序，启动后 BIOS 将对计算机的全部硬件设备进行检测，这一过程称为开机自检。

该过程一般包括对 CPU、系统主板、64 KB 的基本内存、1 MB 以上的扩展内存的测试、系统 ROM BIOS 测试、CMOS 存储器中系统配置的校验，初始化视频控制器，测试视频内存，检验视频信号和同步信号，对 CRT 接口进行测试，对键盘、软驱、硬盘及 CD-ROM 子系统的检查，对并行口（打印机）和串行口（RS-232）进行检查。

在开机自检过程中，如果发现问题，BIOS 会做出判断和处理。通常，BIOS 对检测出来的错误分两种情况进行处理，一种是在发现严重故障时自动停机，并给出大写字符的错误信息提示；另一种是在发现轻微故障时，以屏幕提示或声音报警等方式通知用户，并等待用户处理。

BIOS 在完成 POST 自检后启动磁盘引导扇区的引导程序，ROM BIOS 按照系统 CMOS 设置中设置的启动顺序信息，首先搜索软硬盘驱动器、CD-ROM、网络服务器等有效的启动驱动器，将操作系统盘的引导扇区记录读入内存，然后将系统控制权交给引导程序，并由引导程序装入操作系统的核心程序，以完成系统平台的启动过程。

（2）程序服务：程序服务主要为应用程序和操作系统等软件服务。BIOS 直接与计算机的 I/O（input/output，输入/输出）设备打交道，通过特定的数据端口发出命令，传送或接收各种外围设备的数据。软件程序通过 BIOS 完成对硬件的操作，例如，将磁盘上的数据读取出来并将其传到打印机或传真机上，或通过扫描仪将素材直接输入到计算机中。

（3）设置中断：设置中断也称硬件中断处理程序。BIOS 实质上是计算机系统中软件与硬件之间的一个可编程接口，完成程序软件与计算机硬件之间的沟通，实现程序软件功能与计算机硬件之间的衔接。软件响应 BIOS 中断服务程序，处理取得的有关硬件的数据，进而通过 BIOS 使硬件执行软件的命令。因此可以说，中断是 CPU 与外设之间交换信息的一种方式。在开机时，BIOS 就将各硬件设备的中断信号提交到 CPU，当用户发出使用某个设备的指令后，CPU 就会暂停当前的工作，并根据中断信号使用相应的软件完成中断的处理，然后返回原来的操作。操作系统对硬盘和光盘驱动器、键盘、显示器等外设的管理就建立在系统 BIOS 的中断功能基础上。

2. BIOS 与 CMOS 的关系

BIOS 与 CMOS 并不是相同的概念，BIOS 包括系统的重要进程，以及设置系统参数的 BIOS Setup 程序。CMOS 则是指计算机主板上的一块可读写的 RAM 芯片，用来保存当前系统的硬件配置及设置信息和用户对 BIOS 设置参数的设定，其内容可以通过程序进行读写。可以看出 BIOS 与 CMOS 既相关又有所不同，BIOS 是计算机系统中断控制指令系统只读存储器；CMOS 是计算机硬件系统的配置及设置可改写的存储器。BIOS 中的系统设置程序用来完成系统参数设置与修改；CMOS RAM 是系统参数设置后的存放场所，是设置的结果。它们都与系统设置有密切的关系，因而也就有了笼统的 BIOS 设置和 CMOS 设置的说法。准确说法应该是"通过 BIOS 设置程序对系统参数进行设置与修改，将这些数据保存在 CMOS 芯片中。"因此 BIOS 与 CMOS 是两个完全不同的概念，不可混淆。BIOS 除了本任务中所做的启动盘设置之外，还可以进行许多设置，标准 CMOS 功能设置就是一项。

3. BIOS 设置的基本原则

现在比较流行的主板 BIOS 主要有 Award BIOS、Phoenix-Award BIOS、AMI BIOS 和 Phoenix BIOS 等几种类型。由 Award Software 公司开发的 Award BIOS，在目前的兼容机主板中使用最为广泛。它的功能较为齐全，支持许多新硬件。AMI BIOS 是 AMI 公司出品的 BIOS 系统软件，它对各种软件、硬件的适应性较好，能够保证系统性能稳定发挥。Phoenix BIOS 是 Phoenix 公司的产品，Phoenix BIOS 界面简洁，易于操作，多用于笔记本电脑。Phoenix-Award BIOS 是 Phoenix 和 Award 合并后推出的 BIOS 产品。

标准 BIOS 设置对用户来说是非常重要的，完成了硬件安装或系统硬件变更后，必须进入 BIOS，修改 BIOS 设置菜单中相应硬件配置项的内容，即对系统硬件配置进行设置，以便系统能识别安装的硬件类型、数量及参数等，否则系统自检过程将出错或不能识别新增加的硬件。有的用户喜欢尝试各种不同的 BIOS 设置，认为可以优化 BIOS，建议在系统正常工作时不要随便更改 BIOS 设置，以免出现故障。

在 BIOS 设置项中主要有列表方式和下拉菜单方式。如果设置界面相同，即使 BIOS 类型不同，在 BIOS 设置内容和设置方法上都相差不大。由于 BIOS 设置是英文的，所以在设置时最好参照主板有关 BIOS 的中文说明书来操作。在系统运行正常的情况下，不要随便更改 BIOS 设置，以免出现 Crash 系统故障。

当 BIOS 设置混乱时，则可使用 Load SETUP Defaults 功能项，此功能是将 BIOS 设置还原为出厂值，它可以使系统以最优化模式工作。在升级 BIOS 后，都应先使用此项。

通常，各主板 BIOS 设置操作都是相同的，个别操作键的功能可能会稍有差异，可以在设置时参考 BIOS 设置界面中给出的提示。BIOS 设置常用的功能键如表 2-4-2 所示。

表 2-4-2 BIOS 设置常用的功能键

功能键及其替代键	功 能 说 明
F1 或 Alt+H	显示一般帮助窗口
ESC 或 Alt+X	跳离当前菜单，转到上一层菜单，如在主菜单中，则直接跳到 Exit 选项
左、右方向键	用键盘左右方向键来向左或向右移动光标，用它可以完成在菜单之间的切换
上、下方向键	上下方向键用来向上、下移动光标，选择需要修改的设置项，高亮显示
—或 Page Down	在某个设置项中将参数选项设置后移，即选中后面的参数选项
+或 Page UP	在某个设置项中将参数选项设置前移，即选中前面的参数选项
Enter	进入被选中的高亮度显示设置项的次级菜单
F5	将当前设置项的参数设置恢复为上一次的设置值
F6	将当前设置项的参数设置为系统的安全默认值
F7	将当前设置项的参数设置为系统的最佳默认值
F10	保存当前的设置

思考与练习2-4

一、选择题

1. 各种 BIOS 的设置基本相同，但不同形式的 BIOS 主界面会有很大的差别。最常用的 Award BIOS 的进入方式是按（　　）键。

  A.【Del】   B.【Ctrl+Alt+Esc】 C.【F2】   D.【F10】

2. 以下（　　）不属于 BIOS 的功能。

  A．自检和初始化   B．程序服务

  C．设置中断   D．修复系统

二、填空题

1. _____是基本输入/输出系统，是计算机中最基础、最重要的程序。

2. 通过_____设置用户可以对 "Primary" 和 "Secondary" 两个 IDE 插槽进行设置。

3. _____是 BIOS 在开机后最先启动的程序。

4. 通过_____对系统参数进行设置与修改，将这些数据保存在_____中。

5. 当 BIOS 设置很混乱时，可以使用 "_____" 功能项，使系统以最优化模式工作。

第3章　主机选购和选购常识

本章完成 3 个案例，主要涉及计算机主机硬件的选购和主机硬件部分参数介绍。其中还包括主机硬件选购的一些方法、注意事项和与选购的有关常识。

3.1 【案例 5】CPU 和 CPU 散热器选购

 案例描述

主机选购主要是指计算机主机内的几大硬件，它们分别是 CPU（中央处理器）、内存、主板、显卡、声卡、网卡、硬盘、光驱、电源、机箱。上述 10 种硬件是组装计算机的常用基本硬件。目前的主板，其内一般都内置了声卡和有线网卡，甚至还内置了显卡，可以少用 2 个接口卡。

本案例介绍如何在网上了解最新计算机硬件产品和硬件销售排行信息的方法，选购计算机主机内 CPU 和 CPU 散热器硬件的方法，以及 CPU 参数的含义。

 实战演练

1. 了解计算机硬件新信息

计算机硬件的发展更新速度是非常快的，可能在学习此书时，书中介绍的一些计算机硬件产品信息已经过时了。因此，在购买 CPU 等计算机硬件产品以前，一定要了解目前计算机硬件的产品新信息。了解计算机硬件产品新信息有很多方法，利用网络显然是一个大家都可以尝试的方法。利用网络查看计算机硬件信息，不是简单地在"百度""360"和"谷歌"等网站搜索就可以得到的，这种搜索往往会得到一些非常过时的信息。应该在有关的专业网站内进行搜寻查看计算机硬件产品的性能和价格，也可以查看其他人使用后的感受，以及计算机硬件产品的销售排行等信息。注意，在查看信息时，要注意文章的发布日期。下面介绍具体的操作方法。

（1）打开浏览器（此处打开的是"360 安全浏览器"），在地址栏中输入"http://top.chinaz.com/"，按【Enter】键，调出"网站排行榜"网站首页页面，如图 3-1-1 所示。

图 3-1-1　"网站排行榜"网站首页

（2）单击"网站排行榜"网站首页页面内"网络科技"栏内的"电脑硬件"链接文字，调出该网站的"电脑硬件网站排行榜"网页，如图 3-1-2 所示。可以看到，它给出了很多计算机硬件网站以及它们的排行情况。第 1 名是"中关村在线"网站，其网址是"http://www.zol.com.cn/"，它是中国领先的 IT 信息与商务门户，包括新闻、商城、硬件、下载、游戏、手机、评测等 40 个大型频道，每天发布大量各类产品促销信息及文章专题，是 IT 行业的厂商，经销商，IT 产品，解决方案的提供场所；第 2 名是"太平洋电脑网"网站，其网址是"http://www.pconline.com.cn"，它是专业 IT 门户网站，为用户和经销商提供 IT 资讯和行情报价，涉及计算机、手机、数码产品和软件等。以后排名还有"天极网""电脑之家"等。此处仅介绍利用"中关村在线"网站查询计算机硬件信息的基本方法。

图 3-1-2　"电脑硬件网站排行榜"网页

（3）在浏览器地址栏中输入"http://www.zol.com.cn/"，按【Enter】键，调出"中关村在线"网站首页，如图 3-1-3 所示。

图 3-1-3　"中关村在线"网站首页

（4）单击该网页内"排行"链接文字（见图 3-1-3），调出"ZOL 排行榜"网页，默认查看手机排行榜，如图 3-1-4 所示。

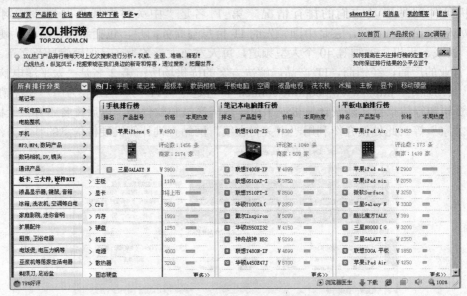

图 3-1-4 "ZOL 排行榜"（手机排行榜）网页

（5）将鼠标指针移至左侧"所有排行分类"栏内的"板卡、三大件、硬件 DIY"选项上，弹出子菜单，选择该子菜单内的"CPU"命令，即可调出"CPU 排行榜"网页，如图 3-1-5 所示。在该网页内可以浏览热门 CPU 排行榜的情况，以及某一特定情况下的 CPU 排行榜情况。

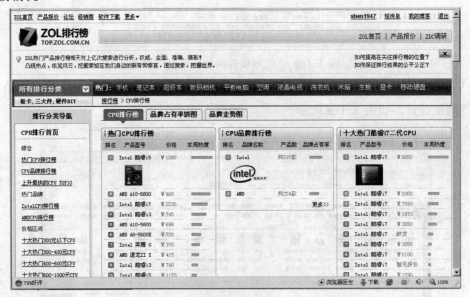

图 3-1-5 "ZOL 排行榜"（CPU 排行榜）网页

（6）如果要查询其他计算机硬件的排行榜情况，可以将鼠标指针移到"所有排行分类"栏标题栏文字之上，显示出左侧"所有排行分类"栏，如图 3-1-4 所示，再选择其他选项命令，即可调出相应的计算机硬件排行榜情况。

（7）单击"热门 CPU 排行榜"栏内的第 1 名"Intel 酷睿 i5 4570"链接文字，调出"ZOL

产品报价"网页，单击其内的标签，可以切换到相应的选项卡，获得报价、参数、图片和点评等信息，如图 3-1-6 所示。

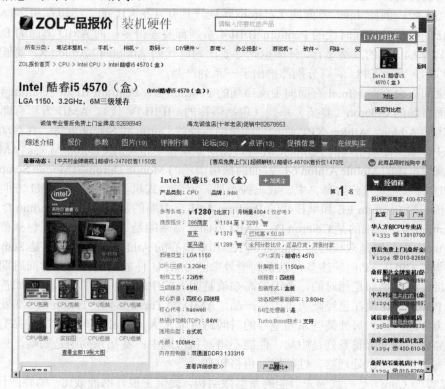

图 3-1-6　"ZOL 产品报价"（Intel 酷睿 i5 4570）网页

（8）在图 3-1-3 所示的"中关村在线"网站首页或图 3-1-6 所示的"ZOL 产品报价"网页内的"产品"文本框内输入要查询的产品名称，再按【Enter】键，即可调出要查询的产品介绍网页。例如，输入"金士顿 DDR3 1333"并按【Enter】键，调出的网页如图 3-1-7 所示。

图 3-1-7　"ZOL 产品报价"网页

2. CPU 选购

CPU 厂商会根据 CPU 产品的市场定位来给属于同一系列的 CPU 产品确定一个系列型号以便于分类和管理，它是用于区分 CPU 性能的重要标识。早期的 CPU 系列型号并没有明显的高低端之分，随着 CPU 技术的发展，Intel 和 AMD 两大 CPU 生产厂商出于细分市场的目的，都将自己的 CPU 产品细分为高低端。而高低端 CPU 系列型号之间的区别主要是二级缓存容量（一般低端产品只具有高端产品的 1/4）、外频、前端总线频率、支持的指令集以及支持的特殊技术等几个重要方面，基本上可以认为低端 CPU 产品就是高端 CPU 产品的缩水版。例如 Intel 方面的 Celeron 系列只具有 128 KB 的二级缓存和 66 MHz 与 100 MHz 的外频，比同时代的 Pentium II/III/4 系列都要差得多；而 AMD 方面的 Duron 也始终只具有 64 KB 的二级缓存，外频也始终要比同时代的 Athlon 和 Athlon XP 要低一个数量级。以后，两大 CPU 厂商分别都推出了一系列产品。

在桌面平台方面，Intel 有面向主流市场的 Pentium II、Pentium III 和 Pentium 4，面向低端桌面市场的 Celeron（赛扬）系列（包括俗称的 I/II/III/IV 代）。AMD 方面有面向主流桌面市场的 Athlon、Athlon XP，面向低端桌面市场的 Duron 和 Sempron 等。在移动平台方面，Intel 有面向高端市场的 Pentium M 等，面向低端移动市场的 Celeron M 等。AMD 方面有面向高端市场的 Mobile Athlon 64 等，面向低端市场的 Mobile Duron 和 Mobile Sempron 等。

CPU 的系列型号分为高、中、低三种类型。就以台式机 CPU 而言，Intel 方面，高端的是双核心的 Pentium EE 和单核心的 Pentium 4 EE，中端的是双核心的 Pentium D 和单核心的 Pentium 4，低端的是 Celeron D。AMD 方面，高端的是 Athlon 64 FX（包括单核心和双核心），中端的则是双核心的 Athlon 64 X2 和单核心的 Athlon 64，低端就是 Sempron。

在购买 CPU 产品时应注意，以系列型号来区分 CPU 性能的高低也只对同时期的产品才有效，任何事物都是相对的，今天的高端就是明天的中端、后天的低端，例如昔日的高端产品 Pentium M 现在已经降为了中端产品，AMD 的 Turion 64 在 Turion 64 X2 发布之后也将降为中端产品。另外某些系列型号的时间跨度非常大。Intel 公司推出的产品有奔腾、赛扬和酷睿系列，奔腾系列是中端，性能不错，售价适中；赛扬系列则是底端，售价低；酷睿系列代表高端微处理器，性能好，价格较高。

"酷睿"（Core）是一款领先节能的新型微架构，提供了很好的能效比。酷睿四代（Core i3、Core i5 和 Core i7 等）是英特尔陆续推出的基于 Core 微架构的新一代产品系列的统称，它是一个跨平台的构架体系，包括服务器版、桌面版、移动版三大领域。其中，服务器版的开发代号为 Woodcrest，桌面版的开发代号为 Conroe，移动版的开发代号为 Merom。

近些年来，CPU 两大阵营都陆续推出了很多新的产品，采用最新的 22 nm 工艺和多核等技术，使新旧产品更新速度大大加快。下面介绍几款较流行的应用于桌面微型计算机的微处理器。

（1）Intel i7 4930K：属于台式 64 位 CPU，英特尔 Core i7 系列，酷睿四代，Intel 微处理器型号为 i7 4930K，CPU 内核核心代号为 Ivy Bridge-E，CPU 内核数是 6 核，热设计功耗（TDP）130 W，光刻制作工艺为 22 nm，主频 2 660 MHz，CPU 主频为 3.4 GHz，最大睿频（最大 Turbo）为 3.9 GHz，总线频率（DMI2）为 5.0 GT/S，接口类型为 LGA 2011，支持超线程技术，线程数为 12，智能高速缓存为 12 MB，指令集为 64-bit，指令集扩展为 SSE4.2、AVX、AES，CPU 二级缓存为 2 MB，三级缓存为 N/A。适用类型为台式机，支持最大内存为 64 GB，内存控制器为 DDR3 1333/1600/1866，最大内存带宽为 59.7 GB/S。目前市价近 3700 元人民币。Intel i7 4930K 如图 3-1-8 所示。

（2）Intel i3 4130：属于台式 64 位 CPU，英特尔 Core i3 系列，酷睿四代，Intel 微处理器型号为 i3 4130，CPU 内核数是双核，光刻制作工艺为 22 nm，CPU 主频为 3.4 GHz，接口类型为 LGA 1150 ，CPU 二级缓存为 3MB，三级缓存为 4MB，热设计功耗（TDP）54 W。Intel i3 4130 具有绝佳的性价比，超越同级别的强悍性能，是家庭娱乐计算机的首选 CPU。目前市价近 620 元人民币。Intel i3 4130 型号 CPU 可以搭配技嘉/华硕 B85 智能主板或 H81 主板，显卡可以采用 GTX 650TI/650TIB。Intel i3 4130 如图 3-1-9 所示。

图 3-1-8　Intel i7 4930K

图 3-1-9　Intel i3 4130

（3）Intel i7 860：属于台式 64 位 CPU，英特尔 Core i7 系列，酷睿四代，Intel 型号为 i7 860，CPU 内核数是 4 核，光刻制作工艺为 45 nm，CPU 主频为 2.8 GHz，倍频 21，外频 133 MHz，接口类型为 LGA 1156，1156 针 CPU，CPU 的一级缓存为 128 KB，二级缓存为 1 024 KB，三级缓存为 8 192 KB，热设计功耗（TDP）为 95 W。目前市价近 800 元人民币。

（4）AMD Athlon II X4 640：属于台式 64 位 CPU，AMD 速龙 II X4 系列，CPU 核心数是四核心，热设计功耗（TDP）为 95 W，制作工艺为 45 nm，主频 3.0 GHz，外频 200 MHz，倍频 15 倍，总线频率 2 000 MHz，插槽类型 Socket AM3，针脚数目 938 pin，二级缓存 2 MB，三级缓存 N/A。AMD 速龙 II X4 640 性价比很高，很多使用过的人都大加赞赏，可以和 Intel i3 比美。它速度流畅，温控还可以，超频很容易，电压到 3.5 V 时还很稳定。目前市价近 500 元人民币左右。AMD Athlon II X4 640 如图 3-1-10 所示。

（5）AMD A8 5600K：这是一款带显卡的台式 64 位 CPU，CPU 系列为 APU A8，AMD 型号为 A8 5600K，制作工艺为 32 nm，接口类型为 Socket FM2，CPU 主频为 3.6 GHz，动态超频最高频率为 3.9 GHz，四核心四线程设计，核心代号为 Trinity，二级缓存为 4 MB，TDP 为 100 W。

自从 APU 上市之后，AMD 把重点放到了 GPU 图形单元，走出了与 Intel 迥然不同的路线，在整合市场上占据明显优势。如今，APU 已经进化到第二代，内置的显示核心进一步升级，甚至能媲美 400 元级独立显卡。此款 CPU 的 GPU 部分为 HD 7560D，具备 256 个流处理器，显卡基本频率（GPU 频率）为 760 MHz，显示核心型号为 AMD Radeon HD 7560D。由于不锁倍频的设计，玩家可以自由超频。新一代 APU 采用的是 FM2 接口，家族成员由 A4、A6、A8、A10 组成，其中 APU A8 面向主流消费人群，售价不足 500 元人民币。AMD A8 5600K 如图 3-1-11 所示。

图 3-1-10　AMD Athlon II X4 640

图 3-1-11　AMD A8 5600K

3. CPU 散热器选购

CPU 在工作的时候会产生大量的热，如果不将这些热量及时散发出去，轻则导致死机，重则可能将 CPU 烧毁。利用 CPU 散热器可以快速给 CPU 降温，对 CPU 的稳定运行起着决定性的作用。组装计算机时选购一款好的散热器非常重要。

CPU 散热器根据其散热方式可分为风冷、热管和水冷三种。风冷散热器是现在最常见的散热器类型，包括一个散热风扇和一个散热片。其原理是将 CPU 产生的热量传递到散热片上，然后再通过风扇将热量带走。需要注意的是，不同类型和规格 CPU 使用的散热器不同，例如 AMD CPU 同 Intel CPU 使用的散热器会不同。风冷散热器如图 3-1-12 左图所示。

热管散热器是一种具有极高导热性能的传热元件，它通过在全封闭真空管内液体的蒸发与凝结来传递热量。该类风扇大多数为"风冷+热管"型，兼具风冷和热管优点，具有极高的散热性。热管散热器如图 3-1-12 中图所示。水冷散热器是使用液体在泵的带动下强制循环带走散热器的热量，与风冷相比具有安静、降温稳定、对环境依赖小等优点，但是价格高。水冷散热器如图 3-1-12 右图所示。

常见的 CPU 散热器品牌有很多，下面介绍目前较流行的几款 CPU 散热器。

图 3-1-12　风冷、热管和水冷三种 CPU 散热器

（1）九州风神玄冰 400 散热器：散热方式为风冷热管，有 12 cm 调速风扇，还有 4 根铜质热管，支持智能温控；它的适用范围是 Intel 及 AMD 双平台，包括 Intel LGA 1366/115X/775，AMD FM1/AM3+/AM3/AM2+/AM2；风扇尺寸为 120 mm×120 mm×25 mm，900±150 至 1500±150 r/min，液压轴承类型，最大风量达 60.29 CFM，噪声为 21.4～32.1 dB；尺寸为 135 mm×76 mm×159 mm，重量为 638 g，电源为 12 V、0.25 A，输入功率为 3 W。

九州风神玄冰 400 散热器如图 3-1-13 所示，目前的参考价格在 99 元左右。

（2）九州风神玄刃射手版散热器：散热方式为风冷热片，12 cm 风扇，转速为 1600±60 r/min，最大风量为 55.5 CFM，噪声为 21 dB；纯铝太阳花散热片，DAC（Double Airflow Channel）辅助散热，降温更明显；适用于多平台 CPU 散热器，适用范围是 Intel LGA 115X/775，AMD 754/939/AM2/AM2+/ AM3；风扇尺寸为 120 mm×120 mm×25 mm，大小为 124 mm×121 mm×65.5 mm，液压轴承，重量 301 g，电源为 12 V、0.12 A，输入功率为 1.44 W，易安装卡扣式扣具设计。

九州风神玄刃射手版散热器如图 3-1-14 所示，目前的参考价格在 39 元左右。

（3）超频三红海 10 静音版（HP-9219）散热器：它是超频三红海系列中价格较低的一款，散热器的散热方式为风冷热管，热管数量为 2 个，风扇尺寸为 90 mm×90 mm×25 mm，液压轴承；最高转速为 2 200 r/min，最大风量为 43.06 CFM，噪声为 22 dB；适用范围是 Intel LGA775/115x，AMD AM2/754/AM2+/AM3；大小尺寸为 126 mm×127 mm×52.7 mm，重量为 427 g，电源 12 V、0.23 A，使用寿命为 30 000 h。

图 3-1-13　九州风神玄冰 400　　　　　　图 3-1-14　九州风神玄刃射手版

超频三红海 10 静音版（HP-9219）散热器如图 3-1-15 所示，目前的参考价格在 62 元左右。

（4）九州风神 GAMER STORM 路西法散热器：该 CPU 散热器的散热方式为风冷热管，配备 14 cm 风扇，最大风量达 81.33 CFM，纯铜底座，6 根 U 形高性能铜散热管，铝材质散热片；安装方便，支持多平台，适用范围是 Intel LGA 2011/1366/115X/775，AMD FM1/AM3+/AM3/AM2+/AMA2；无风扇尺寸为 140 mm×110 mm×163 mm，风扇尺寸为 140 mm×136 mm×168 mm，重量为 1 079 g；电源为 12 V、0.17 A，输入功率为 2.04 W，支持智能温控，液压轴承；转速为 700±200 至 1400±140 r/min；噪声为 17.8～31.1 dB。

九州风神 GAMER STORM 路西法散热器如图 3-1-16 所示，目前的参考价格在 299 元左右。

图 3-1-15　超频三红海 10 静音版　　　　图 3-1-16　九州风神 GAMER STORM 路西法

 相关知识

1．CPU 参数

20 世纪 70 年代初，Intel 和 AMD 公司开始生产 CPU，至今已经先后生产了无数型号的 CPU。对于采购 CPU 来说，只需要了解市场还有的 CPU 和目前还大量使用的 CPU 情况。如果要选购性价比高并适用的 CPU，需要了解 CPU 的一些参数，在第 2.1 节已经介绍了一些 CPU 的参数，此处再介绍一些 CPU 的其他参数。

（1）CPU 字长：是指 CPU 一次所能处理的位数，它决定了计算机的内部寄存器、加法器及数据总线（数据通路）的位数。CPU 的字长越长，表明 CPU 的功能越强、指令系统的功能越丰富、所处理的数据的精度越高、数据处理速度也越快。目前，微型计算机的字长从 8 位、16 位、32 位到 64 位不等。CPU 字长越长，价格就越高。选择 CPU 字长时，要权衡精度与成本。

（2）CPU 主频：CPU 主频是 CPU 内部的时钟频率，是 CPU 进行运算时的工作频率，用来表示 CPU 的运算、处理数据的速度。一般来说，主频越高，一个时钟周期里完成的指令数也越多，CPU 的运算速度也就越快。CPU 工作的节拍是由主时钟控制的，主时钟不断地产生固定频率的时钟脉冲，时钟脉冲的频率就是 CPU 的主频。主频越高，CPU 的工作节拍越快。一般说来，一个时钟周期完成的指令数是固定的，所以主频越高，CPU 的速度也就越快，主频的单位是 MHz（或 GHz）。

但是只能说主频仅仅是 CPU 性能表现的一个方面，而不代表 CPU 的整体性能，由于内部结构不同，并非所有时钟频率相同的 CPU 性能一样。不能说，CPU 的主频高了，CPU 实际的运算速度就一定高。例如，1 GHz Itanium 芯片与 2.66 GHz 至强（Xeon）/Opteron 芯片几乎一样快，1.5 GHz Itanium 2 大约跟 4 GHz Xeon/Opteron 一样快。CPU 的运算速度还要看 CPU 的流水线、总线等各方面的性能指标。

提高主频的途径只有两个：一是提高外部总线的工作频率；另一个是倍频技术，将 CPU 内部的工作频率提高到外部的数倍，跨越外部总线的限制。

（3）CPU 外频：CPU 外频是 CPU 的基准频率，是 CPU 与周边设备传输数据的频率，具体是指 CPU 到芯片组之间的系统总线的工作频率，单位是 MHz。CPU 的外频决定着整块主板的运行速度。通俗地说，在台式机中，所说的超频，都是超 CPU 的外频（当然一般情况下，CPU 的倍频都是被锁住的）。但对于服务器 CPU 来讲，超频是绝对不允许的。CPU 决定着主板的运行速度，两者是同步运行的，如果把服务器 CPU 超频了，改变了外频，会产生异步运行，这样会造成整个服务器系统的不稳定。而台式机的很多主板都支持异步运行。

（4）倍频：原先并没有倍频概念，CPU 的主频和系统总线的速度是一样的，但 CPU 的速度越来越快，倍频技术也就应运而生。它可以使系统总线工作在相对较低的频率上，而 CPU 速度可以通过倍频来提升。倍频是指 CPU 外频与主频相差的倍数。用公式表示就是：主频=外频×倍频。也就是说倍频是指 CPU 和系统总线工作频率之间相差的倍数，当外频不变时，提高倍频，CPU 主频也就越高。

（5）主存容量：主存用来直接与 CPU 进行信息交换。主存容量大，处理问题的能力就强；同时由于它与外存之间的信息交换次数少，解题时间也少。计算机的最大主存容量由 CPU 地址总线的条数决定，若地址总线为 16 条时，CPU 的最大寻址范围为 64 KB，则主存最大容量为 64 KB。

（6）缓存：缓存（cache）的全称是高速缓冲静态存储器，它是计算机中的一项重要技术。CPU 进行处理的数据信息多是从内存中调取的，随着 CPU 的主频越来越高，CPU 的运算速度也越来越快，CPU 的运算速度要比内存快得多，而存储器的读取速度无法与之适应，为此在传输过程中放置一个存储器，存储 CPU 经常使用的数据和指令。这样可以提高数据传输速度。

CPU 内缓存的运行频率一般是和微处理器主频相当，远远大于系统内存和硬盘的工作频率。在实际工作时，CPU 往往需要重复读取同样的数据块，而缓存容量的增大，可以大幅度提升 CPU 内部读取数据的命中率，而不用再到内存或者硬盘上寻找，以此提高 CPU 系统性能。但是，由于 CPU 芯片面积和成本的考虑，缓存都很小。缓存可分为一级缓存、二级缓存和三级缓存。

一级缓存即 L1 cache，它集成在 CPU 内部，用于 CPU 在处理数据过程中数据的暂时保存，是 CPU 第一层高速缓存，分为数据缓存和指令缓存。由于指令缓存和数据缓存与

CPU 同频工作，L1 高速缓存的容量越大，存储信息越多，就越可以减少 CPU 与内存之间的数据交换次数，提高 CPU 的运算效率。但因高速缓冲存储器均由静态 RAM 组成，结构较复杂，在有限的 CPU 芯片面积上，L1 级高速缓存的容量不可能做得太大，一般 CPU 的 L1 缓存的容量通常在 8～256 KB。

二级缓存即 L2 cache，L2 cache 多集成在主板上，但在也有把 L2 cache 集成在 CPU 中的设计。由于 L1 级高速缓存容量的限制，为了再次提高 CPU 的运算速度，在 CPU 外部放置一个高速存储器，即二级缓存。它的工作主频比较灵活，可以与 CPU 同频，也可以不同。CPU 在读取数据时，先在 L1 Cache 中寻找，再从 L2 Cache 中寻找，然后再在内存中寻找，最后是外存储器中寻找。所以 L2 Cache 对系统的性能影响也不容忽视。外部的二级缓存运行速度只有主频的一半。L2 缓存容量越大越好，以前家用 CPU 容量最大的是 512 KB，现在笔记本电脑中也可以达到 2 MB，而服务器和工作站上用的 CPU 的 L2 高速缓存容量更高，可以达到 8 MB 以上。

三级缓存即 L3 Cache，它的应用可以进一步降低内存延迟，同时提升大数据量计算时处理器的性能，这对游戏很有帮助。但 L3 缓存对处理器的性能提高不是很重要，前端总线频率的增加要比缓存增加带来更有效的性能提升。

（7）存取周期：存储器进行一次读或写的操作所需的时间称为存取周期。存取周期通常用微秒（μs）或纳秒（ns）表示（$1\ ns=10^{-3}\mu s=10^{-9}\ s$）。微型计算机主存存取周期约为几百纳秒。存取周期反映主存储器的速度性能，主存取周期越短，存取速度越快。

（8）前端总线（FSB）频率：总线是将计算机微处理器与内存芯片以及与之通信的设备连接起来的硬件通道。前端总线的英文名字是 front side bus，通常用 FSB 表示，它是 CPU 与主板北桥芯片连接的总线。CPU 就是通过前端总线与北桥芯片连接，通过北桥与内存、显卡交换数据，并和南桥芯片连接。前端总线是 CPU 和外界交换数据的最主要通道，因此前端总线的数据传输能力对计算机整体性能影响很大，如果没足够快的前端总线，再强的 CPU 也不能明显提高计算机整体速度。前端总线的主要性能指标有：总线频率、总线位数、总线速率。

前端总线频率（即总线频率）常以 MHz 表示的速度来描述，它直接影响 CPU 与内存数据交换速度。由于数据传输最大带宽取决于所有同时传输的数据的宽度和传输频率，所以数据带宽＝（总线频率×数据位宽）/8。例如，现在的支持 64 位的至强 Nocona，前端总线是 800 MHz，按照公式，它的数据传输最大带宽是 6.4 GB/s。FSB 频率越大，表示 CPU 与内存之间的数据传输量越大，更能充分发挥出 CPU 的性能。如果 FSB 频率较低，则将无法给 CPU 提供足够的数据，限制了 CPU 性能的发挥。

前端总线频率与外频的区别是，前端总线的频率是指数据传输的速度，外频是指 CPU 与主板之间同步运行的速度。也就是说，100 MHz 外频特指数字脉冲信号在每秒震荡一亿次；而 100 MHz 前端总线是指每秒钟 CPU 可接受的数据传输量是 100 MHz×64 bit÷8 =800 MB/s。

目前 PC 上所能达到的前端总线频率有 533 MHz、800 MHz、1066 MHz、1333 MHz 等几种，前端总线频率越大，代表着 CPU 与北桥芯片之间的数据传输能力越强，更能发挥 CPU 的功能。对于运算速度很快的 CPU，只有足够大的前端总线才可以保障有足够的数据供给 CPU。

CPU 的前端总线频率与主板所支持的最高前端总线频率相关，一般选用的 CPU 前端总线频率不得大于主板所支持的最高值，不然就会造成犹如大水流使用细小管道的现象，造成性能缺失。所以这点对于超频玩家而言，他们的选择会极为慎重。

（9）总线速度和地址总线宽度：

◎ 内存总线速度：它是指 CPU 与二级速缓存和内存之间数据交流的速度。

◎ 扩展总线速度：它是指 CPU 与扩展设备之间的数据传输速度。

◎ 地址总线宽度：它是 CPU 能使用多大容量的内存，可以进行读取数据的物理地址空间。对于 486 以上的 32 位微机系统，地址线的宽度为 32 位，最多可以直接访问 4 GB 的物理空间。

◎ 数据总线宽度：它决定了 CPU 与二级高速缓存、内存以及输入/输出设备之间一次数据传输的信息量。

（10）QPI 总线：QPI 总线是 Intel 公司基于四核 CPU 中添加的一种全新的总线，是 Intel 的 QuickPath Interconnect 技术的缩写，译为快速通道互联。用来实现芯片间的直接互联，而不是通过 FSB 连接到北桥，从而替代前端总线（FSB）。QPI 总线无论是速度、带宽、每个针脚的带宽、功耗等一切规格都要超越 AMD 公司的 HT 总线。

（11）输入/输出数据的传送率：输入/输出数据的传送率表示计算机主机与外设交换数据的速度，以"字符/分"表示。一般，传送率高的计算机要配置高速的外围设备，以便在尽可能短的时间内完成输出。

（12）多线程：多线程（简称为 SMT）可以让同一个微处理器上的多个线程同步执行并共享处理器的执行资源，提高处理器运算部件的利用率。SMT 最具吸引力的是只需小规模改变处理器核心的设计就可以显著地提升效能。多线程技术可以为高速的运算核心准备更多的待处理数据，减少运算核心的闲置时间，这对于桌面低端系统来说无疑十分具有吸引力。Intel 从 3.06 GHz Pentium 4 开始，所有处理器都将支持 SMT 技术。目前台式计算机 CPU 的线程可以达到 12 线程。

（13）工作电压：工作电压指 CPU 正常工作所需的电压。早期 CPU 的工作电压一般为 5 V，发展到 Pentium 时，CPU 工作电压已经是 3.5 V/3.3 V/2.8 V。随着制造工艺与主频的提高，CPU 工作电压逐步下降。目前台式机用 CPU 电压通常为 1.3～2 V。低电压能解决耗电过大和发热过高的问题，这对于笔记本电脑尤为重要。在超频的时候适度提高核心电压，可以加强 CPU 内部信号，增加稳定性，提升 CPU 性能，但会导致 CPU 发热，降低 CPU 寿命。就超频能力而言，一般来说，同一档次同一频率的 CPU，其电压越低的版本，超频能力越强。

2. CPU 制造工艺和封装形式

（1）制造工艺：制造工艺的 μm（微米）或 nm（纳米）是指 IC（integrated circuit，集成电路）内元件或线路与其他元件或线路之间的距离。它的趋势是向密集度高的方向发展。制作工艺愈高的 IC 电路，可以在同样大小面积的 IC 中，拥有密度更高、功能更复杂的电路。芯片制造工艺在 1995 年以后，从 500 nm、350 nm、250 nm、180 nm、150 nm、130 nm、90 nm、65 nm、45 nm、32 nm，一直发展到目前最新的 22 nm。

（2）CPU 封装方式：CPU 封装是采用特定的材料将 CPU 芯片或 CPU 模块固化在其中，以防损坏的保护措施。CPU 的封装方式取决于 CPU 安装形式和器件集成设计，从大的分类来看通常采用 Socket 插座进行安装的 CPU 使用 PGA（栅格阵列）方式封装。现在还有 SEC、PLGA、OLGA 等封装技术。目前 CPU 封装技术的发展以节约成本为主。

封装时主要考虑的因素有：芯片面积与封装面积尽量接近，引脚要尽量短以减少延迟，引脚间的距离尽量远，以保证互不干扰，封装越薄散热越好。

3. CPU 指令集

CPU 指令集有 CISC 指令集（也叫 x86 指令集）、RISC 指令集和 x86-64 指令集。

（1）CISC 指令集：CISC（复杂指令集计算机）指令集程序的各条指令是按顺序串行执行的，优点是控制简单，但执行速度慢。当初，CISC 指令集是 Intel 公司为其第一块 16 位 CPU 专门开发的，随着 CPU 技术的不断发展，为了保证计算机能继续运行以往开发的各类应用程序，绝大部分 CPU 仍然继续使用 x86 指令集，这些 CPU 仍属于 x86 系列，形成了今天庞大的 x86 系列及 AMD 兼容 CPU 阵容。

（2）RISC 指令集：传统的 CISC 结构有其固有的缺点，即随着计算机技术的发展而不断引入新的复杂的指令，为支持这些新增的指令，计算机的体系结构会越来越复杂，然而，在 CISC 指令集的各种指令中，其使用频率却相差悬殊。1993 年，微处理器字长发展为 64 位，同时也开创了 64 位 RISC 指令集计算机的新时代。

RISC（中文意思是"精简指令集计算机"）指令集是在 CISC 指令系统基础上发展起来的。它不仅精简了指令系统，还大大增加了并行处理能力，采取优先选取使用频率最高的简单指令和避免复杂指令等措施。它与传统的 CISC 指令集相比，指令格式统一，种类比较少，寻址方式也少，处理速度提高很多。而且 Intel 和 HP 合作开发了开放性的 IA-64 体系结构的 64 位微处理器产品系列（称为 IPF 系列）。目前在中高档服务器中普遍采用 RISC 的 CPU。RISC 指令系统更加适合高档服务器的操作系统 UNIX。RISC 型 CPU 与 CISC 型 CPU 在软件和硬件上都不兼容。RISC 指令集是高性能 CPU 的发展方向。

（3）x86-64（AMD64 / EM64T）指令集：AMD 公司充分考虑顾客的需求，加强 x86 指令集的功能，使这套指令集可同时支持 64 位的运算模式并兼容于 x86-32 架构，因此 AMD 把它们的结合称为 x86-64。为了同时支持 32 和 64 位代码及寄存器，x86-64 架构允许处理器工作在 Long Mode（长模式）和 Legacy Mode（遗传模式）两种模式。该标准已经被引进在 AMD 服务器处理器中的 Opteron 处理器。EM64T 和 AMD64 一样，是完全兼容 AMD 的 x86-64 技术的 64 位微处理器架构。但 EM64T 与 AMD64 还是有一些不一样的地方，AMD64 处理器中的 NX 位在 Intel 的处理器中没有提供。现在 Intel 的 Pentium 4E 以后开发的 CPU 绝大部分都支持 64 位技术。

另外，还有 CPU 扩展指令集，它是依靠指令来计算和控制系统的，每款 CPU 在设计时就规定了一系列与其硬件电路相配合的指令系统，增强了 CPU 的多媒体和 Internet 等处理能力。

4．CPU 散热器选购常识

由于 CPU 发热量的增大，CPU 对散热器的要求也越来越高，因此如何选择一款能满足 CPU 需求的散热器已经变得很重要了。如果使用的是 Intel 酷睿或 Athlon 之类的 CPU，那么一定要选择质量过硬的 CPU 散热器和 CPU 风扇。散热风扇安装不当所引发的问题相当普遍，如果 CPU 散热器选择得不好或者安装得不好，则会造成计算机重启，严重时甚至会烧毁 CPU。

目前的 CPU 散热风扇都已经把散热片和风扇合在一起（见图 3-1-17），所以一般不需要额外选购风扇。如果散热片不加风扇，就算表面积再大，因为空气不流通，散热效果肯定也会大打折扣。

图 3-1-17　散热器和风扇

　　绝大多数的风扇都会在背面标示厂牌、型号、电压甚至出厂日期。特别要注意的是，市面上存在一些风扇产品没有标示出风扇规格，或者夸大地标示转速等参数。

　　为了帮助选购 CPU 散热器，下面简介一些 CPU 散热器的参数。

　　（1）电机的功率：它是一个散热风扇的首要参数，这个风扇的电机功率够不够大，将直接关系到散热的效果。常用的风扇都是直流 12 V，功率则从 0.XW 到 2.XW 不等，这其中的功率大小就需要根据 CPU 发热量来选择了。一般情况下，风扇功率越大，风扇的风力越强劲，散热的效果也就越好。但不能一味地追求高功率，过大的功率会增加主机电源的负荷。

　　（2）风扇转速：通常，风扇的转速越高，它向 CPU 提供的风量就越大，空气对流效果就会越好。但是，转速过高会带来热量，并加剧风扇的磨损，因此需要在两者之间取得平衡。

　　判断风扇是否够强劲的简单方法：用手感觉风力，比较一下就知道转速是否足够。另外还有一个方法是目视法，扇叶看起来是静止的，说明风扇在高速旋转。

　　（3）噪声：因为风扇的功率越来越大，转速越来越快，一个负面影响也显现出来，那就是噪声。它是指风扇工作过程中发出的声音，它主要受风扇轴承和叶片影响。应注意选用噪声小的风扇。

　　（4）风扇排风量：风扇排风量是衡量风扇性能的重要指标。扇叶的角度、风扇转速等都是影响散热风扇排风量的决定因素。

　　（5）散热器的形状：根据机箱结构选择合理形状的散热器。为了能让散热器高效工作，散热器的形状也关系到散热效果的优劣。散热器最为常见的是有页片的"韭"字形（见图 3-1-18），较高档的散热器的形状呈多个柱状突起。还有一种鳍形散热器（见图 3-1-19），是通过薄薄的铝板折弯而成的，看起来就像手风琴的风箱，散热效果较好。更高档的是涡流式导流散热器，如图 3-1-20 所示。这类散热器都是通过压铸成形，有助于空气流的通过，用在著名的"涡轮扇"和原装 CPU 的散热风扇上。无论选择什么形状散热器，都应确保散热器与计算机机箱的结构相配合，以便能更好地把 CPU 散发出来的热量排出机箱外。

图 3-1-18 "韭"字形散热器　　　图 3-1-19 鳍形散热器　　图 3-1-20 涡流式导流散热器

　　（6）散热器的材质：目前散热器广泛采用的是价格低廉、散热效果较好的铝合金作为散热片。铝重量轻且导热性较好，价格便宜，但散热片并非是百分之百纯铝，因为纯铝太过于柔软，所以都会加入少量的其他金属铸造而成为铝合金，以获得适当的硬度，不过铝还是占了约 98%。铝合金散热片常镀一层漆，颜色有蓝色、黑色、绿色、红色等，如果用刀片刮出一道痕迹，就会看到银白色光泽。

　　另一种材质是铜，铜比铝的导热性更好，但成本也比铝制散热片高得多。考虑到成本，纯铜一般用于高端的散热器。另外，中、高档的散热器为了提高散热器的整体散热效果，在与 CPU 散热核心接触的地方采用散热效果更好的铜介质，成本也相对比较高。

　　（7）散热器表面积：市面上的散热风扇所用的散热片形状实在是令人目不暇接，要判断散热片的好坏，有一个相当重要的判断依据，那就是看表面积大小。散热器吸收了热量以后需要释放，所以就要用对流的形式将热散发掉，其效果主要是由表面积的大小来决定，表面积越大散热效果越好。

（8）风扇的大小：风扇扇叶大，出风量也就大，单位时间内可以带走更多的热量。配合大型的散热片可以比较容易做到好的散热效果，但是噪声也会随之增大。所以大部分使用风扇扇叶的散热器都会配合鳍片较稀疏的大型散热器。风扇扇叶较小，出风量也小，为了提高出风量可以提高风扇的转速，噪声也不会太大。风扇越大越好，风扇吹出来的风当然越强劲越好，空气流动的速度越快，越能加速热的循环，迅速将热量带走，但有些情况下还要考虑散热器风扇的转速和扇叶大小，要兼顾。总之，风扇的重点是风扇吹出来的风要强劲，噪声要小。

 思考与练习 3-1

一、填空题

1. 在浏览器地址栏中输入"_____"后按【Enter】键，可以调出"中关村在线"网站首页。

2. CPU 字长是指_____，它决定了计算机的_____、_____和_____的位数。

3. CPU 主频是 CPU 内部的_____频率，是 CPU 进行运算时的_____频率，用来表示 CPU 运算、处理数据的_____。CPU 主频=_____×_____。

4. 计算机的最大主存容量由 CPU 地址总线的条数决定，若地址总线为 16 条，则 CPU 的最大主存容量为_____。

5. CPU 缓存可分为_____、_____和_____。

6. CPU 指令集有_____、_____和_____指令集。

二、问答题

1. 简述 CPU 前端总线（FSB）频率与外频的区别。

2. 简述 CPU 主频、外频和倍频的特点以及它们之间的关系。

3. 在选择一款优质 CPU 散热器的时候，应该注意哪些方面？

3.2 【案例 6】内存、主板和显卡选购

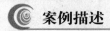 **案例描述**

本案例绍计算机主机内存、主板和显卡硬件的选购方法。

 **实战演练**

1. 内存选购

内存条的厂商很多，内存条的品牌也很多，著名的内存条品牌有金士顿（Kingston）、三星（Samsung）、海力士半导体（HynixSemiconductor）、海盗船（Corsair）、威刚科技（ADATA）、宇瞻（Apacer）、金邦（GEIL）、胜创（Kingmax）和利屏等。其中几个厂商简介如下。

金士顿科技公司成立于 1987 年，是全球第一大内存生产厂商。创始人兼总裁杜纪川和副总裁孙大卫都是华人。2009，金士顿在《福布斯》杂志的"全美私企 500 强"评选中位列第 97，这是金士顿第 10 次入选 500 强，第 4 次排名前 100 位；计算机硬件类收入位

居第一。2006 年 4 月金士顿发布突破 16 GB 瓶颈的 Fully-Buffered Dimms（FB-DIMM）内存。目前市场上流行的金士顿内存有 DDR2 和 DDR3，内存容量有 1 G、2 G、4 G、8 G，工作频率为 800 MHz、1333 MHz，封装模式为 FBGA，电压 1.8 V、1.65 V，接口类型 240 pin。

三星集团是世界财富 500 强企业，全球消费电子领域龙头企业，全球电子产业的领导者。海力士半导体是世界第三大 DRAM 制造商，也在所有半导体公司中占第九位。三星和海力士半导体都是韩国企业。

威刚科技创建于 2001 年 5 月，创办人是担任董事长兼执行长职务的陈立白。威刚内存产品有 DDR2、DDR3 和 DDR4，高频内存有 DDR 1333、1600、2133 等。最近，威刚推出了桌面级 DDR4 内存，提供单条 4 GB、8 GB，分别为 AD4U2133W4G15、AD4U2133W8G15。

宇瞻科技隶属碁集团，实力雄厚，已经成为全球前四大内存模组供应商之一。宇瞻金牌内存产品追求高稳定性、高兼容性，坚持使用 100% 原厂测试颗粒（决不使用 OEM 颗粒），经过 ISO9002 认证的完整流程生产制造，品质与兼容性都得到最大限度的保证。

金邦（GEIL）科技股份有限公司于 1993 年创建于香港，在海峡两岸和香港均设有生产基地和庞大的销售网络。它是世界专业的内存模块制造商之一，是全球第一家也是唯一一家以汉字注册的内存品牌。

目前市场中流行较多的是 DDR2 和 DDR3 类型，内存容量有 1 GB、2 GB、4 GB 和 8 GB等。下面介绍几款目前较流行的内存条产品。

（1）金士顿 DDR3 1333：DDR3 类型，内存容量有 2 GB 和 4 GB 两种，工作频率 1333 MHz，针脚数为 240 pin，封装模式 FBGA。金士顿 2 GB DDR3 1333 如图 3-2-1 所示。2 GB 和 4 GB 的参考价格分别为 140 元和 230 元。

（2）金士顿 DDR3 1600：DDR3 类型，使用类型为台式机，内存容量 8 GB，工作频率 1600 MHz，插槽类型 DIMM，针脚数为 240 pin，工作电压 1.5 V。金士顿 DDR3 1600 如图 3-2-2 所示，参考价格 470 元左右。

图 3-2-1　金士顿 2 GB DDR3 1333　　　图 3-2-2　金士顿 8 GB DDR3 1600

（3）金士顿 KHX1600C9D3K2 内存：金士顿 DDR3 1600 8G 骇客神条套装（KHX1600C9D3K2/8GX）采用常见的 6 层绿色 PCB 基板，为内存在高频下稳定工作提供良好的保证，如图 3-2-3 所示。该内存采用了大面积覆铜设计，布线清晰，可以良好地防止电磁波的互相干扰，内存为双条套装，2×4G，内存容量为双条 8GB，工作频率为 1600 MHz，接口类型 DIMM，针脚数为 240 pin，颗粒封装为 FBGA，默认工作电压为 1.8 V。参考价格 310 元左右。

（4）威刚 4 GB DDR3 1600（万紫千红）：它是 DDR3 类型，使用类型为台式机，内存容量 4 GB，工作频率 1600 MHz，插槽类型 DIMM，针脚数为 240 pin，工作电压 1.5V±0.075V，颗粒配置为双面 16 颗。威刚 4 GB DDR3 1600（万紫千红）如图 3-2-4 所示。参考价格 230 元左右。

（5）宇瞻 DDR3 1333（系列）内存：内存类型为 DDR3，内存容量有 2 GB、4 GB 和 8 GB，工作频率 1333 MHz，针脚数为 240 pin，封装模式为 FBGA。宇瞻 2 GB DDR3 1333 参考价格为 149 元，宇瞻 4 GB DDR3 1333 参考价格为 255 元，宇瞻 8 GB DDR3 1333 参考价格为 300 元。宇瞻 4 GB DDR3 如图 3-2-5 所示。另外，宇瞻 DDR3 1333 内存系列中

还有宇瞻 2 GB DDR3 1333（黑豹金品）、宇瞻 4 GB DDR3 1333 单条（黑豹金品）和宇瞻 8 GB DDR3 1333（黑豹金品双通道），它们的参考价格分别为 100 元、160 元和 300 元。宇瞻 8 GB DDR3 1333（黑豹金品双通道）如图 3-2-6 所示。

图 3-2-3　金士顿 DDR3 1600 8G 骇客神条　　　　　图 3-2-4　威刚 4 GB DDR3 1600

图 3-2-5　宇瞻 4 GB DDR3 1333　　　　　　图 3-2-6　宇瞻 8 GB DDR3 1333
　　　　　（经典系列）内存　　　　　　　　　　　　（黑豹金品双通道）内存

2. 主板选购

台式计算机的主板种类很多，按照主板生产商（品牌）划分，有技嘉、华硕、微星、七彩虹、映泰、梅捷、昂达、精英等；按照主板上使用的芯片组划分，有 Intel P45、Intel Z87、Intel Z77、Intel ZH81、Intel H61、Intel X79、AMD A75、AMD A55、AMD A88 等；按照主板主板是否集成有显/声卡芯片划分，有集成显/声卡和无集成显/声卡芯片两大类；按照主板板型划分，有 ATX（即标准版，俗称大板，尺寸约为 305 mm×244 mm，插槽多，扩展性强，价格高）、MiniITX（用于小空间，成本低）、MicroATX（是 ATX 的简化版，俗称小板，PCI 插槽在 3 个或 3 个以下，多用于品牌机）、EATX（尺寸约为 305 mm×330 mm，大多支持 2 个以上的 CPU，多用于高性能工作站或服务器）等；按照主板上 CPU 插槽类型划分，有 LGA1150、LGA2011、LGA1155、Socket FM1、Socket FM2、Socket FM2+等；按照主板上内存条类型划分，有 DDR2、DDR3、DDR2/DDR3（有 2 种类型内存插槽）；按主板上 I/O 总线的类型划分，有 ISA、EISA（扩展标准体系结构总线）、PCI 等，目前台式计算机主板多采用 PCI 总线。下面介绍几款目前较流行的主板。

（1）华硕 Z87-A：该主板属于华硕 Z87 系列，该系列共有 18 种主板。它采用 Intel Z87 芯片组，内置显示芯片（需要 CPU 支持）、Realtek ALC892 八声道音效芯片和 Realtek RTL8111GR 千兆网卡；支持 CPU 类型可以是 Core i7/Core i5/Core i3/Pentium/Celeron，CPU 插槽类型为 LGA 1150，支持 Intel 22 nm 的 CPU，支持 CPU 数量为 1 颗；内存类型为 DDR3，内存插槽为 4×DDR3 DIMM，支持最大内存容量为 32 GB，支持双通道 DDR3 3000（超频）/2933（超频）/2800（超频）/2666（超频）/2600（超频）/2500（超频）/2400（超频）/2200（超频）/2133（超频）/1866（超频）/1800（超频）/1600/1333 MHz 内存；显卡插槽为 PCI-E

3.0 标准，具有 3×PCI-E X16 显卡插槽，2×PCI-E X1 插槽，2×PCI 插槽，6×SATA III 接口，8×USB 2.0 接口（6 内置+2 背板）；I/O 接口有 6×USB 3.0 接口（2 内置+4 背板），1×HDMI 接口，外接端口为 1×DVI、1×VGA 接口和 1×mini Display Port 接口、PS/2 键鼠通用接口、1×RJ45 网络接口、1×光纤接口、音频接口；主板板型为 ATX 板型，外形尺寸为 30.5 cm×22.35 cm；BIOS 性能为 64 Mb Flash ROM，UEFI AMI BIOS，PnP，DMI 2.7，WfM 2.0，SM BIOS 2.7，ACPI 5.0，多国语言 BIOS，ASUS EZ Flash 2，ASUS CrashFree BIOS 3，收藏夹，快捷便签，历史记录，F12 截屏，F3 快捷键及 ASUS DRAM SPD（Serial Presence Detect）内存信息；电源插口为一个 8 针，一个 24 针电源接口；具有数据供电，TPU 智能加速，EPU 智能节能，智能风扇控制，网络智能管理中心，USB 3.0 加速，智能管家 3 代，MemOK!内存救援等功能。

华硕 Z87-A 主板如图 3-2-7 所示。目前华硕 Z87-A 主板的市场参考价格为 1 100 元人民币。

图 3-2-7　华硕 Z87-A 主板

（2）技嘉 GA-B85M-HD3：该主板属于技嘉 GA-B85 系列，该系列共有 11 种主板。主芯片组为 Intel B85，CPU 内置显示芯片（需要 CPU 支持），集成芯片为声卡/网卡，音频芯片为集成 Realtek ALC887 八声道音效芯片，网卡芯片为板载千兆网卡；支持 CPU 类型为 Core i7/Core i5/Core i3/Pentium/Celeron，CPU 插槽为 LGA 1150，支持 Intel 22 nm 处理器，支持 CPU 数量为 1 颗；内存类型为 DDR3，内存插槽为 2×DDR3 DIMM，支持最大内存容量为 16 GB，支持双通道 DDR3 1600/1333 MHz 内存；扩展插槽有 PCI-E 3.0 标准显卡插槽，1×PCI-E X16 显卡插槽，2×PCI-E X1 插槽，1×PCI 插槽，2×SATA II 接口，4×SATA III 接口；I/O 接口有 8×USB 2.0 接口（4 内置+4 背板），4×USB 3.0 接口（2 内置+2 背板），1×HDMI 接口；主板板型为 MicroATX 板型，外形尺寸为 24.4 cm×17.4 cm；BIOS 性能为 2 个 64 Mb flash，使用经授权的 AMI EFI BIOS，支持 DualBIOS，支持 PnP 1.0a，DMI 2.0，SM BIOS 2.6，ACPI 2.0a；不支持 HiFi；具有 CPU 系统温度和风扇转速侦测，过温警告，能风扇控等功能。

技嘉 GA-B85M-HD3 主板如图 3-2-8 所示。目前该主板市场参考价格为 700 元人民币。

图 3-2-8　技嘉 GA-B85M-HD3

（3）微星 Z87-GD65 GAMING：该主板主芯片组为 Intel Z87 类型，显示芯片为 CPU 内置显示芯片（需要 CPU 支持），集成芯片为声卡/网卡，音频芯片为集成 Realtek ALC1150 八声道音效芯片，网卡芯片为板载 Killer E2205 智能千兆网卡；支持 CPU 类型为 Core i7/Core i5/Core i3，CPU 插槽为 LGA 1150，支持 Intel 22 nm 处理器，支持 CPU 数量为 1 颗；内存类型为 DDR3，内存插槽为 4×DDR3 DIMM，支持最大内存容量为 32 GB，支持双通道 DDR3 3000（超频）/2800/2666/2600/2400/2200/2133/2000/1866/1600/1333/1066 MHz 内存；显卡插槽为 PCI-E 3.0 标准，PCI-E 插槽为 3×PCI-E X16，4×PCI-E X1 显卡插槽，1×mini PCI-E 插槽，拥有 8×SATA III 接口；I/O 接口有 8×USB 2.0 接口（6 内置+2 背板），6×USB 3.0 接口（2 内置+4 背板），1×HDMI 接口，外接端口为 1×DVI 接口、1×VGA 接口，PS/2 键鼠通用接口，1×RJ45 网络接口，1×同轴输出接口，1×光纤接口，1×清除 CMOS 数据按钮，音频接口；可以全自动 1 秒超频，具备电子竞技设备专用端口；主板板型为 ATX 板型，外形尺寸为 30.4 cm×24.4 cm。

微星 Z87-GD65 GAMING 主板如图 3-2-9 所示。

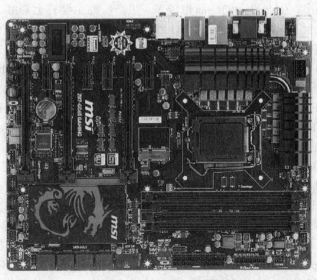

图 3-2-9　微星 Z87-GD65 GAMING 主板

（4）映泰 Hi-Fi B85W：该主板芯片组为 Intel B85 类型，集成芯片为声卡/网卡，显示芯片为 CPU 内置显示芯片（需要 CPU 支持），集成 Realtek ALC892 八声道音效芯片，板载 Realtek RTL8111F 千兆网卡；支持 CPU 类型为 Core i7/Core i5/Core i3/Pentium，CPU 插槽为 LGA 1150，支持 Intel 22 nm 处理器，CPU 数量为 1 颗；内存插槽为 4×DDR3 DIMM，支持最大内存容量为 32 GB，支持双通道 DDR3 1600/1333/1066 MHz 内存；PCI-E 3.0 标准显卡插槽，具有 2×PCI-E X16 显卡插槽，2×PCI-E X1 插槽，2×PCI 插槽，2×SATA II 接口，4×SATA III 接口；I/O 接口有 8×USB 2.0 接口（4 内置+4 背板），4×USB 3.0 接口（2 内置+2 背板），1×HDMI 接口，外接端口为 1×DVI 接口，1×VGA 接口，PS/2 键盘接口，1×RJ45 网络接口，音频接口；主板板型为 ATX 板型，外形尺寸为 30.5 cm×22.0 cm。

映泰 Hi-Fi B85W 主板具有 Hi-Fi 3D 完美音效，支持 4K 分辨率高清图像显示。映泰 Hi-Fi B85W 主板如图 3-2-10 所示。目前该主板市场参考价格为 700 元人民币。

图 3-2-10　映泰 Hi-Fi B85W

3. 显卡选购

显卡的种类很多，生产显卡的厂商也较多，生产厂商主要有七彩虹、影驰、索泰、msi（微星）、铭瑄、蓝宝石、迪兰恒进、耕升、小影霸、华硕、技嘉等。显卡的显存类型主要有 GDDR2、GDDR3、GDDR5 和 SDDR3 等；显卡的显存容量主要有 128 MB、512 MB、1 GB、2 GB、3 GB 等；显卡的显存位宽有 768 bit、512 bit、384 bit、25 6bit、192 bit、128 bit 和 64 bit；显卡的输出接口主要有 HDMI、DVI、VGA、DP 和 Mini DP 等；显卡的显存频率主要有 1 000 MHz、1 224 MHz、4 000 MHz、5 000 MHz 和 6 000 MHz 等；显卡的核心频率主要有 650 MHz、783 MHz、850 MHz、900 MHz 和 1 100 MHz 等。

下面介绍几款目前较流行的显卡。

（1）微星 N760 GAMING 2G：微星 N760 GAMING 2G 显卡的显示芯片系列为 NVIDIA GTX 700 系列，显卡芯片为 GeForce GTX 760，制造工艺为 28 nm，核心代号为 GK104；核心频率为 1 085/1 150 MHz，显存频率为 6 008 MHz，RAMDAC 频率为 400 MHz；显存类型为 GDDR5，显存容量为 2 048 MB，显存位宽为 256 bit，最高分辨率为 2 560×1 600；散热方式为散热风扇+热管散热；总线接口为 PCI Express 3.0 16X，I/O 接口为 HDMI 接口/双 DVI 接口/DisplayPort 接口，外接电源接口为 6 pin+8 pin；支持 HDCP，产品尺寸为 260 mm×126 mm×38 mm，支持 NVIDIA SLI 技术，支持 PhysX 物理加速技术，支持节能技术。

微星 N760 GAMING 2G 显卡如图 3-2-11 所示，目前的市场价格是 1799 元人民币。

（2）七彩虹 iGame660 烈焰战神 U D5 2G：七彩虹 iGame660 烈焰战神 U D5 2G 显卡的显示芯片系列为 NVIDIA GTX 600 系列，显卡芯片为 GeForce GTX 660，制造工艺为 28 nm，核心代号为 GK106；核心频率为 980/1 006 MHz，显存频率为 6 000 MHz，RAMDAC 频率为 400 MHz；显存类型为 GDDR5，显存容量为 2 048 MB，显存位宽为 192 bit，最高分辨率为 2 560×1 600；散热方式为散热风扇+热管散热；总线接口为 PCI Express 3.0 16X，I/O 接口为双 DVI 接口/DisplayPort 接口/Mini HDMI 接口，外接电源接口为 6 pin+6 pin；显卡功耗为 140 W，电源需求为 450 W 以上，产品尺寸为 270 mm×130 mm×45 mm。

七彩虹 iGame660 烈焰战神 U D5 2G 显卡如图 3-2-12 所示，目前市场的参考价格是 1 299 元人民币。

图 3-2-11　微星 N760 GAMING 2G 显卡　　图 3-2-12　七彩虹 iGame660 烈焰战神 UD5 2G 显卡

（3）华硕圣骑士 GTX760-DC2OC-2GD5：华硕圣骑士 GTX760-DC2OC-2GD5 显卡的显示芯片系列为 NVIDIA GTX 700 系列，显卡芯片为 GeForce GTX 760，制作工艺为 28 nm，核心代号为 GK104；核心频率为 1 006/1 072 MHz，显存频率为 6 008 MHz，RAMDAC 频率为 400 MHz；显存类型为 GDDR5，显存容量为 2 048 MB，显存位宽为 256 bit，最大分辨率为 2 560×1 600；散热方式为散热风扇+热管散热；接口类型为 PCI Express 3.0 16X，I/O 接口为 HDMI 接口/双 DVI 接口/DisplayPort 接口，电源接口为 8 pin；最大功耗为 225 W，产品尺寸为 218.4 mm×127.0 mm×38.1 mm。

华硕圣骑士 GTX760-DC2OC-2GD5 显卡如图 3-2-13 所示，目前的市场价格是 1899 元人民币。

（4）影驰 GTX650 黑将：影驰 GTX650 黑将显卡的显示芯片系列为 NVIDIA GTX 600 系列，显卡芯片为 GeForce GTX 650，制造工艺为 28 nm，核心代号为 GK107；核心频率为 1 110 MHz，显存频率为 5 000 MHz，RAMDAC 频率为 400 MHz；显存类型为 GDDR5，显存容量为 1 024 MB，显存位宽为 128 bit，最高分辨率为 2 560×1 600；散热方式为散热风扇+散热片；总线接口为 PCI Express 3.0 16X，I/O 接口为 HDMI 接口/双 DVI 接口/DisplayPort 接口，外接电源接口为 6 pin；显卡功耗为 64 W，产品尺寸为 195 mm×127 mm×39 mm。

影驰 GTX650 黑将显卡如图 3-2-14 所示，目前市场的参考价格是 799 元人民币。

图 3-2-13　华硕圣骑士 GTX760-DC2OC-2GD5 显卡　　图 3-2-14　影驰 GTX650 黑将显卡

（5）微星 R9 270X GAMING 2G：微星 R9 270X GAMING 2G 显卡的显示芯片系列为 AMD R9 系列，显卡芯片为 Radeon R9 270X，制造工艺为 28 nm，核心代号为 Pitcairn；核心频率为 1 070/1 120 MHz，显存频率为 5 600 MHz，RAMDAC 频率为 400 MHz；显存类型为 GDDR5，显存容量为 2 048 MB，显存位宽为 256 bit，最高分辨率为 2 560×1 600；散热方式为散热风扇+热管散热；总线接口为 PCI Express 3.0 16X，I/O 接口为 HDMI 接口/双 DVI 接口/DisplayPort 接口，外接电源接口为 6 pin+6 pin；显卡功耗为 161 W，产品尺寸为 260 mm×129 mm×38 mm。

微星 R9 270X GAMING 2G 显卡如图 3-2-15 所示，目前市场的参考价格是 1499 元人民币。

（6）迪兰恒进 HD6450 E3 1G：该显卡的显示芯片系列为 AMD 6400 系列，显卡芯片为 Radeon HD 6450，制造工艺为 40 nm，核心代号为 Caicos；核心频率为 625 MHz，显存频率为 1 334 MHz；显存类型为 GDDR3，显存容量为 1 024 MB，显存位宽为 64 bit，最高分辨率为 2 560×1 600；散热方式为散热片（静音）；总线接口为 PCI Express 2.1 16X，I/O 接口为 DVI 接口/VGA 接口/DisplayPort 接口，无外接电源接口；3D API 为 DirectX 11，流处理器(sp)单元为 160 个，支持 HDCP，供电模式为二相，产品尺寸为 170 mm×98 mm×20 mm。

迪兰恒进 HD6450 E3 1G 显卡如图 3-2-16 所示，目前市场的参考价格是 299 元人民币。

 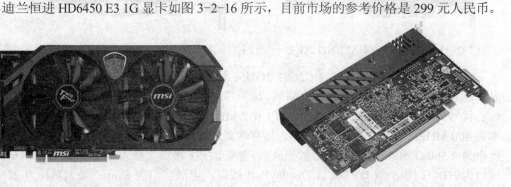

图 3-2-15 微星 R9 270X GAMING 2G 显卡　　　图 3-2-16　迪兰恒进 HD6450 E3 1G 显卡

 相关知识

1. 内存选购常识

（1）了解内存参数：内存技术指标一般有引脚数、内存类型、存容量、速度、存取时间、扩展插槽、奇偶校验、总线频率和内存工作频率等。奇偶校验对于保证数据的正确读写至关重要。内存条的主要参数简介如下。

◎ 内存类型：指主板所支持的具体内存的类型。不同的主板所支持的内存类型是不相同的。早期的主板使用的内存类型主要有 FPM、EDO、SDRAM、RDRAM 等，目前主板大部分都支持双通道 DDR2 400/533/667/800，DDR3 1066/1333 等内存。一般情况下，一块主板只支持一种内存类型，但也有例外。有些主板具有两种内存插槽，可以使用两种内存。

◎ 内存容量：是指内存条可以存储数据的大小，目前有 1 GB、2 GB、4 GB、8 GB 等。

◎ 内存频率：内存频率可以用工作频率和等效频率两种方式表示，工作频率是内存芯片实际的工作频率，但是由于 DDR 内存可以在脉冲的上升和下降沿都传输数据，因此传输数据的等效频率是工作频率的 2 倍；DDR2 内存每个时钟能够以 4 倍于工作频率的速度读/写数据，因此传输数据的等效频率是工作频率的 4 倍；DDR3 内存每个时钟能够以 8 倍于工作频率的速度读/写数据，因此传输数据的等效频率是工作频率的 8 倍。

◎ 内存主频代表内存所能达到的最高工作频率。内存本身并不具备晶体振荡器，因此内存工作时的时钟信号是由北桥芯片或主板的时钟发生器提供的，也就是说内存无法决定自身的工作频率，其实际工作频率是由主板来决定的。

◎　总线频率：总线是将计算机微处理器与内存芯片以及与之通信的设备连接起来的硬件通道。前端总线是将 CPU 连接到主内存和通向磁盘驱动器、调制解调器以及网卡这类系统部件的外设总线。人们常常以 MHz 来描述总线频率。现在的 CPU 技术发展很快，运算速度提高很快，而足够大的前端总线可以保障有足够的数据供给 CPU。较低的前端总线将无法供给足够的数据给 CPU，这样就限制了 CPU 性能的发挥，成为系统瓶颈。

主板支持的前端总线是由芯片组决定的，一般都带有足够的向下兼容性。如 865PE 主板支持 800 MHz 前端总线，那安装的 CPU 的前端总线可以是 800 MHz，也可以是 533 MHz，但如果采用 533 MHz 前端总线的 CPU 产品，那么将无法发挥出主板的全部功效。

◎　扩展插槽：扩展插槽是主板上用于固定扩展卡并将其连接到系统总线上的插槽，也叫扩展槽、扩充插槽。扩展槽是一种添加或增强计算机特性及功能的方法。现在的主流扩展插槽是 PCI 与 PCI-Express 插槽。

（2）内存选购常识：

◎　看外观：目前市场主流内存采用的是六层 PCB 板，只要仔细观察就可以看到清晰的数字，如图 3-2-17 所示。这是因为 PCB 板层数越多，内存上电子线路的布线空间就会更大，就能有效地减少电磁干扰和不稳定因素。因此，相对于四层 PCB 板，六层 PCB 板的内存要更稳定。

通常品牌的内存 PCB 板走线清晰，布局合理，细致的布线及优质的焊接工艺，只要一对比就可以看出，如图 3-2-18 所示。同时，金手指部分要挑色彩纯正、没有刮伤和发乌的内存条，这样保证内存具有极好的耐磨和防氧化特性。此外，大品牌的产品还会在内存 PCB 板之间覆盖铜箔，这也是大品牌成本更高的原因。内存颜色较为翠绿而非墨绿色的部分则表示覆盖了铜箔，保证内存拥有更为良好的电气性能。

◎　兼容性：用户有时候会遇到插上内存后计算机蓝屏，玩游戏的时候被强制弹出或者突然死机等现象，这些问题大都是计算机兼容性导致的。出现这类情况，首先要确认双通道混插是否正确，是否在同色插槽插入同规格内存。如果确认双通道混插没有问题，接下来可以通过升级主板 BIOS 来解决。如果问题依旧，可能是因为所购买的内存与主板之间产生了兼容性问题。因此推荐用户去正规渠道购买大厂商的产品，因为像金士顿、宇瞻等大品牌的内存厂商，其所生产的内存在出厂前都经过一系列严格的兼容性测试，在其推出产品之前，会针对各大主板厂的芯片组以及 Intel 最新平台等完成严格的测试，以确保内存产品的绝佳兼容性。

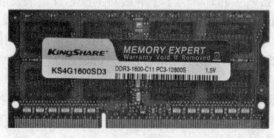

图 3-2-17　内存的外观

图 3-2-18　内存布线的焊接

◎　观察参数：影响内存速度的两个重要参数一个是频率，另一个就是 CL（延时周期），要注意购买和主板频率相匹配的内存。其中，伴随着 CL 值还有几个相关参数，分别是 TRCD 参数、TRP 参数、TRAS 等，这些参数值越小代表性能越高。因此，建议在相同内存容量、频率条件下，尽量购买 CL 参数低的产品。目前市面上的主板大都支持 DDR2 或 DDR3 内存。

◎ 看品牌：和其他产品一样，内存芯片也有品牌的区别，不同品牌的芯片质量自然也是不同。一般来说，一些久负盛名的内存芯片在出厂的时候都会经过严格的检测，而且在对一些内存标准的解释上也会有所不同。另外一些名牌厂商（如金士顿科技公司）的产品通常会给最大时钟频率留有一定的宽裕空间，所以有的人说超频是检验内存好坏的一种方法也不无道理。

◎ 售后和防伪：购买内存产品一定要注意防伪和售后服务的问题。就防伪来说，不同品牌的防伪体系各不相同。目前市场上金士顿的假货较多，消费者可以选择一些防伪功夫做得比较到位的品牌，而且要注意防伪标贴是否有破损或者已经被刮开的情况。

在售后方面，一定要在购买时与商家沟通好具体的保修期限与收费标准，并且注意所购买的产品是否为全国联保，毕竟很多学生在家里买了计算机之后，可能要拿到别的城市使用。

最后在价格方面，消费者只要在装机前上一些较大的 IT 网站，就可以搜到各种型号、品牌、容量的内存价格，在购买的时候，挑自己熟悉的品牌和型号购买就可以了，不要轻易使用商家推荐的没有听说过的内存。

2. 主板选购常识

（1）决定主板的芯片组（Chipset）：主板芯片组是主板的核心组成部分，它由南桥和北桥芯片组成。对于主板而言，芯片组几乎决定了这块主板的功能，进而影响到整个计算机系统性能的发挥，芯片组是主板的灵魂。芯片组性能的优劣，决定了主板性能的好坏与级别的高低。目前 CPU 的型号与种类繁多、功能特点不一，如果芯片组不能与 CPU 良好地协同工作，将严重地影响计算机的整体性能甚至不能正常工作。到目前为止，能够生产芯片组的厂家有英特尔（美国）、AMD（美国）、NVIDIA（美国）、Server Works（美国）、VIA（中国台湾）、SiS（中国台湾）等几家，其中以英特尔、AMD 最为常见。按照用途分类，主板芯片组可分为服务器/工作站、台式机、笔记本等类型；按芯片数量划分，可分为单芯片芯片组，标准的南、北桥芯片组和多芯片芯片组（主要用于高档服务器/工作站）；按整合程度的高低划分，可分为整合型芯片组和非整合型芯片组等。

芯片组的技术这几十年来不断迅猛发展，引入 PCI Express 总线技术，取代 PCI 和 AGP，极大地提高了设备带宽；发展更高级的加速集线架构，整合了音频、网络、SATA 和 RAID 等功能，大大降低了用户的成本，例如，Intel 的 8×× 系列芯片组就是将一些子系统（IDE 接口、音效、Modem 和 USB 等）直接接入主芯片。为了了解最新主板芯片组的发展和排行榜，可以在浏览器地址栏中输入"http://top.zol.com.cn/compositor/mb_chip.html"，按【Enter】键，调出"ZOL 排行榜"网页，如图 3-2-19 所示。可以看到，目前流行和排行靠前的主板芯片组有 Intel H81、Intel B75、AMD 990FX、Intel B85、Intel Z87、AMD A75（FM2）等。

（2）决定主板的插槽：首先根据需求，决定主板的板型是 ATX 主板、MiniITX 主板、MicroATX 主板还是 E-ATX 主板。其次，决定需要的 CPU 插槽类型、扩展槽、内存槽的类型和各自的数目。

然后，还要选择是否需要板载显示芯片，显示芯片指主板所板载的显示芯片，有显示芯片的主板不需要独立显卡就能实现普通的显示功能，以满足一般的家庭娱乐和商业应用，节省用户购买显卡的开支。Intel 和 AMD 等公司的不少主板都有板载显示芯片，甚至主板还自带高清解码与 HDMI 输出，性能堪比独立显卡，在市场中颇受欢迎。

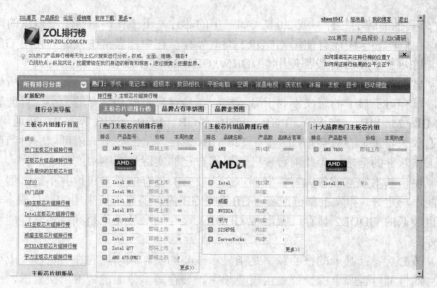

图 3-2-19　"ZOL 排行榜"（主板芯片组排行榜）网页

（3）挑选主板：一般来说，采用同一种芯片组的主板，其所能支持的功能大体相同，因此不必再从功能上去比较。一块主板是由很多电子元件组装而成的，选用的元件质量是非常关键的。一般名牌主板大厂对元件的选用是非常严格的，每一种元件都会选用世界名牌大厂的产品，以确保质量。另外，名牌主板的设计制造都有严格的规范，所以主板上的布线非常清晰，元件布置井然有序。

名牌的主板做工要好于假冒品或其他杂牌的主板，例如，名牌的主板大都采用了电磁性能较好的四或六层线路板，其上面的各种插槽选用高质量产品，电容采用胆质电容，电阻采用金属贴片电阻等。而且品牌主板厂家大都比较注重制造工艺，其产品走线工整不乱、元器件整齐有序、焊点尖圆规则、电路板表面平整无杂刺。一般大厂对质量监管更为实际严谨，但一些小厂在这方面的水分就比较大了，在选购主板时的时候，应该留心一下主板上的元件。

如果更注重质量性能，则建议在购买主板时选用名牌大厂的产品，像华硕、技嘉和微星等，也许价格比其他品牌高，但会在性能质量上得到保障，而且会得到良好的售后服务。

3. 显卡参数

决定显卡质量的因素有显存容量、显存位宽、速度等，要选购好显卡，有必要了解这些参数的含义，下面简要介绍这些参数的含义。

（1）显存类型：显卡中使用的显存类型有 SDRAM（已被淘汰）、DDR SDRAM（包括 DDR2、DDR3、DDR4 和 DDR5）和 DDR SGRAM 等类型。显卡和主板上都有"内存"，不过主板上的那种被称为内存条，而显卡上的被称为显存。到目前为止，显存与主板内存用的是完全相同的技术。不过高端显卡需要比主板内存更快的存储器，所以越来越多的显卡厂商转向使用 GDDR2、GDDR3 和 GDDR5 技术。

GDDR2、GDDR3 是基于 DDR2 生产的，GDDR5 是基于基于 DDR3 生产的。显卡用的 DDR2 和 DDR3 与主板上的 DDR2 和 DDR3 有所不同,其中最主要的是工作频率和电压不同。因此显卡被称为 GDDR2 和 GDDR3，以示区别，这里"G"是英文显卡的单词 Graphics 的缩写。

显存 GDDR2 的工作频率比内存 DDR2 高很多，所以它用的工作电压不是 1.8 V，而是 2.5 V，发热量比较大。这正是目前显卡很少使用 GDDR2 显存的原因。GDDR3 可以在 1.8 V

（三星之外其他品牌的芯片）或 2.0 V（如三星的芯片）下工作，解决了发热量的问题。

目前在低档显卡中还有使用 GDDR2 类型显存，在中档显卡中大部分使用 GDDR3 和 SDDR3，在高档显卡中一般都使用 GDDR5，GDDR4 基本没有使用。

（2）显存容量：显存全称显示内存，其主要功能是用于负责存储显示芯片所处理的各种数据，显存对于显卡的意义不亚于显示核心。显存容量就是显存的大小。目前显存容量有 128 MB、256 MB、512 MB、1 GB、2 GB、3 GB、4 GB、6 GB 等。对于普通用户而言，一味地追求大容量显存只会增加开支，128 MB 显存容量的显卡一般可以应付当前大多数游戏与工作软件的需求，为此消费者应该根据自己的实际情况购买产品。

主流显卡基本上都配备大容量显存，高达 2 GB 显存的显卡售价并不贵，但是显卡的实际性能不一定好。事实上部分配备 1 GB 和 2 GB 内存的显卡所采用的只是成本较低、运行频率也较低的 GDDR2 显存，跟配备 GDDR3 显存的产品无论是频率还是性能水平都有明显的差距。

（3）核心频率：显卡的核心频率是指显示核心的工作频率，它在一定程度上可以反映显示核心的性能，但显卡的性能是由核心频率、显存等多方面的情况所决定的，因此在显示核心不同的情况下，核心频率高并不代表此显卡性能强劲。在同样级别的芯片中，核心频率高的则性能要强一些，提高核心频率就是显卡超频的方法之一。显示芯片主流的只有 ATI 和 NVIDIA 两家，两家都提供显示核心给第三方厂商，在同样的显示核心下，部分厂商会适当提高其产品的显示核心频率，使其工作在高于显示核心频率之上，以达到更高的性能。目前，GDDR2 显卡的核心频率有 512 MHz、550 MHz、589 MHz、600 MHz 等，GDDR3 显卡的核心频率有 650 MHz、810 MHz、1 006 MHz 等，GDDR5 显卡的核心频率有 980/1 072 MHz、1 033/1 136 MHz、1 058/1 110 MHz 等。

（4）显存频率：显存频率与显存的时钟有关，它在一定程度上反映了显存的存取速度，单位是 MHz。SDRAM 显存一般都工作在较低的频率 133 MHz 或 66 MHz，早已无法满足需求。目前，GDDR2 显存的显存频率主要有 550 MHz、600 MHz、700 MHz、800 MHz 等，GDDR3 显存的显存频率主要有 1 000 MHz、1 334 MHz、1 800 MHz 等，GDDR5 显存的显存频率主要有 5 000 MHz、6 000 MHz、6 008 MHz 等。

显存频率与显存时钟周期是相关的，二者互成倒数关系，即显存频率＝1/显存时钟周期。例如，DDR SDRAM 显存的时钟周期为 6 ns，那么它的显存频率就为 1/6 ns=166 MHz，这是 DDR SDRAM 显存的实际频率，而不是平时所说的 DDR 显存频率。因为 DDR 在时钟上升期和下降期都进行数据传输，即一个周期传输两次数据，相当于 SDRAM 频率的两倍。习惯上称呼的 DDR 频率是其等效频率，是在其实际工作频率上乘以 2，即显存频率为 1/6 ns*2=333 MHz。在显卡制造时，厂商设定了显存实际工作频率，而实际工作频率不一定等于显存最大频率。如果显存最大能工作在 650 MHz，而制造时显卡工作频率被设定为 550 MHz，此时显存就存在一定的超频空间。

（5）显存速度：显存速度一般以 ns（纳秒）为单位。常见的显存速度有 7 ns、6 ns、5.5 ns、5 ns、4 ns、3.6 ns、2.8 ns、2.2 ns、1.1 ns 等，越小表示速度越快/越好。显存的理论工作频率计算公式是：额定工作频率（MHz）=1 000/显存速度×n。其中，n 因显存类型不同而不同，如果是 SDRAM 显存，则 $n=1$；DDR 显存则 $n=2$；GDDR2 显存则 $n=4$。

（6）显存位宽：显存位宽是显存在一个时钟周期内所能传送数据的位数，显存位宽越大则瞬间所能传输的数据量越大，它是一个重要参数。目前市场上的显存位宽有 64 bit、128 bit、256 bit 和 512 bit 等几种，人们习惯上叫的 64 位显卡、128 位显卡、256 位显卡和 512 位显卡就是指相应显卡的显存位宽。显存位宽越高，性能越好，价格也就越高，因此

512 位宽的显存更多应用于高端显卡，而主流显卡基本都采用 128 和 256 位显存。

（7）显存带宽：显存带宽=显存频率×显存位宽/8。在显存频率相当的情况下，显存位宽决定了显存带宽的大小。例如：同样显存频率为 500 MHz 的 128 位和 256 位显存，128 位显存带宽为 500 MHz×128/8=8 GB/s，而 256 位显存带宽为 500 MHz×256/8=16 GB/s，是 128 位显存的 2 倍，可见显存位宽在显存数据传输中的重要性。

显卡的显存是由一块块的显存芯片构成的，显存总位宽同样也是由显存颗粒的位宽组成。显存位宽=显存颗粒位宽×显存颗粒数。显存颗粒上都带有相关厂家的内存编号，可以去网上查找其编号，就能了解它的显存颗粒位宽，再乘以显存颗粒数，就能得到显存位宽。

显存带宽对于显卡性能的确具有明显影响。它主要用于衡量显示芯片与显存之间的数据传输速率，一般来讲，显存带宽越大，数据传输速度就越快，单位是 Byte/s。在频率相同的情况下，显卡的带宽越高，显卡的性能也就越强。

如果将显存比喻成"仓库"，显存带宽就好比高速路的车道数，显存速度就好比车的速度，车道数越多（即显存位宽越大），车速越快（显存速度越高），单位时间内车辆送入"仓库"的货就越多，相当于传送给显存的数据越多。

4. 显卡制作质量和选购注意事项

（1）显卡制作质量：显卡制作质量主要包括用材设计和制造工艺两方面，逐一分析如下。

◎ 用材设计：它直接决定了该产品以后的用料和制造工艺。在硬件方面，布线是决定显卡品质的重点。在显卡外观上，应看到从显存到显示芯片用了大量的蛇行线以保证每条线的长度一致，从而增强显卡的稳定性。蛇行线还能消除长直布线在电流通过时产生的电感现象，大大减轻了线与线之间的串扰问题，当然通过减小布线的密度也能起到相同的作用。

一般采用四层或六层板设计显卡，且用大面积敷铜接地能很好地解决电磁干扰问题。

◎ 制造工艺：现在的显卡大厂都已经是用机器焊接了，所以板上的元器件排列一般都很整齐，但这仅局限于贴片元件，电解电容这些插入式元件难免会东倒西歪，影响外观的整洁。在这一点上全贴片设计显卡的优势就被充分体现了出来。另外，欧美的显卡都采用类似于铣床的方法来切割 PCB 板，使显卡边缘十分光滑，美观。而台湾的显卡 PCB 板都是用切割的方法生产，虽不影响性能，但外观却显得粗糙了些。在制造工艺上还有一个能明显看出做工好坏的地方，就是金手指的镀金厚度。优质的 PCB 板应该能看到金手指有一定的厚度，能经受反复的插拔，以保证显卡与插槽接触良好。

（2）显卡选购的注意事项：在市场上许多良莠不齐的显卡中选购，一定要注意以下几点。

◎ 尽量选购有研发能力的大公司的产品，因为这些厂家决不会用不成熟的公板设计，会改进其线路布局和用料，使之更稳定，但往往产品的上市时间较晚。

◎ 尽量选购有自己制造工厂的公司的产品，至少在产品管理上有保证。

◎ 尽量选购主板厂商生产的显卡，因为他们一般都有很好的条件来测试主板和显卡的兼容性，而且主板厂商往往能很早拿到新的甚至还未正式公布的主板芯片，所以他们的显卡对未来的主板兼容性问题较少，而且一旦发生问题也容易解决。

◎ 有些小的做工方面能反映出设计该产品的用心程度。例如，采用风扇还是散热片，风扇或散热片同显示芯片之间的填充物是什么。不用说，用风扇散热，中间填充导热胶的做工一定比用双面胶粘上去的散热片要好很多。

◎ 千万要注意显卡的金手指部分，从侧面看，显卡金手指镀得要厚，有明显的突起，经反复插拔也不易剥落。注意在橱窗中样品的金手指镀层是否完好，一般样品摆放的时间较长，常常会插来拔去地试，加上氧化，非常容易使金手指剥落。

◎ 注意显卡是否大量用电解电容替代胆质电容，用普通电阻代替金属贴片电阻，是否采用两层板设计，元件是否排列整齐，焊点是否干净均匀，卡边缘是否不光滑等。

◎ 显卡散热器的配置也很重要，它不但能给显卡带来更好的散热效果，对超频改造应用有着明显的促进作用，而且散热器特别的造型还非常美观。但是，如果只是追求散热器的豪华美观效果，是没有必要的，这必然会引起显卡成本的上升，给人画蛇添足的感觉。

 思考与练习3-2

一、填空题

1. 内存容量是指_____，目前有_____、_____、_____和_____等。
2. 前端总线频率越大，代表_____与_____之间的数据传输量越大。
3. 主板芯片组是主板的核心组成部分，它由_____和_____组成。
4. 显存频率与显存时钟周期是相关的，二者互成_____关系。
5. 显存位宽是_____，其数值越大则_____越大。
6. 显存带宽＝_____乘以_____，再除以_____。

二、问答题

1. 选购内存的时候应该注意哪些方面？
2. 简述显卡的显存位宽参数特点。简述显卡的显存频率参数特点。

3.3 【案例7】硬盘和光驱选购

 案例描述

本案例介绍计算机主机内硬盘、光驱硬件的选购方法。同时也介绍硬盘的基本参数，硬盘、光驱的选购常识等。

 实战演练

1. 硬盘选购

硬盘选购要注意它的硬盘的参数，还要注意硬盘厂商的选择，常见的厂商有希捷公司（1979 年创立，产品主要包括 SCSI 与 IDE 硬盘等，特有技术主要针对于硬盘的保护与噪声的抑制）、西部数据公司（即 WD，始创于 1970 年，总部在美国加州，历史悠久，其硬盘性能长期处于高水平，是世界上最稳定和畅销的台式机与笔记本硬盘）、东芝（即 TOSHIBA，主要生产用于笔记本的 2.5 英寸以下的硬盘，生产世界上最小、最先进的硬盘，陆续推出 2.5 英寸、1.8 英寸到 0.85 英寸硬盘）。此外，还有三星（SAMSUNG）、HGST 和易托等品牌。

目前市场中，硬盘的容量常见的有 320 GB、500 GB、750 GB、1 T、1.5 T、2 T、3 T、4 T 等，接口一般都是 SATA 1.0、SATA 2.0 和 SATA 3.0，转速为 5 400、5 900、7 200 和 10 000 r/min，缓存为 8 MB、16 MB、32 MB、64 MB。下面介绍几款目前较流行的硬盘产品。

（1）西部数据 WD10EZEX：西部数据 WD10EZEX 硬盘适用类型为台式机，硬盘尺寸为 3.5 英寸，硬盘容量为 1 TB，盘片数量为 1 片，单碟容量为 1 000 GB，缓存为 64 MB，转速为 7 200 r/min，接口类型为 SATA 3.0，接口速率为 6 Gb/s，读/写功率为 6.8 W，闲置功率为 6.1 W，备用功率为 1.2 W，睡眠功率为 1.2 W，闲置噪声为 29 dB（A），搜寻噪声为 30 dB（A），质量为 0.44 kg，尺寸为 26.1 mm×147 mm×101.6 mm。西部数据的硬盘系列采用了垂直磁盘记录技术，支持 IntelliSeek 技术，能自动计算最佳运行速度以降低功耗和噪声，并支持 SecurePark 技术，能在旋转加速和减速时将磁头从碟片表面放下，确保磁头的安全，从而延长了硬盘的使用寿命，同时提高了非运行抗冲击性。西部数据 WD10EZEX 硬盘如图 3-3-1 所示。目前的市场参考价格为 380 元。

图 3-3-1　西部数据硬盘

（2）希捷 Barracuda 系列硬盘：希捷 Barracuda 系列硬盘有很多种，它们的共同特点是：适用类型为台式机，硬盘尺寸为 3.5 英寸，转速为 7 200 r/min。硬盘采用了目前非常主流的第二代垂直记录技术，垂直记录技术让数据位站立在介质上，还允许磁头在相同时间内扫描更多数据位，故能在不提高转速的情况下，提高硬盘的吞吐量，可以将硬盘的数据密度、容量和可靠性推进到一个全新的水平。

希捷 Barracuda 系列的部分硬盘参数如表 3-3-1 所示。希捷 Barracuda 7 200 转 ST1000DM003 型号硬盘如图 3-3-2 所示。

表 3-3-1　希捷 Barracuda 系列的部分硬盘参数

型　号	ST1000DM003	ST2000DM001	ST3000DM001	ST500DM002
容量	1 TB	2 TB	3 TB	500 GB
盘片数	1 片	2 片	3 片	1 片
磁头数	2 个	4 个	6 个	2 个
缓存	64 MB	64 MB	64 MB	64 MB
转速	7 200 r/min	7 200 r/min	7 200 r/min	7 200 r/min
接口类型	SATA 3.0	SATA 3.0	SATA 3.0	SATA 3.0
接口速率	6 Gb/s	6 Gb/s	6 Gb/s	6 Gb/s
参考价	365 元	510 元	715 元	300 元

（3）希捷 ST120HM000：它属于希捷 600 消费级固态硬盘，硬盘存储容量为 120 GB，接口类型为 SATA 3.0（6 Gb/s），硬盘尺寸为 2.5 英寸，平均寻道时间为 0.5 ms，功耗 1.57 W，闲置功耗 1.1 W，尺寸为 100.45 mm×69.85 mm×7 mm，质量为 77 g，防震能力为 1 500 G。希捷 ST120HM000 如图 3-3-3 所示。

固态硬盘（Solid State Disk、Solid State Drive，SSD，俗称固态驱动器）是一种永久性存储器（如闪存）或非永久性存储器（如同步动态随机存取存储器（SDRAM））的计算机外部存储设备。固态硬盘用来在笔记本电脑中代替常规硬盘。虽然在固态硬盘中已经没有可以旋转的盘状结构，但是依照人们的命名习惯，这类存储器仍然被称为"硬盘"。由于固态硬盘技术与传统硬盘技术不同，所以产生了不少新兴的存储器厂商。厂商只需购买 NAND 存储器，再配合适当的控制芯片，就可以制造固态硬盘了。新一代的固态硬盘普遍采用 SATA 3 接口。

通常可以在台式机内增加一个固态硬盘用来安装系统，作为系统盘，可使整机速度加快。

（4）东芝 MQ01ABF050：它属于东芝混合硬盘，硬盘尺寸为 2.5 英寸，硬盘存储容量为 500 GB，接口类型为 SATA 3.0，转速为 5 400 r/min，接口速率为 6 Gb/s，缓存为 32 MB，

SSD 缓存为 8 GB，外部传输速率为 1 288 MB/s，内部传输速率为 161 MB/s，平均寻道时间为 12 ms，空闲噪声为 19 dB（A），寻道噪声为 21 dB（A），尺寸为 69.85 mm×100 mm×7 mm，质量为 92 g。东芝 MQ01ABF050 混合硬盘如图 3-3-4 所示。

图 3-3-2　希捷 ST1000DM003　　　图 3-3-3　希捷 ST120HM000　　　图 3-3-4　东芝 MQ01ABF050

混合硬盘（HHD: Hybrid Hard Disk）是把磁性硬盘和闪存集成到一起的一种硬盘。原理和微软 Windows 7 操作系统上的 Ready Boost 功能相似，都是通过增加高速闪存来进行资料预读取，以减少从硬盘读取资料的次数，提高性能。不同的是，混合硬盘将闪存模块直接整合到硬盘上。新一代的混合硬盘不仅能提供更佳的性能，还可减少硬盘的读写次数，使耗电量降低。由于一般混合硬盘仅内置 256 MB 的 SLC 闪存，因此成本不会大幅提高。同时混合硬盘亦采用传统磁性硬盘的设计，因此没有固态硬盘容量小的缺点。目前通常使用的闪存是 NAND 闪存。

混合硬盘是处于磁性硬盘和固态硬盘中间的一种解决方案。混合硬盘与传统磁性硬盘相比，大幅提高了性能，成本上升不太大。混合硬盘与固态硬盘（SSD）比较，虽然它们同样是利用闪存来提高读写性能，不过使用环境的要求各不相同。前者必须配合 Windows Vista 或者 Windows 7 操作系统的 ReadyDrive 功能才能够发挥效用，若用在其他操作系统中只能当做普通硬盘使用。固态硬盘则没有这个限制。固态硬盘是利用闪存来打造大容量的硬盘，只要主板兼容即可，即使利用 Windows XP 或其他更旧的操作系统，也一样能获得性能上的提升。

2. 光驱选购

光驱的生产厂家主要有华硕、先锋、三星、LG、惠普、明基、msi（微星）等，光驱的类型有 DVD 光驱、DVD 刻录机、蓝光光驱、蓝光刻录机、COMBO 和蓝光 COMBO 等，安装方式分为内置和外置两种，接口类型有 SATA 接口和 USB 接口，缓存容量有 1 MB 以下、1 MB 和 2 MB。下面介绍几款目前较流行的光驱产品。

（1）三星 SH-222AB：它是台式内置 DVD 刻录机，SATA 接口类型，缓存容量为 1.5 MB，光盘加载方式为托盘式，写入速度是 DVD-R：22X，DVD-RW：6X，DVD-R DL：12X，DVD-RAM：12X，DVD+R：22X，DVD+RW：8X，DVD+R DL：12X，CD-R：48X，CD-RW：32X。

三星 SH-222AB DVD 刻录机如图 3-3-5 所示，目前市场价为 130 元人民币。

（2）华硕 BW-12D1S-U：光驱类型为蓝光刻录机，安装方式为外置，接口类型为 USB 2.0/USB 3.0，缓存容量为 4 MB，适用光盘尺寸为 12/8 cm，支持盘片标准：Audio CD，Video CD，CD-I，CD-Extra，Photo CD，CD-Text，CD-ROM/XA，Multi-session CD，DVD Video，BD Video；支持 Windows 7/Vista/XP 系统；颜色为黑色，尺寸为 243 mm×165 mm×63 mm，质

量为 1 160 g，电源适配器为+5 V ±5%，2 A。

读取速度是 BD-ROM：8X，BD-R：8X，BD-R DL：8X，BD-R LTH：6X，BD-RE：8X，BD-RE DL：6X，，VD-ROM SL：8X，DVD-ROM DL：12X，DVD-R：16X，DVD-RW：12X，DVD-RAM：5X，DVD+R：16X，DVD+RW：12X，CD-ROM：40X，CD-R：40X，CD-RW：24X，DVD 视频播放：5X，VCD 播放：9.3X，Audio CD 播放：9.3X。写入速度是 BD-R：12X，BD-R DL：8X，BD-R LTH：6X，BD-RE：2X，BD-RE DL：2X，DVD-R：16X，DVD-RW：6X，DVD-R DL：8X，DVD-RAM：5X，DVD+R：16X，DVD+RW：8X，DVD+R DL：8X，CD-R：40X，CD-RW：24X。

华硕 BW-12D1S-U 蓝光刻录机如图 3-3-6 所示，目前市场价为 999 元人民币。

图 3-3-5　三星 SH-222ABDVD 刻录机　　　图 3-3-6　华硕 BW-12D1S-U 蓝光刻录机

 相关知识

1. 硬盘的基本参数和选购

随着硬盘技术的不断更新，硬盘的容量和速度也在不断提高，但是在选购一款硬盘的时候，考虑的硬盘基本参数无非有硬盘接口、容量、速度、接口、稳定性、缓存大小以及售后服务等。

（1）硬盘接口：硬盘接口曾经有过 ATA（传统的 40 pin 并口数据线，最大速度为 133 MB/s）、IDE，目前基本淘汰。SCSI 为小型机系统接口，转速快，但价格较贵。目前，SATA 接口的硬盘成为市场的主流，大多数大容量的硬盘采用 SATA 或 SATA 2.0 接口。移动硬盘还采用 USB 和无线接口等。

◎ SATA（Serial ATA）：使用 SATA 接口的硬盘又叫串口硬盘，是目前 PC 应用最多的硬盘。2001 年，由 Intel、Dell、IBM、希捷、迈拓厂商组成的 Serial ATA 委员会正式确立了 Serial ATA 1.0 规范，2002 年又确立了 Serial ATA 2.0 规范。SATA 接口硬盘采用串行连接方式，串行 ATA 总线使用嵌入式时钟信号，具备更强的纠错能力，与以往的硬盘相比，最大区别在于能对传输指令（不仅仅是数据）进行检查，如果发现错误会自动矫正，这在很大程度上提高了数据传输的可靠性。串行接口还具有结构简单、支持热插拔的优点。

◎ SATA2：希捷在 SATA 的基础上加入 NCQ 本地命令阵列技术，并提高了磁盘速率。

◎ SAS（Serial Attached SCSI）：是新一代的 SCSI 技术，和 SATA 硬盘相同，都采取序列式技术以获得更高的传输速度，可达到 3 Gb/s。此外通过缩小连接线，改善了系统内部空间。

（2）硬盘大小：目前硬盘的大小有 3.5 英寸（台式机广泛使用）、2.5 英寸（广泛用于笔记本电脑、桌面一体机、移动硬盘和便携式硬盘播放器）、1.8 英寸（广泛用于超薄笔记本电脑，移动硬盘和苹果播放器）。此外还有 1.3 英寸、1.0 英寸（简称 MD）和 0.85 英寸微型硬盘。

（3）容量：硬盘的容量以 MB、GB 和 TB 为单位，1 GB=1 024 MB、1 TB=1 024 GB。但硬盘厂商在标称硬盘容量时通常取 1 GB=1 000 MB、1 TB=1 000 GB，因此在 BIOS 中或在格式化硬盘时看到的容量会比厂家的标称值要小。硬盘的容量指标还包括硬盘的单碟容量。所谓单碟容量是指硬盘单片盘片的容量，单碟容量越大，单位成本越低，平均访问时间也越短。硬盘的最大单碟容量已经达到了 1 TB，如此高的单碟容量使得当今最大硬盘容量可达 12 TB。

（4）平均访问时间：平均访问时间是指磁头从起始位置到达目标磁道位置，并且从目标磁道上找到要读写的数据扇区所需的时间。它反映了硬盘的读写速度，包括硬盘的寻道和等待时间，即：平均访问时间=平均寻道时间+平均等待时间。

硬盘的平均寻道时间是指硬盘的磁头移动到盘面指定磁道所需的时间。这个时间越小越好，目前硬盘的平均寻道时间通常在 8 ms 到 12 ms 之间，而 SCSI 硬盘则应小于或等于 8 ms。

硬盘的等待时间又叫潜伏期，是指磁头已处于要访问的磁道，等待所要访问的扇区旋转至磁头下方的时间。平均等待时间为盘片旋转一周所需时间的一半，一般应在 4 ms 以下。

（5）转速：转速是硬盘内电机主轴的旋转速度，即硬盘盘片在一分钟内所能完成的最大转数。较高的转速可缩短硬盘的平均寻道时间和实际读写时间，进一步提升硬盘的性能。转速的快慢是标示硬盘档次的重要参数之一，在很大程度上直接影响到硬盘的速度。硬盘的转速越快，硬盘寻找文件的速度也越快，硬盘的传输速度也越高。转速的单位是每分钟多少转，表示为 r/min（转/分钟）。它的值越大，内部传输速率就越快，访问时间就越短，硬盘的整体性能也就越好。

随着硬盘转速的不断提高也带来了温度升高、电机主轴磨损加大、工作噪声增大等负面影响。笔记本硬盘转速低于台式机硬盘，一定程度上是受到这个因素的影响。当今家用的普通硬盘的转速一般有 4 200 r/min、5 400 r/min、7 200 r/min 几种，台式机硬盘几乎都是 7 200 r/min，笔记本硬盘有 4 200 r/min 和 5 400 r/min；服务器中使用的 SCSI 硬盘转速基本都采用 10 000 r/min，甚至还有 15 000 r/min 的，性能要超出家用产品很多。

（6）传输速率：指硬盘读写数据的速度，单位为兆字节/秒（MB/s）。硬盘数据传输速率又包括了内部数据传输和外部数据传输速率。内部传输速率反映了硬盘缓冲区未用时的性能，它主要依赖于硬盘的旋转速度；外部传输速率也叫接口传输速率，它标称的是系统总线与硬盘缓冲区之间的数据传输速率，它与硬盘接口类型和硬盘缓存的大小有关。

（7）缓存：硬盘控制器上的一块内存芯片，具有极快的存取速度，是硬盘内部存储器和外界接口之间的缓冲器。由于硬的内部数据传输速度和外部接口传输速度不同，缓存起到缓冲作用。缓存的大小和存取速度直接关系到硬盘的传输速度。当硬盘存取零碎数据时需要不断地在硬盘与内存之间交换数据，可以将那些零碎数据暂存在缓存中，减小外部系统的负荷，也提高了数据的传输速度。现在的硬盘缓存容量分四种规格：8 MB、16 MB、32 MB 和 64 MB。

（8）售后服务：无论购买任何一款商品，售后服务一定要多加留意。由于硬盘读写操作比较频繁，很容易老化，所以保修问题更是突出。在国内，对于硬盘的售后和质量保障方面各个厂商的服务都很好。为了能够得到商家的质保，大家购买硬盘时要多加注意，千万不能贪小便宜购买二手硬盘，它一般都是被人用坏旧硬盘翻新而成。建议用户还是去正规的柜台或经销商处购买。

2. 光驱的基本参数和选购

随着 DVD 光驱的不断降价，虽然蓝光技术已经逐渐成熟，但因其成本过高一般消费者还是无法接受，所以目前市场还是被 DVD 光驱和 DVD 刻录机占据。下面介绍光驱的基本参数和选购 DVD 光驱与 DVD 刻录机等光驱的常识。

（1）读取速度：指光存储在读取光盘时，所能达到的最大光驱倍速。因为是针对 CD-ROM 光盘，因此该速度是以 CD-ROM 倍速来标称的，CD-ROM 驱动器的速率以"X 倍速"表示，其速率的标准有 2 倍速、4 倍速、8 倍速、16 倍速、56 倍速等。在制定 CD-ROM 标准时，将 150 KB/S 的传输速率定为标准，对于 50 倍速 CD-ROM 驱动器理论数据传输速率为：150×50=7 500 KB/S。DVD-ROM 读取速度可达到 48 或 52 倍速，COMBO 读取速度可达到 52 倍速。

目前高倍速光驱的标称值只是理想情况下读外圈的最高速度，实际应用中多数时间达不到这个标称值，一般也就是 24 倍速。高速的光驱会伴随有 CPU 占用率高、噪声大、振动大、耗电量大、发热量大等副作用。所以速度不是唯一重要的东西，选购光驱时应从光驱的容错性、稳定性、发热量、噪声等多方面综合考虑。另一方面，同样是 20 倍速 DVD 刻录机，由于不同品牌不同型号的产品所采用的刻录方式不同，实际刻录所花费的时间和刻录的品质也有很大区别，这些并不能从产品的规格指标上体现出来，因此在选购光驱时不必强求光驱的速度。

（2）平均寻道时间：也叫平均读取时间或平均搜寻时间，它是指激光头从原位置移到新位置并开始读取数据这个过程所需要的时间，单位是 ms。该值越短，光驱的性能就越好。

（3）CPU 占用时间：指光驱在维持一定的转速和数据传输率时所占用 CPU 的时间。CPU 占用时间越少，其整体性能就越好。

（4）数据缓存：数据缓存是光驱内部的存储区，它能减少读盘次数，提高数据传输速率。同硬盘等设备一样，理论上缓存越大则光驱速度越快。现在 DVD 光驱一般采用了 512 KB 缓存。可刻录 CD 或 DVD 驱动器一般具有 2 MB～4 MB 以上的大容量缓存。

同硬盘等设备一样，DVD 光驱的数据缓存容量的大小也直接影响其整体性能，缓存容量越大，光驱 Cache 的命中率就越高。现在主流的 DVD 光驱一般采用了 512 KB 缓存，但也有只采用了 128 KB 缓存的 DVD 光驱。大家在选购时可根据自己的需要而购买。

（5）接口类型：目前 CD-ROM 和 DVD 光驱的接口主要有 IDE、EIDE、SATA 和 SATA 2 等接口。由于目前主板上 IDE 接口一般只保留一个，同时随着蓝光光驱的崛起，对于光驱传输速度的要求逐步增大，DVD 光驱基本都采用新一代的 SATA 和 SATA 2 接口。

（6）支持的格式：它是指该 DVD 光驱能支持和兼容读取多少种光盘盘片。一般来说，一款合格的 DVD 光驱除了要兼容 DVD-ROM，DVD-VIDEO，DVD-R，CD-ROM 等常见的格式外，对于 CD-R/RW，CD-I，VIDEO-CD，CD-G 等都要能很好地支持，当然是能支持的格式越多越好。

 思考与练习 3-3

一、填空题

1．目前，_____接口的硬盘成为市场的主流，大多数大容量的硬盘采用_____或_____接口。

2．硬盘的容量以 MB、GB 和 TB 为单位，1 GB=_____ MB、1 TB=_____4 GB。但硬盘厂商在标称硬盘容量时通常取 1 GB=_____ MB，1 TB=_____ GB。

3．光驱的 CPU 占用时间是指_____。CPU 占用时间越_____，其整体性能就越好。

4．目前 DVD 光驱接口基本都是新一代的_____和_____接口。

二、问答题

　　1．选购硬盘的时候应该注意哪些方面？

　　2．简述光驱的基本参数。

　　3．选购光驱的时候应该注意哪些方面？

3.4 【案例8】机箱和电源选购

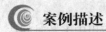 **案例描述**

　　本案例介绍计算机主机机箱和电源硬件的选购方法，同时介绍机箱和电源的分类、主要参数，以及它们的选购常识等。

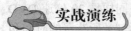 **实战演练**

1．机箱选购

　　机箱有很多种类型，常见的有台式机箱、游戏机箱、HTPC机箱和服务器机箱等，机箱结构（也常称为机箱类型）也很多，常见的有AT、ATX、MATX（MicroATX）、BTX、HPTX、EATX和RTX等，其中AT已经不流行。各种类型的机箱只能安装相应类型的主板，一般是不能混用，而且电源也有差别。机箱还有立式、卧式和立卧两用式机箱之分，如图3-4-1所示。

(a) 立式机箱　　　　　　　　　　　　　(b) 卧式机箱

图3-4-1　立式机箱和卧式机箱

　　AT机箱主要应用在只能支持安装AT主板的早期计算机中，目前已经不使用。ATX的英文全称为AT External，它是依据英特尔公司1995年发布的ATX主板规范标准设计的机箱，是目前应用最多的一种计算机机箱。MATA（MicroATX）机箱是在ATX机箱的基础之上创建的，它的机箱体积比ATX机箱体积要小一些，可节省桌面空间，它必须配合使用MicroATX主板。

　　BTX机箱在设计理念上和ATX机箱十分相似，该机箱架构更加紧凑，更注重散热，对主板的线路布局进行了优化设计，采用弹性的电路布线、模块化的组件区域和降噪最佳设计，它配用BTX平台主板，主板的安装将更加简便。

　　RTX结构机箱通过巧妙的主板倒置，配合电源下置和背部走线系统，优化散热风道，形成水平散热系统，提高了CPU和显卡的散热效果，解决了以往背线机箱需要超长线材电源的问题，更合理地利用空间。因此RTX架构有望成为继ATX、BTX后第三代主流架构。

　　机箱的生产厂家很多，主要有游戏悍将、长城机电、金河田、先马、鑫谷和航嘉等。下面介绍几款目前较流行的机箱产品。

　　（1）游戏悍将特工5机箱：游戏悍将特工5机箱的类型属于立式游戏机箱，结构类型为ATX，适用主板是ATX板型和MATX板型，配游戏悍将专用电源；5.25英寸仓位有2

个，3.5 英寸仓位有 4 个，2.5 英寸仓位有 3 个，扩展插槽有 7 个；前置有一个 USB 3.0 接口，一个 USB 2.0 接口，一个耳机接口，一个麦克风接口；前有一个 120 mm 风扇，后有一个 120 mm LED 风扇，顶有 2 个 120 mm 风扇，侧有一个 120 mm 风扇，硬盘架有一个 120 mm 风扇；机箱颜色为黑色，机箱材质是 SECC（电解镀锌钢板），面板是铁网，板材厚度为 0.7 mm，机箱尺寸为 475 mm×185 mm×485 mm，机箱质量为 4.93 kg。

游戏悍将特工 5 机箱如图 3-4-2 所示。它目前的市场参考价为 199 元人民币。

（2）游戏悍将 CFI 太极机箱：游戏悍将 CFI 太极机箱的类型属于立式游戏机箱，机箱结构为 ATX，适用主板有 EATX 板型、ATX 板型和 MATX 板型，配游戏悍将专用电源，显卡限长 340 mm；5.25 英寸仓位有 4 个，3.5 英寸仓位有 6 个，2.5 英寸仓位有 3 个，扩展插槽有 9 个；前置有 2 个 USB 3.0 接口，4 个 USB 2.0 接口，一个耳机接口，一个麦克风接口；前有 2 个 120 mm LED 风扇，后有一个 120 mm LED 风扇和一个 140 mm 风扇，顶有 3 个 120 mm 风扇，底有 2 个 120 mm 风扇；背部理线，支持免工具拆装，支持防辐射；顶部支持 360 mm 水冷水排，底部支持 240 mm 水冷水排，后部支持 120 mm 水冷水排；机箱材质为 SECC（电解镀锌钢板），板材厚度为 0.8 mm，强度更高不易变形，有效保护配件安全；机箱尺寸为 220 mm×550 mm×575 mm，机箱质量为 12.5 kg，颜色有黑色和白色。

游戏悍将 CFI 太极机箱如图 3-4-3 所示。它目前的市场参考价为 599 元人民币。

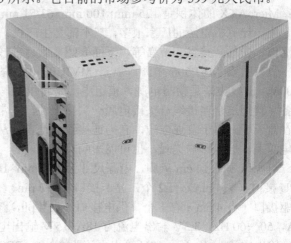

图 3-4-2 游戏悍将特工 5 机箱   图 3-4-3 游戏悍将 CFI 太极机箱

（3）先马天机机箱：先马天机机箱的类型属于台式机箱，机箱结构为 MATX，适用主板有 MATX 板型，下置电源，显卡限长 240 mm；3.5 英寸仓位有 2 个，2.5 英寸仓位有 3 个，扩展插槽有 4 个；前置有 1 个 USB 3.0 接口，2 个 USB 2.0 接口，1 个耳机接口，1 个麦克风接口；前有 2 个 120 mm 风扇，后有 1 个 80 mm 风扇；背部理线，外形防尘设计；机箱材质为钢板，钢板厚度为 0.45 mm，机箱尺寸为 326 mm×182 mm×361 mm，颜色有黑色、红色和金色。

先马天机机箱如图 3-4-4 所示。它目前的市场参考价为 109 元人民币。

2. 电源选购

计算机和很多家电一样需要一个电源部分，负责将普通市电转换为计算机可以使用的电压，一般安装在计算机内

图 3-4-4 先马天机机箱

部。计算机的核心部件工作电压非常低，并且由于计算机工作频率非常高，因此对电源的要求比较高。目前计算机的电源为开关电路，将普通交流电转为直流电，再通过斩波控制电压，将不同的电压分别输出给主板、硬盘、光驱等计算机部件。电源需要和计算机机箱相匹配，因此一种类型的机箱就有相应的一种类型的电源。电源的种类有 AT 电源（在市场中已消失）、ATX 电源 MicroATX 电源。

Intel 1997 年 2 月推出 ATX 2.01 标准，目前最高版本是 ATX2.31，它是针对 Intel 酷睿系列 CPU 微架构节能型产品制定的规范，对 300 W 范围内的低功率电源规格进行了制定和详解。所以，对于高负载的设备，或者以 PD 处理器为首选的用户，低功率的 2.31 版从性能来看并非首选。ATX 电源和 AT 电源相比，其外形尺寸没有变化，主要增加了+3.3 V（芯片的工作电压）和+5 V StandBy（辅助+5 V）两路输出和一个 PS-ON 信号，输出线改用一个 20 芯线给主板供电。PS-ON 信号是主板向电源提供的电平信号，低电平时电源启动，高电平时电源关闭。利用+5 V SB 和 PS-ON 信号，就可以实现软件开关机器、键盘开机、网络唤醒等功能。辅助 5 V 始终是工作的，有些 ATX 电源在输出插座的下面加了一个开关，可切断交流电源输入，彻底关机。

MicroATX 电源是在 ATX 电源之后推出的标准，主要目的是降低成本。其与 ATX 的显著变化是体积和功率减小了。ATX 的体积是 150 mm×140 mm×86 mm，功率在 220 W 左右；MicroATX 的体积是 125 mm×100 mm×63.51 mm，功率是 90～145 W。

生产计算机电源的厂家很多，基本都是生产机箱的厂家，主要有游戏悍将、长城机电、金河田、先马、鑫谷和航嘉等。下面介绍几款目前较流行的电源产品。

（1）航嘉 MVP500 电源：航嘉 MVP500 电源的电源类型是台式机电源，额定功率是500 W，出线类型是模组电源，模组电源是将电源与配件的连接线相互独立，需要接哪个设备，就把这个连接线一头接电源一头接配件，非常方便。不需要接配件，连接线就可以收在盒子里。对于普通电源，它的连接线都是直接从电源里接出来的，就算不用，线也接在电源上，这样影响美观，也可能影响风道。

电源风扇是 14 cm 风扇，电源尺寸为 150 mm×160 mm×85 mm；主板接口为 20+4 pin，CPU 接口（4+4 pin）有 2 个，显卡接口（6+2 pin）有 2 个，硬盘接口（SATA）有 7 个，软驱接口（小 4 pin）有 1 个，供电接口（大 4 pin）有 4 个；交流输入为 100～240 V，5～9 A，50～60 Hz；3.3V 输出电流为 18A，5 V 输出电流为 18 A，5Vsb 输出电流为 2.5 A，12V 输出电流为 40 A，−12V 输出电流为 0.3 A；PFC 类型为主动式，转换效率为 85%，安规认证为 3C。另外，它支持新一代 Haswell 处理器的 C6/C7 休眠模式，深度节能。

航嘉 MVP500 电源如图 3-4-5 所示，它目前的市场参考价为 369 元人民币。

（2）游戏悍将红星 R500M 电源：游戏悍将红星 R500M 电源是台式机电源，支持 Intel 与 AMD 全系列台式多核 CPU，电源版本是 ATX 12V 2.31，出线类型是模组电源，额定功率是 500 W，最大功率 600 W；风扇类型是 12 cm 风扇，电源质量是 2.5 kg；主板接口是 20+4 pin，CPU 接口（4+4 pin）1 个，显卡接口（6+2 pin）2 个，硬盘接口（SATA）4 个，供电接口（大 4 pin）3 个；交流输入是 100～240 V（宽幅），8 A，50 Hz；3.3V 输出电流是 24 A，5V 输出电流是 15 A，5Vsb 输出电流是 2.5 A，12V1 输出电流是 24 A，12V2 输出电流是 20 A，−12V 输出电流是 0.5 A；PFC 类型为主动式，转换效率为 87%。80PLUS 认证为铜牌，安规认证有 3C，CE，TUV，FCC，UL，CUL，CB。另外，电源全部采用全台系电子电容，保证了电源的稳定性。

游戏悍将红星 R500M 电源如图 3-4-6 所示，它目前的市场参考价为 299 元人民币。

（3）长城 HOPE-6000DS 电源：长城 HOPE-6000DS 电源属于台式机电源，支持 Intel 及 AMD 全系列 CPU，电源版本是 ATX 12V 2.3 版供电规范，额定功率是 500 W，风扇类型是 12 cm 风扇；主板接口是 20+4 pin，CPU 接口（4+4 pin）1 个，显卡接口（6 pin）2 个，硬盘接口（SATA）5 个，供电接口（大 4 pin）3 个；交流输入 200 V，5 A，50 Hz，3.3V 输出电流是 24 A，5V 输出电流是 18 A，5Vsb 输出电流是 2.5 A，12V1 输出电流是 20 A，12V2 输出电流是 20 A，−12V 输出电流是 0.3 A；PFC 类型是主动式（功率因数为 0.95），转换效率是 85%。长城 HOPE-6000DS 电源如图 3-4-7 所示。它目前的市场参考价为 309 元人民币。

图 3-4-5　航嘉 MVP500 电源　　　　　　　　图 3-4-6　游戏悍将红星 R500M 电源

（4）长城四核王 BTX-500S 电源：长城四核王 BTX-500S 电源是台式机电源，采用 ATX 12V 2.3 版供电规范，出线类型是非模组电源，额定功率是 400 W，最大功率是 500 W，风扇类型是 12 cm 风扇，噪声控制在 23 dB（A）左右，非常安静，人耳几乎感觉不到；主板接口是 24 pin+8 pin/4 pin，CPU 接口（方 4 pin）1 个，6 pin PCI-E 显卡接口 2 个，硬盘接口（SATA）4 个，软驱接口（小 4 pin）1 个，供电接口（大 4 pin）6 个，而且全部采用蛇皮套包裹，布线便利。

交流输入为 220 V，4 A，50 Hz，3.3V 输出电流 24 A，5V 输出电流 15 A，5Vsb 输出电流 2.5 A，12V1 输出电流 17 A（显卡供电），12V2 输出电流 14 A（CPU 供电），−12V 输出电流 0.3 A，待机功耗小于 1 W，转换效率大于 83%；PFC 类型是主动式（功率因数为 0.95），通过 3C 强制认证。新版电源改用银色油亮的电解镀锌外壳，与先前的黑色镀镍外壳形成鲜明对比。该电源具备非常实用的 2+1 保护功能，即提供过压、过流及短路保护。

长城四核王 BTX-500S 电源如图 3-4-8 所示，它目前的市场参考价为 398 元人民币。

图 3-4-7　长城 HOPE-6000DS 电源　　　　　图 3-4-8　长城四核王 BTX-500S 电源

相关知识

1．机箱的结构设计

机箱一般包括外壳、支架、面板上的各种开关、指示灯等。外壳主要起保护机箱内部元件的作用；支架主要用于固定主板、电源和各种驱动器。机箱的结构设计直接关系到机箱的品质和使用寿命。

（1）基本架构：一款优秀的机箱应该拥有合理的结构，包括足够的可扩展槽位，安装和拆卸配件时的免工具设计以及合理的散热结构，如图3-4-9所示。由于各种配件的不断降价以及硬件生产厂商不断推出新产品，这就使5英寸设备和3英寸设备的硬件插槽位日趋紧张，所以消费者在购买时应该根据自己的需要充分考虑，选择有足够升级潜力的机箱。

目前流行的槽位安排方式是不少于4个5英寸槽位，1～2个3英寸驱动器槽位以及2个以上的3英寸半高硬盘槽位。而对于没有特殊要求的普通家庭用户，则可以放宽要求。

（2）拆装设计：目前在很多机箱上都有安装和拆卸配件时的免工具设计，例如侧板采用手拧螺钉固定，如图3-4-10所示。3英寸驱动器架采用卡勾固定，5英寸驱动器配备免螺钉弹片，板卡采用免螺钉固定，机箱前面板加装USB接口等。但要注意的是，某些设计虽然给用户带来了便利，但是也有可能会对机箱整体结构强度造成负面影响，例如较软的硬盘托盘不能给硬盘提供稳定的工作环境等，消费者在购买时应该综合考虑。

（3）散热设计：合理的散热结构更是关系到计算机能否稳定工作的重要因素。高温是电子产品的杀手，过高的温度会导致系统不稳定，加快零件的老化。

目前最有效的机箱散热解决方法是为大多数机箱所采用的双程序互动散热信道：外部低温空气由机箱前部进入机箱，经过南桥芯片，各种板卡，北桥芯片，最后到达CPU附近。在经过CPU散热器后，一部分空气从机箱后部的排气风扇抽出机箱，另外一部分从电源底部或后部进入电源，为电源散热后，再由电源风扇排出机箱。散热风道示意如图3-4-11所示。

图3-4-9　机箱内部结构　　图3-4-10　机箱的手拧螺钉　　图3-4-11　散热风道示意

设计优秀的双程序互动散热信道能保证将机箱内90%的热量及时散发。而机箱风扇大多使用80 mm规格以上的大风量、低转速风扇，避免了过大的噪声，实现了"绿色"散热。

为了更顺利地对高速硬盘散热，有的厂商采用在3英寸驱动器架的前部安装附加进气风扇的方法，不但能够增加机箱内空气流量，而且可以直接对硬盘进行散热。另一个解决思路是将传统的硬盘安装位置下移，使硬盘和机箱底部接触，可以使新鲜的低温空气进入机箱后首先给硬盘散热，大幅度降低硬盘热量。有的厂商为了避免机箱内杂乱的走线影响空气的流动，在合适的位置设置了理线夹，可以将数据线和电源线固定在不影响风道的位置上。

（4）电磁屏蔽设计：计算机在工作的时候会产生大量的电磁辐射，如果不加以防范，会对人体造成一定伤害。很多消费者已经注意到辐射的危害，在选购计算机的时候会选用通过TCO'03认证的显示器。但是大部分人却忽视了其他配件产生的电磁辐射，这些辐射主要来源于主板、CPU 以及显卡、声卡等设备。于是机箱成了屏蔽电磁辐射，保护使用者健康的最后一道防线。

◎ 开孔符合规范：为了增加散热效果，机箱上必要的部分都会开孔，包括侧板孔、抽气扇进风孔和排气排风孔等，如图 3-4-12 所示。机箱内部的电磁波会在机箱表面产生感应电流，当电流通过机箱表面的金属冲孔网时，会以辐射的方式发射能量，辐射能量的大小与孔的周长有关。因此孔的形状和周长都必须符合一定的要求。相同面积的孔中，圆形孔的周长最小。所以机箱上的开孔要尽量小，而且要尽量采用圆孔。越致密的金属冲孔网，其电磁屏蔽性能越好。

图 3-4-12　致密的金属冲孔网

◎ 各种指示灯和开关接线的电磁屏蔽：要注意各种指示灯和开关接线的电磁屏蔽，比较长的连接线需要设计成绞线，或者在线上增加一个磁环来减少电磁辐射泄漏。

◎ 细节部分的屏蔽设计：要注意细节部分的屏蔽设计，例如在机箱侧板安装处、后部电源位置设置防辐射弹片，这种弹片会使设备之间连接更为紧密，从而形成一个封闭的"金属屏障"，将电磁波屏蔽起来，有效防止辐射泄漏。

消费者更直观地判断一款机箱是否有良好的辐射屏蔽的办法，就是打开机箱侧板，看机箱是否设计了丰富的 EMI 弹片。

2. 机箱选购常识和机箱用材

一款好的机箱，不仅仅拥有靓丽的外表，更是在内部的设计上处处为用户考虑。用户应该根据自身需要合理搭配机箱才对。一般来说，100～200 元的机箱能够保障最基本的应用，这样的机箱钢板厚度基本都在 0.7 mm 左右；200～300 元则可以在机箱外观的选择上更加自由；如果追求更好的品质保障或更多的功能应用，则要选购 300 元以上的产品。大家在选购机箱时要多加对比，只有这样才可以找到同价位上做工最好的产品。

（1）面板材质：机箱面板的材质是很重要的。前面板大多采用工程塑料制成，成分包括树脂基体、白色填料（常见的乳白色前面板）、颜料或其他颜色填充材料（有其他色彩的前面板）、增塑剂、抗老化剂等。用料好的前面板强度高、韧性大，使用数年也不会老化变黄；而劣质的前面板强度很低，容易损坏，使用一段时间就会变黄。

还有一点需要注意的是，有些用户比较喜欢前面板造型比较复杂的机箱（如卡通造型机箱），但由于面板模具加工困难，因而会造成成本增加。所以想购买卡通机箱的用户，尽量不要购买廉价的卡通机箱，这样的机箱根本无法保证做工和用料足够好。

（2）箱体用料：机箱的用料基本可分为三类：喷漆钢板、镀锌钢板、镁铝合金。喷漆钢板在主流产品中已被淘汰。目前大部分机箱箱体采用镀锌钢板，只不过厚度和外表涂料不一而已，它的优点是抗腐蚀能力比较好。好的机箱镀锌钢板均采用冷轧锻压工艺，一般用于高端机箱上，采用这种技术处理的镀锌钢板虽不厚但强度大，而且不容易生锈，可以防止电效应。

◎ 镁铝合金：镁铝合金机箱，由于表面有致密的氧化层保护，抗腐蚀能力好，而且防辐射和防静电，重量轻，外观好看。但是价格较高，只有高端机箱才会采用，如图 3-4-13 所示。

◎ 镀锌钢板：目前大部分机箱箱体采用镀锌钢板，它的优点是抗腐蚀能力比较好。镀锌钢板的金属锌可以在空气中形成致密氧化物保护层来保护内部的钢结构。所以镀锌层相对厚些的钢板抗腐蚀能力就会更强。

图 3-4-13　镁铝合金机箱

普通用户可能难以判断用料的优劣。一个简单的方法就是拆开机箱，用肉眼观察内部架构以及侧板采用的钢材的厚度或者抬起机箱估算它的重量。但这一方法并非完全有效，采用高强度钢结构并且设计合理的机箱，可以在保证足够强度的基础上尽量减轻机箱重量。

一般说来，比较著名的机箱厂家对原材料、进货渠道以及质量的控制都非常严格。所以在资金充裕的情况下，应该尽量选择大厂的产品。

（3）材料的导电性：机箱材料是否导电，是关系到机箱内部的配件是否安全的重要因素。如果机箱材料是不导电的，那么产生的静电就不能由机箱底壳导到地下，严重的话会导致机箱内部的主板等烧坏。

采用冷镀锌电解板的机箱导电性较好；而仅仅涂了防锈漆甚至普通漆的机箱，导电性是不过关的。把万用表（R×1 挡）的表笔分放在机箱板的两侧，如果指示针不动，就表明不导电。

3. 电源选购常识和电源参数

电源是一台计算机中最重要的配件之一，许多消费者在购买计算机或升级计算机配件的时候将大量的成本都投入到诸如 CPU、主板、显卡等主要部件上，譬如高频率的 CPU 或是高性能的显卡、大容量的硬盘，而往往忽略了电源的重要性，只投入很少的资金在购买电源上，购买一些质量较差的电源产品。随着硬件的发展，许多 DIY 配件对于电源的稳定性要求越来越高，如果没有一款质量好性能稳定的电源，那么对于整机的稳定运行都有很大的影响，严重时还有可能造成整机烧毁等情况发生。下面介绍电源的基本参数和选购电源的注意事项。

一款产品的铭牌上一般都会标明这款产品的详细规格与特性，但是对于一款名牌电源来说，想要看懂这些，并不是一件很容易的事情。由于 Intel 发布了很多 ATX 电源规范，用最常见的 12 V 2.2 版规范来说，电源的铭牌上会标出各种不同的输出值。拿一款 350 W 的电源来说，这 350 W 额定功率是由+3.3 V、+5 V、+12 V、−12 V、+5 Vsb 组合在一起达成的。

在采购计算机电源时，应该注意以下电源参数和选购常识。

（1）电源输入电压：表示的是这款电源的工作电压范围，也就是说这款电源可以在什么情况的市电下提供稳定的输出。

（2）电源版本：这个一般是指 Intel 定义的各种输出电流电压的规范。

（3）3C 认证：按国家的规定，电源的铭牌上必须清晰地标注电源通过的 3C 认证号，但很多电源都没有严格执行，铭牌上只有厂商的 3C 认证编号，这事实上是不符合标准的。

（4）EMI 滤波：没有 EMI 电路的电源一方面泄漏的电磁干扰会影响到显示器和声卡、Modem、电视卡等设备的正常使用，而且还会对人体造成伤害；另一方面没有滤波电路的电源，其输出的电流质量较差，对 CPU、RAM 等配件会造成较大的影响，严重的时候会直接烧毁这些配件。如何判断电源中是否安装了 EMI 滤波电路呢？最简单的方法就是在电源空载时触摸其外壳，手指会有微麻的感觉，如果没有安装滤波电路，则不会出现这种感生电压。

（5）被动式 PFC 和主动式 PFC：被动式 PFC 使用由电感、电容等组合而成的电路来降低谐波电流，其输入电流为低频的 50～60 Hz，因此需要大量的电感与电容。而且其功率因数校正达 75%～80%。主动式 PFC 使用主动组件控制线路及功率型开关式组件，基本运作原理为调整输入电流波形使其与输入电压波形尽可能相似，功率因数校正值可达近乎100%。

（6）额定功率和最大功率：额定功率是指电源能够长期提供而不损坏的功率。最大功率是指电源可以短时间内提供的最大功率。注意，"最大功率"和"额定功率"不是一回事，比如一块额定功率为 300 W 的电源的额定功率通常只有 200 W 左右。

很多电源厂商都习惯将额定功率或最大功率放在型号里，久而久之习惯成了约定俗成的东西。少数厂商和经销商开始利用这招骗消费者，例如电源铭牌上写着"型号×××300"，经销商可能会说这是额定功率 300 W 电源，其实其额定功率连 180 W 都不到。买电源前最好到专业网站上查询一下，在这些专业网站上都会注明某型号电源的额定功率与最大功率。

电源的挑选还有一种说法是电源越好就越重，因为越大功率电源所要提供的电流也就越高，因此内部的变压器与铜线就要越粗，如图 3-4-14 所示。所以一般来说高功率电源都会比较重，但是这对于 450 W 以上的电源不太适用。对于功率较高的电源而言，内部元器件的规格相应也会增加很多，这就会使电源内部的空间越来越小，对于电源的散热来说就越来越不流畅了，而随着电源内部温度的增加，电源的稳定性、热阻都会降低很多，因此，更多高端电源尽可能地采用集成电路、尽可能地使用贴片工艺，这样就可以节约出很多空间来方便电源内部的散热，从而增加电源的稳定性。

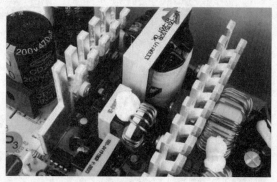

图 3-4-14 变压器与铜线

450 W 以下的电源多为被动 PFC 设计，好的电源用料足手感沉；劣质电源用料一般，特别是省了 PFC 电路所以手感轻。加上散热片、电源外壳、变压器等电子单元的重量，一台好的被动 PFC 电路的电源肯定比较重。450 W 以上的电源多采用主动式 PFC 电路设计，所以电源的好坏就不能通过轻重来判断，可能少数电源设计得好加上转换效率较高、发热量低，电源的重量自然比较轻。

（7）电源的连接线数量不是越多越好，要根据电源版本与电源的功率来决定，不过出于成本控制的目的，厂商也会在接口数量上有所增删，这种情况并不是什么严重问题，可以不用在意。但要切记，一条连接线路上连接太多的设备，超过该路最大输出功率，这么做的后果就是烧毁配件。

（8）通过的电流越大，则电缆就要越粗，所以一款好电源的电源线一定都是比较粗的，但是现在有些厂商采用细铜线厚橡胶的模式做出非常粗的电源线来欺骗消费者。因此在检查电源线时不能光用眼睛看，用手弯折一下，如果感觉明明比较粗但却很软，就是那种厚皮线，比较硬的才是粗铜线。

通过电源的散热孔向内部看，可以看到一些元器件，例如变压器、电容器、散热片、PFC 电路以及其他元器件，大家可以从这些内部的元器件大小、做工来判断这款电源用料是否足，从而来判断这款电源的质量。

 思考与练习3-4

一、填空题

1．机箱的用料基本可分为_____、_____和_____三类。_____在主流产品中已近被淘汰。目前大部分机箱箱体采用_____。

2．没有_____的电源不仅泄漏的电磁干扰会影响到显示器和声卡、Modem、电视卡等设备的正常使用，而且还会对人体造成伤害。

3．计算机电源的额定功率是指_____，最大功率是指_____。

4．被动式 PFC 电源的功率因数校正值可达_____，主动式 PFC 电源的功率因数校正值可达_____。

二、问答题

1．简述台式计算机机箱的结构设计特点。

2．简述台式计算机机箱的用材特点。

3．简述电源选购中的一些注意事项。

第4章　外设选购和选购常识

本章完成 3 个案例，主要涉及计算机硬件选购和硬件部分参数介绍。其中还包括硬件选购的一些方法、注意事项和与选购的有关常识。

4.1　【案例 9】外设选购 1

案例描述

组装一台完整的计算机，除了主机内的几大硬件板块以外，还需要其他一些很重要的外围设备，例如显示器、鼠标、键盘、音箱等。

虽然外设没有主机内几大硬件重要，但是它们也是缺一不可，只有完备的外设配件才能够完美地展示出一台计算机的性能。下面介绍这些外设的选购。

实战演练

1. 显示器选购

显示器的屏幕尺寸有 19、20、21.5、22、23、23.6、24、26、27 英寸（屏幕的对角线尺寸）以及更大尺寸。面板类型有 IPS 面板、PVA 面板、TN 面板、MVA 面板、PLS 面板、不闪式 3D 面板等。屏幕比例有宽屏 16:10、宽屏 16:9、宽屏 21:9、普屏 4:3 和普屏 5:4。视频接口有 D-Sub（VGA）、DVI、HDMI、S 端子等。

显示器分为 CRT、LCD、LED、等离子和 OLED 几种类型。目前，一般都选购 LCD 和 LED 显示器，尤其选购采用背光技术的 LED 显示器。

世界上的显示器厂商很多，有 DEO（德优），它生产的 LED 液晶显示器的厚度只有 13.3 mm，是全球最薄的液晶显示器，它采用背光技术，安全无辐射，节电 50%；还有 DELL（戴尔）、三星、联想、索尼、LG、明基、长城、PHLIPS（飞利浦）、AOC、HKC、华硕等。显示器作为一台计算机的重要配件，选购时应细心，通过认真观察（尽量少的亮点和坏点等）、对比、考察之后再购买，建议尽量选购一线品牌，除了质量有所保证外，售后服务也较好。

下面介绍几款目前市场流行的显示器产品。

（1）三星 S24C370HL：三星 S24C370HL 属于大众实用的 LED 显示器，屏幕尺寸为 23.6 英寸，屏幕比例为宽屏 16:9，最佳分辨率为 1 920×1 080，高清标准为 1080p（全高清），面板类型为 TN，背光类型为 LED 背光；亮度为 250 cd/m²，可视角度为 170°/160°，显示颜色为 1 670 万种，控制方式为触摸，语言菜单有英文和简体中文等，视频接口为 D-Sub（VGA）和 HDMI，有音频输出接口；机身颜色有黑色和白色，底座可倾斜；电源性能为 100～240 V，50～60 Hz，安规认证为 Windows 认证。

三星 S24C370HL 显示器和配给的电源线及 VGA 线，以及显示器背面的接口插座如图 4-1-1 所示。它目前的市场价格是 1 249 元人民币。

（2）明基 VW2245 液晶显示器：明基 VW2245 液晶显示器属于广视角 LED 大众实用显示器，屏幕尺寸为 21.5 英寸，屏幕比例为 16:9（宽屏），最佳分辨率为 1 920×1 080，1080p 全高清，面板类型为 MVA（黑锐丽）和不闪式（MVA），背光类型为 LED 背光；动态对比度为 2 000 万:1，静态对比度为 3 000:1，黑白响应时间为 25 ms，灰阶响应时间为 6 ms，点距为 0.248 mm，亮度为 250 cd/m²，可视面积为 476.64 mm×268.11 mm，可视角度为 178°/178°，显示颜色为 1 670 万种，色域为 72%；控制方式为按键，语言菜单有英语、德语、法语、意大利语、西班牙语、俄语、葡萄牙语、土耳其语和简体中文；视频接口有 D-Sub（VGA），DVI-D，机身颜色是黑色，产品尺寸为 382.2 mm×506 mm×178.5 mm，产品质量为 2.7 kg（净重），底座可倾斜-5°～-20°；支持 HDCP，典型消耗功率为 27 W，待机消耗功率为 0.5 W，节能标准为能源之星 5.0，安规认证为 Windows 认证，采用了不闪屏技术。

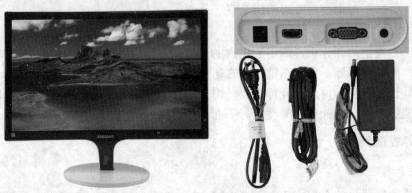

图 4-1-1　三星 S24C370HL 显示器和配给的电源线、VGA 线和显示器背面的接口插座

明基 VW2245 液晶显示器如图 4-1-2 所示，它的参考价格是 999 元。

（3）长城 Z2788P 液晶显示器：长城 Z2788P 液晶显示器属于广视角大众实用 LED 显示器，屏幕尺寸为 27 英寸，屏幕比例为 16:9（宽屏），最佳分辨率为 1 920×1 080，高清标准为 1080p（全高清），面板类型为 IPS，背光类型为 LED 背光；动态对比度为 5 000 万:1，静态对比度为 1 000:1，黑白响应时间为 5 ms，亮度为 250 cd/m²，可视角度为 178°/178°，显示颜色为 1 670 万种，扫描频率水平为 30～83 kHz，垂直为 50～76 Hz，带宽为 170 MHz；控制方式为按键，语言菜单为英文和简体中文等多种；视频接口为 D-Sub（VGA），DVI-D，HDMI；机身颜色为金色，前框为主体注塑高亮黑，下巴喷香槟漆，底座喷香槟漆，支架为注塑高亮黑，后壳为咬花，底座功能为倾斜，支持壁挂（100 mm×100 mm）；电源性能为 100～240 V 交流，50～60 Hz，安规认证为 CCC。

长城 Z2788P 液晶显示器如图 4-1-3 所示。它的参考价格是 1799 元。

（4）长城 L1970S 液晶显示器：长城 L1970S 液晶显示器属于大众实用 LED 显示器，19 英寸大小，屏幕比例为 16:10（宽屏），最佳分辨率为 1 440×900，面板类型为 TN，LED 背光类型，灯管寿命为 50 000 h；动态对比度为 500 万:1，静态对比度为 600:1，黑白响应时间为 5 ms，点距为 0.283 5 mm，亮度为 200 cd/m²，可视面积为 408.24 mm×255.15 mm，可视角度为 90°/50°，显示颜色为 1 670 万种；扫描频率水平为 30～82 kHz，垂直为 56～76 Hz，带宽为 90 MHz；按键控制方式，语言菜单为英文和简体中文等多国文字；视频接口为 D-Sub（VGA），机身颜色为黑色，外观设计为前框、底座、支架高亮，后壳咬花，产品尺寸为 444 mm×364 mm×176 mm（包含底座），产品质量为 2.4 kg（净重），3.3 kg（毛重），底座可倾斜 -3°～-11°；电源性能为 100～240 V 交流，50～60 Hz，典型消耗功率为 18 W，待机消耗功率小于 0.5 W，节能标准为一级，安规认证为 CCC，LED 灯颜色为蓝色/蓝色闪烁。长城长城 L1970S 液晶显示器的参考价格是 599 元。

图 4-1-2　明基 VW2245 液晶显示器　　　　图 4-1-3　长城 Z2788P 液晶显示器

2. 鼠标选购

鼠标按大小划分有小鼠（≤100 mm）、普通鼠（100 mm～120 mm）和大鼠（≥120 mm），按工作方式划分有激光、光电（蓝光、蓝针、针光和无孔）、蓝影、轨迹球和 4G，按连接方式划分有无线、无线蓝牙、双模式、有线和伸缩线等。按鼠标接口划分有 USB 接口、PS/2 接口和 USB+PS/2 双接口。按适应类型划分有竞技游戏、笔记本便携、时尚个性、商务舒适和经济实用等。

目前，选用的鼠标主要是光电鼠标、2.4 GHz 无线和蓝牙无线鼠标，2.4 GHz 无线和蓝牙无线鼠标的有效距离都在 8 m 左右，对于一般用户，这样的距离足以满足各类用户的需求，它们的选择空间较大，价格相对较低。2.4 GHz 无线鼠标具有较高的性价比，蓝牙鼠标搭配笔记本电脑的蓝牙功能，可以节省笔记本电脑本来就不充裕的 USB 接口。

生产鼠标的厂家很多，主要的生产厂家有罗技、微软、双飞燕、精灵、多彩、苹果、联想、戴尔、雷柏等。鼠标选购时应选择名牌大厂的产品，质量有保证，但要注意假冒产品。识别假冒产品的方法很多，主要是从外包装、做工、序列号、内部电路板、芯片、按键声音等来分辨。要根据主板的鼠标接口来选择有线鼠标的接口，通常选择 PS/2 接口或USB 接口。手感在选购鼠标中也很重要，有些鼠标看上去样子很难看，歪歪扭扭的，其实这样的鼠标手感却非常好，适合手形，握上去很贴切，鼠标的功能应符合用户操作的要求。下边介绍几款目前较流行的鼠标。

（1）罗技 G500s 鼠标：罗技 G500s 鼠标是 2013 年 5 月推出的新产品，相比以前的MX518 鼠标，性能和各方面都提高了很多。它属于竞技游戏类型的大鼠标，工作方式为激光，连接方式为有线，USB 接口，按键数为 10 个，双向滚轮；最高分辨率为 8 200 DPI，按键寿命为 2 000 万次，最大加速度为 30 g，人体工学为右手设计；鼠标颜色为黑色，鼠标线长 2 m，供电模式为 USB 供电；系统支持为 Windows 8，Windows 7，Windows Vista，Windows XP；双模式滚轮（鼠标滚轮在有刻/无刻两种模式之间进行快速切换），10 个可编程控制键。产品特点是，可从像素级精确定位（200 DPI）到闪电极速操作（高达 8 200 DPI）的 10 种 DPI 级别瞬间切换。

罗技 G500s 鼠标如图 4-1-4 所示。目前市场参考价格为 380 元人民币。

（2）精灵 DOT-雷霆之王游戏鼠标：精灵 DOT-雷霆之王游戏鼠标属于竞技游戏类型，鼠标大小为大鼠，光电工作方式，有线连接，采用 USB2.0 鼠标接口，按键数为 6 个，按键寿命为 800 万次，滚轮方向为双向滚轮，人体工学为右手设计；最高分辨率为 2 000 DPI，分辨率可调为三档；鼠标颜色为黑色，鼠标线长为 1.5 m，鼠标尺寸为 110 mm×70 mm×35 mm，鼠标质量为 130 g，供电模式为 USB 供电；系统支持为 Windows 7，Windows Vista，Windows XP，Mac；分辨率为 800/1 600/2 000 DPI。产品特点为拉丝电镀工艺，七彩呼吸透光类肤质。

精灵 DOT-雷霆之王游戏鼠标如图 4-1-5 所示。目前市场参考价格为 89 元人民币。

（3）微软 3500 无线蓝影便携鼠标：微软 3500 无线蓝影便携鼠标适用类型为商务舒适，笔记本便携，时尚个性，鼠标大小为小鼠，按键数为 3 个，滚轮方向为双向滚轮，鼠标接口为 USB，还具有微滚动功能；连接方式为无线，工作方式为蓝影，接收器为 nano 接收器，接收范围为 10 m，传输频率为 2.4 GHz；人体工学为对称设计，颜色有钢琴黑，胭脂红，蜜桃粉，珠光白，天青蓝，宝石蓝，草莓红，丁香紫，海洋蓝，金属灰，孔雀蓝，玫瑰粉，梦幻粉，柠檬黄，椰白，罂粟红，月季粉；尺寸为 95.4 mm×57.1 mm×29.3 mm，质量为 90 g，供电模式为 1 节 AA（5 号）电池供电；系统支持为 Windows 8，Windows 7，Windows Vista，Windows XP。

微软 3500 无线蓝影便携鼠标如图 4-1-6 所示。目前市场参考价格为 94 元人民币。

图 4-1-4　罗技 G500s 鼠标　图 4-1-5　精灵 DOT-雷霆之王游戏鼠标　图 4-1-6　微软无线蓝影鼠标

3. 键盘选购

生产键盘的厂家和生产鼠标的厂家基本一样，各种品牌键盘也很多。键盘技术有机械键盘（黑轴、红轴、茶轴、青轴和白轴）、竞技游戏键盘、时尚超薄键盘、笔记本键盘、经济实用键盘、多功能键盘、多媒体键盘等。连接方式有无线、无线蓝牙、有线等。键盘接口有 USB 接口、PS/2 接口和 USB+PS/2 双接口。按键技术有机械轴、X 架构、火山口架构等。

目前使用较多的就是机械键盘，机械键盘的每一颗按键都有一个单独的 Switch（也就是开关）来控制闭合，这个开关也被称为"轴"。机械轴的种类很多，主要有 Cherry MX 机械轴系列，还有日产 ALPS 轴、台湾 ALPS 简易轴、台湾白轴等。不能从手感、声音等主观感受来判断是否是机械键盘，只有使用轴作为触发开关的键盘才可称为机械键盘。

Cherry MX 机械轴系列共分为青、茶、白、黑、红 5 种轴，这 5 种微动所带来的手感各具特色。传统薄膜键盘那千篇一律的手感根本无法与 Cherry MX 微动相比；Cherry MX 机械轴系列微动全部采用了黄金触点，不易氧化，信号传输性能强大。并且精密的机械结构和合理的设计，使微动寿命非常长，以敲击次数来计算，青轴 2 000 万次、茶轴 5 000

万次、红轴 5 000 万次、黑轴 6 000 万次、白轴 2 000 万次，整个键盘 Cherry MX 保证可以达到 10 亿次。

下边介绍几款目前较流行的键盘。

（1）罗技 G710+机械键盘：罗技 G710+机械键盘属于有线连接方式的多媒体键盘，USB 键盘接口，按键数为 121，键盘布局为全尺寸式（是指键距在 19 mm～19.5 mm 以内的键盘，拥有 3 个键区，键距约等于 1 个键帽的长度加上一条缝隙的长度，目前的台式机键盘基本都是全尺寸键盘）；按键技术为机械轴（茶轴），按键行程为中，按键寿命为 2 000 万次，低噪音，每个按键加入减震环，多媒体功能键有 17 个；键盘颜色为黑色，供电模式为 USB 供电；系统支持 Windows 7，Windows Vista，Windows XP，Mac。

另外，它支持人体工学，手托可拆卸，支持背光功能，有 4 种不同亮度的可调式背光，WASD 和方向键还可独立调节，6 个可编程 G 键，全键盘无冲设计。

按键行程就是按下一个键所走的路程。如果敲击键盘时感到按键上下起伏比较明显，就说明它的键程较长。键程长短关系到键盘的使用手感，键程较长的键盘会让人感到弹性十足，但比较费劲，键程适中的键盘会让人感到柔软舒服，键程较短的键盘长时间使用会让人感到疲惫。

每个人对键程长短的喜好不同，如果遇到键程刚好适合自己的情况，就会觉得键盘的手感很好。另外，键程的长短也会在一定程度上影响到笔记本电脑的机身厚度。作为笔记本设计师，还要考虑这个取舍问题。一些轻薄类笔记本为了使机身更薄，会采用短键程。

罗技 G710+机械键盘如图 4-1-7 所示。目前市场参考价格为 940 元人民币。

图 4-1-7　罗技 G710+机械键盘

（2）精灵雷神宙斯七彩背光键盘：精灵雷神宙斯七彩背光键盘于 2014 年 02 月上市，属于竞技游戏键盘，有线连接方式，USB 键盘接口，按键 113 个，全尺寸式键盘布局；按键技术为火山口架构，按键行程为长，按键寿命为 1 000 万次，多媒体功能键为 10 个；支持人体工学，手托一体，支持防水，有背光支持（七色）；键盘颜色为黑色，键盘线长 1.5 m，键盘尺寸为 470 mm×190 mm×20 mm，键盘质量为 940 g，供电模式是 USB 供电，19 键无冲，内置钢板；系统支持是 Windows 8，Windows 7 和 Windows XP 等。

精灵雷神宙斯七彩背光键盘如图 4-1-8 所示。目前市场参考价格为 138 元人民币。

（3）双飞燕 KD-800L 月蓝光超薄键盘：双飞燕 KD-800L 月蓝光超薄键盘属于时尚超薄键盘，有线连接方式，USB 键盘接口，按键数为 115 键，全尺寸式键盘布局；按键技术为火山口架构，按键行程为中，多媒体功能键为 11 个，支持人体工学，一体手托，支持防水功能，支持背光功能；键盘颜色为黑色，键盘线长为 1.5 m，USB 供电模式；系统支持 Windows 7，Windows Vista，Windows XP。

图 4-1-8　精灵雷神宙斯七彩背光键盘

双飞燕 KD-800L 月蓝光超薄键盘如图 4-1-9 所示。目前市场参考价格为 160 元人民币。

图 4-1-9　双飞燕 KD-800L 月蓝光超薄键盘

4. 音箱选购

计算机音箱一般是普通音箱，通过接口（由一条两端有三芯插头的两芯屏蔽电缆组成）与计算机机箱中的声卡相连接，把声卡输出的模拟音频信号送入音箱，接着音箱内的放大器（俗称功放）将送入音箱的只有几百毫伏的音频信号放大，然后推动喇叭发出声音。另外，放大器还具有音量、音调等控制功能。

如果是 USB 接口音箱，则音箱与计算机 USB 接口相连，把 USB 接口输出的数字音频信号送入音箱内的音频解码器和控制电路（USBIC 芯片），由它将数字音频信号转换为模拟音频信号，再送入放大器放大。使用 USB 接口音箱的主机内不需要声卡。

音箱按照喇叭单元的数量可划分为单喇叭单元（全频带单元）和双（或三）喇叭单元（二或三分频）；按照声道数可划分为 2.0 式（双声道立体声）、2.1 式（双声道加一超重低音声道）和 5.1 式（五声道加一超重低音声道）音箱等；按喇叭单元的结构可划分为普通喇叭单元、平面喇叭单元、铝带单喇叭单元等；按照计算机输出接口可划分为普通接口音箱（声卡输出）和 USB 接口音箱（USB 接口）；按照功率放大器的内外置可划分为有源音箱（放大器安装在音箱的内部）和无源音箱（放大器外置），目前市场上绝大多数音箱为有源音箱。

生产音箱厂商很多，常见的中国厂商有爱德发（音箱品牌漫步者、声迈）、中北高科（轻骑兵）、冲击波、华旗资讯（爱国者）、明基、华硕、海尔、国立、三诺、麦博、多彩、惠威、鸿聚等。国外厂商有 LG、罗技、优派、先锋、飞利浦，坦克等。目前，从市场占有率来看，物美价廉、性能不俗的国产品牌音箱仍处于领先地位。下边介绍几款目前较流行的音箱。

（1）惠威 M200MKIII 原木豪华版音箱：惠威 M200MKIII 原木豪华版音箱属于 2.0 声道 HiFi 有源音箱，旋钮调节方式，额定功率为 120 W，支持防磁。惠威 M200MKIII 原木豪华版 HiFi 音箱拥有 M200 家族目前为止最顶尖的电声设计和最优秀的音质表现，动态庞大、音色细腻，有着技高一筹的两端延伸和从容不迫的低频控制能力；它采用电子分频方案，采用主副箱设计，采用不规则箱体结构和保证时间相位的倾斜前障板设计，在箱体工艺上引进了更高密度的实木制作，做工精致，能更好地抑制箱体谐振，让音质更自然纯净，为用户带来听觉盛宴。

它延用了国内音响领域最出色的 TN25 高音单元,采用了型号为 LM5N 的低音扬声器，拥有出色的中频特性和动态表现力，音色优美，低频控制力惊人，后级功放电路配备了 160 W 的大功率环形变压器。拥有双声道 120 W（RMS）的强劲输出能力。

惠威 M200MKIII 原木豪华版音箱如图 4-1-10 所示。目前市场参考价格为 1750 元人民币。

（2）漫步者 R1600TIII 音箱：它属于 2.0 声道有源音箱，采用旋钮和遥控调节方式，220 V/50 Hz 供电，额定功率 60 W；频率响应为 30 Hz～20 kHz，扬声器单元为 2×4 英寸；信噪比为 85 dB，失真度为 0.5%（1 W、1 kHz），分离度为 45dB，支持防磁功能。

漫步者 R1600TIII 如图 4-1-11 所示。目前市场参考价格为 399 元人民币。

图 4-1-10　惠威 M200MKIII 原木豪华版　　　　　图 4-1-11　漫步者 R1600TIII

 **相关知识**

1. 显示器选购常识

选购液晶显示器时特别要注意液晶面板、响应时间、对比度、色彩表现等，下面介绍一些选购液晶显示器的常识。

（1）液晶面板：液晶面板是液晶显示器的核心，其优劣直接决定了液晶显示设备的好坏。目前，市场上主流的液晶显示器（宽屏和普屏）采用的液晶面板有 TN、VA 和 IPS 三种。切割面板时切割面积不同，可以获得不同尺寸的液晶屏幕。下面简单介绍一下这三种液晶面板的特点。

◎ TN 液晶面板：该面板价格较低廉，在低端液晶显示器中广泛使用，如图 4-1-12

所示。作为 6 bit 的面板，TN 面板只能显示红、绿、蓝各 64 色，最大实际色彩仅有 262 144 种，通过"抖动"技术可以使最大实际色彩超过 1 600 万种色彩，只能够显示 0～252 灰阶的三原色，最后得到的色彩显示是 1 620 万色，而不是通常所说的 1 670 万真彩色。TN 面板提高对比度的难度较大，色彩单薄，还原能力差，过渡不自然。

图 4-1-12　TN 面板

TN 液晶面板的优点是，液晶分子偏转速度快，响应时间容易提高，对比度可达 700:1。

◎ VA 类液晶面板：它与 TN 液晶面板相比，8 bit 的面板可以提供 1 670 万色彩，可以有较大的视角度，但是价格也相对 TN 面板要昂贵一些，因此定位在高端液晶显示器。VA 类面板可分为由富士通主导的 MVA 面板和由三星开发的 PVA 面板。

富士通的 MVA 技术（多象限垂直配向技术）是最早出现的广视角液晶面板技术。该类面板可以提供的可视角度可达到 170°，改良后的 VA 类液晶面板可视角度可接近水平的 178°，响应时间可达到 20 ms 以下。我国台湾省的奇美电子（奇晶光电）、友达光电等液晶面板企业均采用了这项液晶面板技术，市面上有不少采用 MVA 面板的平价 1 670 万色大屏幕液晶显示器。

而由三星主导开发的 PVA 液晶面板是富士通的 MVA 技术的继承和发展，可以获得优于 MVA 面板的亮度输出和对比度。

◎ IPS 液晶面板：IPS 液晶面板可以达到 1 670 万色、170°可视角度和 16 ms 响应时间。IPS 阵营有日立、LG、飞利浦、瀚宇彩晶、IDTech（奇美电子与日本 IBM 的合资公司）等一批厂商。

（2）目测液晶面板的技巧：在了解各种面板之后，可以从显示器官方公布的各种参数来分辨一款液晶显示器采用何种面板，例如从可视角度方面来看，早期 TN 通常为 140°，改良后的 TN 可达 160°；改良后的 MVA 和 PVA 面板可以达到 170°甚至 178°；IPS 面板的可视角度通常为 160°，改良后的 IPS 面板可以达到 170°的可视角度。各种面板都在改良的情况下，单纯从可视角度来分辨各种面板已经显得有些混淆，其实，完全可以用观察的办法来识别各种面板，通过不同的表现，就可以分辨出一款显示器采用的是何种面板。

VA 类面板的正面（正视）对比度最高，但是屏幕的均匀度不够好，往往会发生颜色漂移。锐利的文本是它的杀手锏，黑白对比度相当高。相对来说，在 VA 类面板中 PVA 面板比较好辨认，打开一个文本，如果发现文字很润泽，且笔画不那么粗，有一种立体感觉的话，那就大概有定论了。另外，仔细看显示器的像素，会发现它们的安排呈现波浪状。

而 IPS 面板具有最好的一致性，IPS 面板还有相当细腻的颜色表现，尤其是仔细看显示器时，有一种晶莹的感觉，这是鉴定它的最直接有效的方法。另外，它的文本表现也跟其他几种面板不一样，风格细碎。

相比之下，TN 面板要显得粗糙一些，并且黑白对比度不高，分子间隙相对较大，文字的笔画不细密。由于现在 TN 面板改进了很多，显示风格有点向 VA 靠拢，判断起来不那么容易。

虽然 VA 类面板和 IPS 面板都属于高端液晶面板，整体表现相当好，但是由于成本问题，最终采用这两类面板的液晶显示器售价是比较高的。而 TN 面板更适合大多数普通消费者，高性价比的特点使其成为中低端市场的主流，出货量相当大。随着科技不断发展，如今的 TN 面板无论从可视角度、响应时间还是对比度等重要参数上都有大幅改进，丝毫不比其他两类面板示弱。建议不是太过追求高端产品的话，可选择 TN 面板的液晶显示器，毕竟在价格上有很大优势。

（3）宽屏与普屏：从目前市场中销售的宽屏与普屏液晶的价格来看，宽屏更胜一筹，价格更为便宜。这除了商家主推宽屏产品并低价促销以外，最重要的一点是在液晶屏幕的切割上，宽屏更具备优势。例如，一块大的液晶显示器面板切割成 4:3 的普通 19 英寸液晶可以切割成 8 块，生产 8 台 19 英寸显示器，但要切割成 16:10 的 19 英寸的面板则最多能切 12 块，可以生产 12 台 19 英寸宽屏显示器，如图 4-1-13 所示。

图 4-1-13　宽屏液晶显示器和普屏液晶显示器

其次在视觉方面，16:10 显示器更加符合人们视觉的黄金分割点，比传统的 4:3 屏看得更舒服，更接近人体双眼的合理视角，更加符合人眼视物的习惯。目前各大影院和基本上所有的影片都是使用 16:10 的宽银幕。另外，针对办公应用或是行业应用，宽屏产品可以在一个屏幕内显示两个完整的 Web 页面或是平铺更多的窗口，能够有效地提高办公效率。

（4）响应时间：响应时间是指像素变换一次所花费的时间。例如具备 8 ms 响应时间的液晶显示器，也就是指像素变换一次的时间是 8 ms，则一秒钟内可以切换的画面数值为 1 000/8=125，这一数值远大于人类所能感知的 60 fps 的最高识别率，所以当液晶显示器响应时间达到 8 ms 后，就能够满足普通用户的大部分需求了。

（5）亮点和坏点：亮点是 LCD 显示器屏幕中总亮的像素点，坏点是 LCD 显示器屏幕中总不亮的点。亮点与坏点是在选择 LCD 显示器中最大的问题，液晶屏面的坏点和亮点越少越好。虽然在选购产品时，可以通过相关的软件进行检查，选择优质的产品。但是有些产品在购买时并没有发现有亮点与坏点，但在使用不久后出现问题，虽然液晶出现坏点不难理解，不过这些瑕疵自然越少越好，如图 4-1-14 所示。目前一些品牌产品都提供亮点与坏点这样的保证，建议尽量选择这类的产品。

（6）1 670 万色真彩：由于各大显示器制造商采用的液晶面板不同，从液晶显示器上市开始销售起，就存在着 1 620 万色与 1 670 万色真彩显示两种不同的概念。某些品牌的显示器厂商经常大夸其使用了 1 670 万色的真彩面板，来吸引用户的眼球，抬高产品的卖点。

所谓 6 bit（1 620 万）的色彩范围所采用 TN 面板，其最大发色数为 262 144（R/G/B 各 64 色），也就是说每个通道上只能显示 64（2^6=64）级灰阶，也就是伪真彩面板。

所谓 8 bit（1 670 万）色彩范围所采用的 VA 和各种 IPS 面板，则能够实现 24 bit 色即 1 677 万色（R/G/B 各 256 色），每个色彩通道显示 256（2^8=256）级灰阶，这是真彩面板。

对于 1 620 万色的 TN 面板，现在某些一线大厂已经将 TN 面板升级至 TN2，并通过各种色彩增强技术，使 1 620 万色面板的色彩表现接近于 1 670 万色面板，但再高的技术也不可能与 1 670 万色面板相比。品牌大厂的产品一般都会注明面板的型号和色彩。

在可视角度方面，采用 VA 面板的 1 670 万色显示器基本都能够轻松实现水平/垂直均为 178° 的可视角度，而采用 TN 面板 1 620 万色的液晶产品，无论其技术优势有多强，真正的可视角度也就在 140° 左右。现在的 TN 面板不断改良，无论在对比度还是亮度，都有不少的提高，显示效果也随之提升，单纯在肉眼的观察下，很难分辨出 1 620 万色和 1 670 万色的区别，而目前 TN 面板打出的 1 620 万色表现虽然及不上高端面板的真彩，但绝对足够普通消费者使用。

（7）显示器接口：目前市场上售卖的大多数液晶显示器都配备了 VGA 和 DVI 两种接口，有些厂商也推出了不带 DVI 接口的所谓简化版，相比带 DVI 接口的版本，这种简化版显示器一般便宜百元左右。但是 VGA 接口不能和数字信号完全匹配，那么这样的显示器还要购买吗？在这先对 VGA 与 DVI 进行一些简单的介绍，如图 4-1-15 所示。

图 4-1-14　坏点　　　　　　　　　图 4-1-15　显示器不同接口图

VGA 接口就是显卡上输出模拟信号的接口，也称为 D-Sub 接口。在模拟显示设备（如模拟 CRT 显示器）中信号被直接送到相应的处理电路，驱动控制显像管生成图像。而对于 LCD、DLP 等数字显示设备，显示设备中需配置相应的 A/D（模拟/数字）转换器，将模拟信号转变为数字信号。在经过 D/A 和 A/D 两次转换后，不可避免地造成了一些图像细节的损失。VGA 接口应用于 CRT 显示器无可厚非，但用于连接液晶之类的显示设备，则转换过程中的图像损失会使显示效果略微下降。

DVI 全称为 digital visual interface，分为 DVI-A、DVI-D 和 DVI-I，它是以 Silicon Image 公司的 PanalLink 接口技术为基础，基于 TMDS（transition minimized differential signaling，最小化传输差分信号）电子协议作为基本电气连接。TMDS 是一种微分信号机制，可以将像素数据编码，并通过串行连接传递。显卡产生的数字信号由发送器按照 TMDS 协议编码后通过 TMDS 通道发送给接收器，经过解码送给数字显示设备。一个 DVI 显示系统包括一个传送器和一个接收器。传送器是信号的来源，可以内建在显卡芯片中，也可以以附加芯片的形式出现在显卡 PCB 上；而接收器则是显示器上的一块电路，它可以接受数字信号，将其解码并传递到数字显示电路中，通过这两者，显卡发出的信号成为显示器上的图像。

DVI 与 VGA 接口相比，主要具备两大优势：一是速度快，DVI 传输的是数字信号，数字图像信息不需经过任何转换，就会直接被传送到显示设备上，因此减少了数字→模拟→数字繁琐的转换过程，大大节省了时间。DVI 的速度更快，可有效消除拖影现象，而且使用 DVI 进行数据传输，信号没有衰减，色彩更纯净，更逼真；二是画面更加清晰，计算机内部传输的是二进制的数字信号，使用 VGA 接口连接液晶显示器需要先把信号通过显卡中的 D/A（数字/模拟）转换器转变为 R、G、B 三原色信号和行、场同步信号，这些信号通过模拟信号线传输到液晶内部还需要相应的 A/D（模拟/数字）转换器将模拟信号再一次转变成数字信号才能在液晶上显示出图像来。在上述的 D/A、A/D 转换和信号传输过程中不可避免地会出现信号的损失和受到干扰,导致图像出现失真甚至显示错误,而 DVI 接口无须进行这些转换,避免了信号的损失,使图像的清晰度和细节表现力都得到提高。

综上所述,我们会发现 DVI 接口要比 VGA 接口拥有更多的优势,VGA 接口用在 CRT 显示器上不会对图像造成太大的影响,而用在液晶显示器上则影响比较明显,特别是在播放高清影片、玩游戏时这样的差距就比较明显了,所以建议家庭用户还是选购双接口的显示器为好,而商业用户则不必拘泥于接口的选择。另外值得一提的是,目前有不少 24 英寸宽屏液晶上拥有 HDMI 接口,这类高端接口对于一般用户来说没有太多用处,而对于希望通过大尺寸宽屏液晶显示器观看高清视频的用户来说,还是很有必要的。

(8)注意细节:除了上面介绍的专业参数以外,对 LCD 的其他参数,如亮度、对比度、安规认证等,也必须有明确的认识和了解。另外在购买时务必测试一下显示器的好坏,例如在坏点、亮点等方面需注意观察。

◎ 液晶显示器亮度需控制:亮度就是显示器在呈现画面时所发出的光线强度,一般的单位是 nit(cd/m^2)。一般来说,高亮度的画面会让使用者看得比较清楚,眼睛比较舒服,但因为 LCD 是利用背光模块来发光,所以在亮度上比不上 CRT,不过近来厂商运用各种技术做了不少改进。

较为高级的产品在调整亮度时会自动增加或减少色彩饱和度,使得色彩的表现不会因为亮度不同而有太大的失真,这个技术的困难度相当高,所以特别提醒要购买亮度规格超过 400 cd/m^2 且需要使用到这样亮度的用户,务必当场确认色彩饱和度的真实变化。普通液晶显示器亮度通常都为 300 cd/m^2,建议选择亮度在 300~400 cd/m^2 的产品。

◎ 对比度:指的是液晶显示器黑白色的反差度,即最大亮度与最小亮度的比例,这个比例直接决定了显示影像的层次感。对比度越高,显示的画面就更加生动亮丽,反之则会显得平淡单调。因此,对比度的大小直接影响到了液晶显示器的显示质量。值得注意的是各液晶厂商所标称的对比度并非在同一亮度下测试而得出的数值。从实际画面看来,目前市面上流行的动态对比度 2 000:1 确实在画面上有所提升,不过一般 700:1 的对比度已经可以满足普通用户的需求了。

◎ 安规认证:如果想依据比较客观的标准,可以选择通过规格认证的产品。TCO development 是常见的认证,TCO'95、TCO'99 是以前的认证,而 TCO'03 则是最新针对 LCD 所制定的认证标准,通过 TCO'03 认证的 LCD 在质量上有一定的保障。

TCO'03 规定 15、16 英寸的 LCD 分辨率必须在 1 024×768 以上,17~19 英寸要在 1 280×1 024 以上,21 英寸则要在 1 600×1 200 以上。亮度不能太低,至少 150 cd/m^2,而且要平均,最亮和最暗的比例不可超过 1.5:1、在水平 30°范围内则不能超过 1.7:1。功耗也有限制,在最低待机模式下电力最大消耗不可以超过 5 W,同时垂直调整屏幕至少要 20°以上。

总之,液晶显示器作为一台计算机的重要配件,价格也相对较高,选购时务必格外细心,通过认真观察,对比、考察之后再购买,建议尽量选购一线品牌,除了质量有所保证以外,在售后服务与维修方面都有较好的保障。

2.鼠标选购常识

目前,市场上还流行的鼠标可分为有线和无线鼠标两大类,它们又都可以按照工作方式划分为激光、光电(蓝光、蓝针、针光和无孔)、蓝影、轨迹球和 4G 鼠标,另外还有蓝牙无线鼠标等类型的鼠标。光电鼠标和激光鼠标仅仅是在定位上有细微的差别。

(1)有线鼠标:在选购有线鼠标之前,先来认识一下几个有线鼠标的参数。DPI 是 dots per inch 的缩写,进入光电鼠标时代后多用 CPI(counts per inch)表示,它代表鼠标在桌面上每移动一英寸时，反映在显示器屏幕上的光标所对应的行进点数。简单地说，就是鼠标在移动一英寸的过程中，光头（光学传感器）从桌面这一工作表面上最大限度可以采集到多少个点的反馈信息变化。

FPS 代表鼠标每秒扫描移动表面的帧数。帧数越高，则扫描图像越连贯，移动越细腻；帧数低，则扫描图像不连贯，光头无法准确判别鼠标移动的正确方向，从而引起跟踪失败即丢帧。

像素处理能力代表光学引擎综合采样的性能。根据实验，人手在使用鼠标时，最高的移动速度约为 30 英寸/秒，第二代 Intellieye 引擎可达到 37 英寸/秒的移动速度（6 000 次/秒的扫描率），不再有丢帧问题。像素处理能力的计算公式为：像素处理能力=每帧像素数×扫描频率。

在选购游戏鼠标时，应该根据自己所需的产品种类来进行选购。喜欢 FPS 类游戏的用户可以说是所有鼠标应用类型中对综合性能要求最为苛刻的一种。如果选购鼠标只是一般办公使用的话，那么建议买性能指标中端的产品即可。

（2）无线鼠标：在市场上，大部分无线鼠标采用的是 2.4 GHz 无线技术，不仅价格低廉，而且稳定实用。大多数无线鼠标是为笔记本配备，考虑到鼠标的便携性，所以鼠标的体积较小，有些产品可能会忽略鼠标的舒适性，用户在选购时一定要亲自握在手里试一试使用是否舒服。大品牌的无线产品在人体工学方面表现较好，不过价格也相应较高。

无线鼠标必须使用电池供电，用户在使用中会经常需要更换电池，因此在选购无线鼠标时电池供电也是一个需要考虑的重要因素，这关系到用户后期使用无线鼠标的电池成本投入。

有些用户认为无线距离越远越好，其实只要是采用了 2.4 GHz 或者蓝牙技术的无线鼠标，无线距离均在 8 m 左右，对于一般家庭用户或者办公用户，这样的距离足以满足各类使用的需求，所以选购使用这两种无线技术的产品时可以无须考虑距离这一因素。

（3）光电鼠标：1999 年，微软公司和安捷伦科技推出一款 "IntelliMouse Explorer" 的第二代光电鼠标，这款鼠标采用了它们合作开发的 IntelliEye 光学引擎，采样频率或刷新率为 1 500 Hz、分辨率为 400 CPI（采样点数/英寸）。2000 年，鼠标界另一巨头罗技公司也与安捷伦合作推出相关产品，它使用安捷伦 H2000 光学成像引擎，性能上和 IntelliMouse Explorer 鼠标一样。

第二代光学鼠标的底部没有滚轮，也不需要借助反射板来实现定位，它主要由成像系统 IAS（相当于一个微型摄像头，称为传感器）、信号处理系统 DPS（光学引擎和 DSP 控制芯片）和接口系统 SPI 组成。工作时发光二极管发射光线照亮鼠标底部的表面，同时微型摄像头以一定的时间间隔高速连续对鼠标底部的表面进行拍照，产生的不同图像传送给信号处理系统 DPS；信号处理系统 DPS 对拍摄到的每张图片进行分析，通过图片的变化判断鼠标的移动方向与距离；接口系统 SPI 将鼠标移动数据传给计算机。

2001 年末微软推出自己的第二代 IntelliEye 光学引擎，其刷新率为 2 000 Hz，分辨率为 400 CPI。以后，光学鼠标的技术也不断向前发展，采样频率达到 6 000 Hz，分辨率提高到 800 CPI，在竞技游戏中也可以灵活自如，价格为几十至两百元。大多数装机用户都将它作为首选产品。2004 年，罗技公司使用安捷伦 "MX 光学引擎" 第二代，推出了 MX510 鼠标。第二代 MX 引擎的采样频率再次提升至 6 500 Hz，其图像处理能力也进一步提升至 585 万像素/秒，堪称光学鼠标技术的巅峰。至此，光学鼠标就形成以微软和罗技为代表的两大阵营，安捷伦科技向第三方鼠标制造商提供光学引擎产品，目前市面上非微软、罗技品牌的鼠标几乎都是使用的它的技术。

光电鼠标中的蓝光鼠标是将普通光电鼠标内的发光二极管换成蓝色发光二极管，比较炫，但是性能不如普通光电鼠标，因为电成像元件对蓝光不如对红光敏感；光电鼠标中的蓝针鼠标是双飞燕厂商的专利，它改变了光路，使光的利用率更高，从而使鼠标性能超过普通光电鼠标；光电鼠标中的针光鼠标和无孔鼠标也都是双飞燕厂商的专利，针光鼠标多用于无线鼠标。

（4）激光鼠标和蓝影鼠标：激光鼠标其实也是光电鼠标，激光鼠标原理和光电鼠标差不多，只是把 LED 发光二极管换成了激光二极管，用激光（相干光，几乎单一波长的光）替代普通光（非相干光）做定位的照明光源，来照射鼠标所移动的表面，激光光线具有一致的特性，当光线从表面反射时可产生高反差图形，出现在传感器上的图形会显示物体表面上的细节，即使是光滑表面；反之，若以不一致的 LED 作为光源，则这类表面看起来会完全一样。罗技推出 MX1000（见图 4-1-16）时，号称它的精确度要比传统光学鼠标平均高 20 倍。激光鼠性能优于光学鼠标。

从实际来说，激光鼠标与普通光电鼠标的最大区别是底下是没有可见光发出，也就是不亮。激光鼠标其实也是挑表面的，不过还是比普通的光电鼠标适应面广，不用鼠标垫也能用，不过性能就大打折扣了。激光鼠标的价格要比普通光电鼠标价格稍高一些，适合对定位能力要求较高的用户，使鼠标的定位更加精准。对于家庭娱乐和日常办公，光电鼠标足以满足用户的需求，用户不用盲目追求高价激光鼠标。

由于激光引擎在兼容性方面不及光电鼠标，所以短期之内，反应迅速的激光鼠标与发挥稳定的光电鼠标共同占据鼠标市场，双方并没有出现太大程度的跨越。直到 2008 年 9 月，微软公司推出最新引擎技术——"Blue Track"，即微软蓝影技术。该技术的推出是向激光引擎发起挑战的。该款鼠标既拥有了激光引擎的快速反应性能，又兼备了比光电鼠标还强大的兼容性，因此，它也被称为"第三代鼠标引擎技术"。

（5）蓝牙无线鼠标：蓝牙无线鼠标是采用最新蓝牙技术制造的高精度无线光学鼠标。它可以和任何具有蓝牙功能的台式计算机、笔记本电脑、掌上电脑、手机等配合使用。蓝牙无线鼠标如图 4-1-17 所示。

图 4-1-16　罗技 MX1000 激光鼠标　　　　图 4-1-17　蓝牙鼠标

"蓝牙"技术是由一家成立于 1998 年 9 月的私营非营利组织（简称 SIG）制定的一个标准。SIG 组织本身并不制造、生产或销售任何蓝牙设备。蓝牙使用的频段和 2.4G RF 一致，均为在大多数国家免费、无授权的 2.4～2.485 GHz ISM（工业、科学、医学）之间，同时蓝牙技术在普通 2.4G 无线技术上增加了自适应调频技术（AFM），实现全双工传输模式，并实现 1 600 次/秒的自动调频。此外，该技术能够使蓝牙设备的接收方和传输方两者以 1 MHz 为间隔，在其划分的 79 个子频段上互相配对。

无线鼠标主要有 2.4G 频段无线鼠标和蓝牙无线鼠标两种，两种的接收编码方式不同。2.4G 频段无线鼠标的通信距离相对于蓝牙无线鼠标要短。购买蓝牙无线鼠标时，一般不提供适配器，价格要贵一些。只要不买太差的使用时一般不会有丢祯，但是如果有比较大的干扰或者距离太远，还是会有丢祯现象。蓝牙鼠标搭配笔记本电脑的蓝牙功能，可以节省笔记本电脑本来就不充裕的 USB 接口。

3. 键盘选购常识

键盘从出现至今也有着突飞猛进的发展与变化，各式各样的键盘产品五花八门，但总的来看键盘与鼠标一样分为有线与无线两种，下面介绍选购键盘时应当注意的一些问题。

（1）有线键盘：

◎ 键位布局：不同厂家的 PC 键盘，按键的布局有时会不完全相同。目前的标准键盘主要有 104 键和 107 键，很多键盘都附带很多快捷键，这些快捷键通过驱动程序可以启动一些程序，这类键盘通常被称作多媒体键盘。如果用户正需要这样功能的产品，就可以考虑购买，相信这些功能会对日常应用带来很大的方便。

◎ 键盘做工：一款产品的做工质量是选购时主要考察的对象。选购键盘时，要注意观察键盘材料的质感，边缘有无毛刺、异常突起、粗糙不平，颜色是否均匀，键盘按钮是否整齐合理、是否有松动，键帽印刷是否清晰。好的键盘采用激光蚀刻键帽文字，这样的键盘文字清晰且不容易褪色。还要注意反面的底板材料及铭牌标识。某些优质键盘还采用排水槽技术来减少进水造成损害的可能。

◎ 操作手感：键盘按键的手感是使用者对键盘最直观的体验，也是键盘是否"好用"的主要标准。按键的结构分为机械式和电容式两种，这两种结构的按键手感不同，要视自己的习惯选择。好的键盘按键应该平滑轻柔，弹性适中而灵敏，按键无水平方向的晃动，松开后立刻弹起。好的静音键盘在按下弹起的过程中应该是接近无声的。

◎ 舒适度：由微软发明的人体工程学键盘，将键盘分成两部分，两部分呈一定角度，以适应人手的角度，使输入者不必弯曲手腕。另有一个手腕托盘，可以托住手腕，将其抬起，避免手腕上下弯曲。这种键盘主要适用那些需要大量进行键盘输入的用户，价格较高，且要求使用者采用正确的指法，消费者应视自身情况选购。目前很多标准键盘也增加了手腕托盘，也能一定程度地保护手腕。这些键盘也往往自称人体工程学键盘，要注意区分。

（2）无线键盘：在选购无线键盘的时候，会发现市面上无线键盘的种类纷繁复杂，但就无线连接方式而言，基本上分为四类，即红外线技术、27 MHz 技术、2.4 GHz 技术以及蓝牙连接。那么，究竟这四种技术各自有什么优点和缺点呢？下面简单介绍一下。

◎ 红外线：成本低，不能有阻隔。红外线技术，是通过在计算机端连接一个红外线接收器，在键盘上安装一个红外线发送器从而实现无线连接。这种技术的优点是成本低廉，但缺点也很明显，就是接收器和键盘之间不能有阻隔（除非是透光的物体），所以用户在使用的时候只能将发射器对准接收器，这给使用带来了极大的不便。而且连接距离会受限于键盘红外线发射管的功率，而功率增加又会带来电池使用时间的下降。

◎ 2.4 GHz 非联网射频：这是一种采用 2.4 GHz 非联网射频技术的无线键盘。该种技术传输速率较高，能够达到 2 Mbit/s，而且在发射端和接收端能够实现双向传输，既能够实现一些节电技术以延长电池的使用寿命，又能够保证无线信号传输的稳定性，是用户不错的选择。不过，需要注意的是，由于它与无线路由、无绳电话采用的同是 2.4 GHz 的频率，因此这类无线键盘通常会与这两类设备发生相互的干扰。

◎ 蓝牙技术：蓝牙技术基本上不会出现多个蓝牙设备互相干扰的情况，而且节电效果与前面的 2.4 GHz 非联网射频技术差不多，通用性也较强，只要在计算机上配置一个蓝牙适配器就可以了。实际上，蓝牙无线键盘使用的也是 2.4 GHz 的频率，因此也要注意与其他非蓝牙的 2.4 GHz 设备的相互干扰问题。目前，只有少数高端用户会选择蓝牙无线键盘，因为其价格比以上两种无线键盘来说要高得多。

4．音箱技术指标

音箱技术指标可分为放大器和音箱技术指标，这两种技术指标有共同点和不同点，还有一定的联系。放大器技术指标有输出功率、最大不失真连续功率、频响范围、信噪比和失真度等。音箱技术指标有承载功率、频响范围、灵敏度和失真度等，简介如下。

（1）输出功率：功率在物理学上的定义是 $P=U\times I$ 或 $P=U^2/R$，其中，P 是功率、U 是电压、R 是电阻。输出功率的单位为瓦特（W）、简称为瓦。放大器的输出功率是该放大器负载可以获得的功率，输出功率越大，则表明该放大器施加到固定负载电阻上的电压越大，即音箱中喇叭的电压越大，喇叭发出的声音音量也越大。

（2）最大不失真连续功率（RNS）：在给定一定失真度的条件下的输出功率。根据产品不同的等级，失真度的取值有 1%、3%、5%、和 10% 等，通常取值为 10%。

音箱的功率还有平均功率和音乐功率，使用的不多。普通放大器的功率越大则制造成本就越高。一般音箱放大器的 RNS 功率在 5 W 左右即可。

（3）频响范围：音频的范围是 18 Hz～20 kHz，音频信号就是这一范围内不同频率、不同波形和不同幅度的瞬变信号，因此放大器要很好地完成音频信号的放大就必须拥有足够宽的工作频带。一般要求放大器的频带要覆盖音频信号的带宽。通常把一个放大器在规定功率情况下，在频率的高、低端增益分别下降 0.707 倍时（-3dB）两点之间的频带宽度称为该放大器的频响范围。一台优秀放大器的频响范围应该是 18 Hz～20 kHz。

频响范围分为放大器频响范围和音箱频响范围。音箱频响范围要求一般在 70Hz～10 kHz（-3dB）即可，要求较高的可在 50 Hz～16 kHz（-3dB）左右。

（4）信噪比：放大器的输出信号电压与同时输出的噪声电压之比，通常用英文字符 S/N 来表示，它的计量单位为分贝（dB）。信噪比越大，则表示混在信号里的噪声越小，放音质量就越高，反之，放音质量就越差。音箱放大器的信噪比要求至少大于 70 dB，最好大于 80 dB。一般高保真放大器的信噪比要求大于或等于 90 dB。

（5）失真度：是用一个未经放大器放大前的信号与经过放大器放大后的信号作比较，比较后得出的差别就是失真度，其单位为百分比。失真有多种：谐波失真、互调失真、相位失真等。一般所指的失真度即为谐波失真。谐波失真是由放大器的非线性引起的，失真的结果是使放大器输出产生了原信号中没有的谐波分量，使声音失去了原有的音色，严重时声音会发破、刺耳。音箱的谐波失真在标称额定功率时的失真度均为 10%，要求较高的一般应该在 1% 以下。

失真度分为放大器失真度和音箱失真度。音箱失真度定义与放大器失真度基本相同，不同的是放大器输入、输出的都是电信号；而音箱输入的是电信号，输出的则是声波信号。所以音箱的失真度是指电信号转换的失真，声波的失真允许范围是 10% 内，一般人耳对 5% 以内的失真基本不敏感。

（6）承载功率：音箱的承载功率主要是指在允许喇叭有一定失真度的条件下，所允许施加在音箱输入端信号的平均功率。

（7）灵敏度：音箱的灵敏度是指在经音箱输入端输入 1 W、1 kHz 信号时，在距音箱喇叭平面垂直中轴前方 1 m 的地方所测试得的声压级。灵敏度的单位为分贝（dB）。音箱的灵敏度越高则对放大器的功率需求越小。普通音箱的灵敏度在 85～90 dB 范围内。

5．音箱选购常识

（1）声音回放和试听：在挑选音箱的时候，首先用音箱听一下声音回放（可以找些频率范围比较宽的音乐），声音回放应当真实，即重放出来的人声和器乐声应尽可能接近于原声，声音应该是平滑的，没有最强音和最弱音。另外，中音和高音也不应过于响亮或者压抑。

注意，需要听的是低、中、高音三个频段音色的变化情况。在挑选音箱的时候，最好自己携带几张平时经常听的 CD 或 MP3 歌曲，这样在用音箱播放音乐时更容易听出差别。

（2）箱体：箱体材料主要有木质与塑料两种。劣质的木质音箱大多是用刨花板甚至纸板加工而成，声音稍大的时候，板材会跟着一起振动，会严重破坏音质。所以在购买音箱时可以多看看其做工，特别是木质音箱。另外可用手敲一下箱体，听其发出的声音，材料的区别就会暴露无遗。一般来说，如果听到的声音较为空泛，则表明是箱体板材的厚度不足，用料扎实的箱体所发出的声音是较为沉闷的。另外，还要注意观察箱体表面，看看有无气泡、凸起、脱落、划伤或者边缘贴皮粗糙不整等缺陷，有无明显板缝接痕，箱体结合是否紧密整齐，后面板是否固定牢靠；扬声器、倒相孔、接线孔是否做过密封处理。尤其是要取下网罩仔细观察扬声器周围接合是否紧密，有无开胶的情况。

（3）喇叭（扬声器）：扬声器的磁钢通常采用铁氧磁体，为了达到较高的电磁性能，磁体的体积会比较大，磁体很小时扬声器对声音的控制力会很差，低频效果差。较好的喇叭的盆架应采用冲压铁架或铸铝盆架，因为只有这样才能尽可能地降低扬声器工作时本身的振动。但不少奸商却使用塑料盆架来降低成本，甚至是再生有毒塑料，影响音质的同时还会释放出有毒气体，影响消费者健康。因此应注重检查低音扬声器。

（4）变压器：它的用材应为硅钢片和铜线，体积基本上和变压器的输出功率成正比，体积越大的输出功率越大，体积大的质量也大。

 ## 思考与练习4-1

一、选择题

1. 关于显示器，下面（　　）是不正确的？
   A. 显示器的大小是指显示器屏幕对角线尺寸，单位为英寸。
   B. LED 显示器与 LCD 显示器相比较，在色彩、亮度、可视角度、屏幕更新速度和功耗等方面都具有优势。
   C. 等离子显示器厚度薄、分辨率高、环保无辐射、占用空间少。
   D. 液晶显示器的响应时间比 CRT 显示器要长一些。

2. 关于鼠标和键盘，下面（　　）是不正确的？
   A. 光学鼠标的性能指标主要有分辨率（或刷新率）和采样频率。
   B. 电容式键盘具有成本较低、寿命适中等优点，因此成为主流键盘产品。
   C. 键盘的接口有 AT 接口、PS/2 接口和 USB 接口。
   D. 无线鼠标主要有使用红外线、27 MHz 射频、2.4 GHz 非联网射频和蓝牙技术的四种鼠标。

3. 关于音箱，下面（　　）是不正确的？
   A. 根据计算机输出接口划分，音箱有普通接口音箱和 USB 接口音箱。
   B. 一台优秀放大器的频响范围应该是 20 Hz～15 kHz。
   C. 音箱按照声道数划分有 2.0 式、2.1 式、4.1 式、5.1 式音箱。
   D. 音箱的承载功率主要是指在允许喇叭有一定失真度的条件下，所允许施加在音箱输入端信号的平均功率。

二、填空题

1. 目前，市场上主流的液晶显示器采用的液晶面板有_____、_____、_____三种。

2．键盘按照连接方式划分，有＿＿＿＿＿＿＿、＿＿＿＿＿＿＿和＿＿＿＿＿＿＿等。键盘按照接口划分，有＿＿＿＿＿＿＿、＿＿＿＿＿＿＿和＿＿＿＿＿＿＿三种类型。

3．鼠标按照工作方式划分，有＿＿＿＿＿＿＿、＿＿＿＿＿＿＿、＿＿＿＿＿＿＿、＿＿＿＿＿＿＿和＿＿＿＿＿＿＿五类，按照连接方式划分有＿＿＿＿＿＿＿、＿＿＿＿＿＿＿、＿＿＿＿＿＿＿、＿＿＿＿＿＿＿和＿＿＿＿＿＿＿五类。

4．音箱的技术指标可分为放大器和音箱技术指标，前者有＿＿＿＿＿＿＿、＿＿＿＿＿＿＿、＿＿＿＿＿＿＿、＿＿＿＿＿＿＿和＿＿＿＿＿＿＿等，后者有＿＿＿＿＿＿＿、＿＿＿＿＿＿＿、＿＿＿＿＿＿＿和＿＿＿＿＿＿＿等。

三、问答题

1．液晶显示器作为一台计算机的重要配件，在选购的过程中需要考虑哪些方面？

2．选购鼠标和键盘的过程中需要考虑哪些方面的问题？

3．在选择音箱的时候需要注意哪些方面？

4.2 【案例 10】外设选购 2

案例描述

在组装完成一台整机并配备了相关的外设部件之后，基本上这台计算机就可以正常使用了。不过在人们的日常使用和办公当中，常常需要打印、扫描一些文档，需要将一些文档保存在移动硬盘中备份或者将单位中没有完成的文档带回家继续做。这就需要下面介绍的周边产品。

实战演练

1．打印机选购

目前主要流行的打印机有针式、喷墨、激光（黑白和彩色）三大类。2011 年 5 月 5 日，联想公司在北京举行"For You,For Future"主题策略暨新品发布会时，隆重推出光墨打印机（疾风、睿智两个系列）。此产品融合了喷墨和激光的优势技术，可以实现 60 ppm 的黑白彩色同速打印，是目前最快的桌面办公打印设备。

目前打印机厂商主要有爱普生、联想、佳能、映美、松下、兄弟、方正、三星、戴尔、利盟（Lexmark）、富士施乐、理光和惠普等。下面介绍几款目前较流行的打印机。

（1）联想 RJ600N 光墨打印机：联想 RJ600N 光墨打印机的打印速度为 60 ppm，最高分辨率为 1 600×1 600 DPI，最大打印幅面为 A4，支持有线网络打印，手动双面打印；打印内存为 64 MB，接口类型为 USB 2.0，RJ-45 网络接口（10Base-T/100Base-TX），介质类型为普通纸、光泽纸和重磅磨砂纸，主纸盒为 A4、Letter 和 Legal，手动进纸器为 70～260 g，进纸容量为标准 250 页（纸盒）＋1 页（手动），出纸容量为 125 页；墨盒类型为分体式墨盒，数量为四色墨盒，墨盒型号为联想 610 黑色墨盒、联想 631 彩色墨盒（青）、联想 632 彩色墨盒（洋红）、联想 633 彩色墨盒（黄），墨水容量为青/黄/品红 50 mL，黑色为 100 mL，黑色 6 500 页，彩色>5 000 页，喷头配置为联想 PH600 光墨打印头，是高密度、长寿命宽幅打印头（可更换）；产品尺寸为 420 mm×550 mm×225 mm，系统平台支持 Windows 7/XP/Vista/Server 2003/Server 2008，Mac OS X 10.5/10.6。

RJ600N 打印机的喷墨头采用微电机系统（MEMS）技术，最小部件的尺寸只有几微米。长度为 20 mm 的微芯片可控制 6 400 个打印头，组合打印头的宽度与纸张幅面保持一致，无需像市场上大多数喷墨打印机一样左右移动。A4 幅面的打印头阵列安装了 11 个微芯片，每个微芯片上有 6 400 个喷墨头，总共有 70 400 个喷墨头，实现与 A4 幅面同宽的全幅打印，每秒喷出 9 亿点墨滴，1 秒速干，真正 1 600×1 600 DPI 高清画质。由于使用了创新的 refill 供墨站模式，光墨打印机拥有更低的单页打印成本。在打印质量方面，它的最高打印分辨率可以实现 1 600×1 600 DPI，为用户呈现最真实的打印色彩。可以说联想光墨打印机正是万千彩打用户追求的集高质高速低成本于一身的理想彩色打印设备，它重组了喷墨打印机和激光打印机，开启一个商用打印的新时代。

联想 RJ600N 光墨打印机如图 4-2-1 所示，目前它的市场参考价格是 14 250 元人民币。

（2）佳能 iP2780 喷墨打印机：佳能 iP2780 喷墨打印机可以作为家用打印机和照片打印机，打印速度为黑白 7.0 ipm，彩色 4.8 ipm，照片（4"×6"）约 55 s；最高分辨率为 4 800×1 200 DPI，最大打印幅面为 A4，不支持网络打印，手动双面打印；接口类型为高速 USB（B 端口）；介质类型为普通纸、高分辨率纸、专业照片纸、高级光面照片纸、亚高光照片纸、亚光照片纸、照片贴纸、T 恤转印介质和信封等，介质尺寸为 A4、A5、B5、信纸、Legal 和信封等。

iP2780 打印机的墨盒类型为一体式墨盒，墨盒数量为四色墨盒，黑色墨盒型号为 PG-815，彩色墨盒型号为 CL-816，高容量黑色墨盒型号为 PG-815XL，高容量彩色墨盒型号为 CL-816XL；A4 文档墨水容量为黑色 220 页，彩色 244 页，黑色大容量 401 页，彩色大容量 349 页，4"×6"无边距照片为黑色 2 955 页，彩色 83 页，黑色大容量 7 275 页，彩色大容量 122 页；最小墨滴为 2 pL/5 pL（染料青色/品红/黄色），25 pL（颜料黑色），喷头配置为共 1 472 个喷嘴（黑色 320 个，青色/品红/黄色 384×3 个）；产品尺寸为 445 mm×250 mm×130 mm，产品质量为大约 3.4 kg；系统平台支持 Windows 7/2000/XP/Vista，Mac OS X v10.4/10.5/10.6。耗电量为打印约 11 W，待机约 0.7 W，关机约 0.4 W，工作噪声为约 47.0 dB（A）。部分介质支持无边距打印，自动照片修复，支持单墨盒打印，智能网页打印功能。

佳能 iP2780 喷墨打印机如图 4-2-2 所示，目前它的市场参考价格是 310 元人民币。

图 4-2-1　联想 RJ600N 光墨打印机　　　图 4-2-2　佳能 iP2780 喷墨打印机

（3）HP 1020plus 黑白激光打印机：HP 1020plus 黑白激光打印机最大打印幅面为 A4，最高分辨率为 600×600 DPI，黑白打印速度为 A4 可达到 14 ppm，Letter 可达到 15 ppm；处理器频率为 234 MHz，内存为 2 MB，接口类型为高速 USB 2.0；不支持网络打印，手动双面打印；预热时间为 0 s，首页打印时间小于 10 s，月打印负荷可达到 5 000 页；介质类型为普通纸、激光打印纸、相纸、投影胶片、信封、明信片、标签和卡片，介质尺寸为 A4、B5、A5、A6、C5、Letter、明信片和信封等，可自定义尺寸，介质质量为 60～105 g/m²，进纸盒容量为标配纸盒 150 页，单页进纸器 1 页，出纸盒容量为面朝下 100 页。

该打印机耗材类型为鼓粉一体，硒鼓型号为 Q2612A，硒鼓寿命为 2 000 页；产品质量大约为 5 kg，产品尺寸为 242 mm×370 mm×209 mm；系统平台支持 Windows 2000/XP Home/XP Professional。

HP 1020plus 黑白激光打印机如图 4-2-3 所示，目前它的市场参考价格是 1 180 元人民币。

（4）联想 C8300N 彩色激光打印机：联想 C8300N 彩色激光打印机最大打印幅面为 A4，最高分辨率为 1 200×1 200 DPI，黑白打印速度 A4 纸可达到 20 ppm，Letter 纸可达到 21 ppm；A4 纸彩色打印速度为 20 ppm，Letter 纸彩色打印速度为 21 ppm；处理器为 417 MHz，内存为标配 128 MB，最大为 640 MB，接口类型为 USB 2.0，RJ-45 网络接口（10Base-T/100Base-TX）；支持有线网络打印，手动双面打印；首页打印时间为黑白 12 s，彩色 13 s，月打印负荷为约 35 000 页；打印语言为 PCL，PS，HBP；介质尺寸为 A4、B5、A5、A6、Letter、信封和自定义尺寸；进纸盒容量为标配 250 页，单页进纸器 1 页，最大容量为 900 页+1 页（单页进纸器），出纸盒容量为 100 页。该打印机的耗材类型为鼓粉分离，墨粉盒容量为黑色 2 500 页，青/品红/黄色 2 000 页，随机 1 000 页，硒鼓型号为黑色硒鼓套件 LD4683K，四色硒鼓套件 LD4683，硒鼓寿命为 30 000 页。产品尺寸为 400 mm×424 mm×291 mm，产品质量约为 21 kg，系统平台支持 Windows 2000/XP/Server 2003/Vista/Server 2008，Mac OS 9.x，v10.2～10.5，Unix，Linux。

另外，该彩色激光打印机内置多种色彩样本，颜色节省，细线增强，手动颜色调整等功能。

联想 C8300N 彩色激光打印机如图 4-2-4 所示，目前它的市场参考价格是 2 900 元人民币。

图 4-2-3　HP 1020plus 黑白激光打印机　　　图 4-2-4　联想 LJ2200 激光打印机

2. 多功能一体机选购

多功能一体机就是多种办公功能集于一体的设备，通常具有打印、扫描、传真、复印等功能。随着多功能一体机功能的逐渐丰富与强大，市场占有率越来越高。对于实际的产品来说，只要具有其中的两种功能就可以称之为多功能一体机了。生产多功能一体机的著名厂商基本就是生产打印机的厂商。下面几绍几款多功能一体机。

（1）HP M1005 多功能一体机：HP M1005 多功能一体机属于黑白激光多功能一体机，涵盖功能有打印、复印和扫描，最大处理幅面是 A4，耗材类型为鼓粉一体，耗材容量为 2 000 页；0 秒预热，首页打印时间为 10 s；处理器为 230 MHz，打印内存为 32 MB，不支持网络打印，手动双面，接口类型为 USB 2.0；黑白打印速度为 14 ppm，打印分辨率为 600×600 DPI，月打印负荷可达到 5 000 页。

复印速度为 14 cpm，复印分辨率为 600×600 DPI，连续复印为 1～99 页，缩放范围为 25%～400%；使用标准配置的扫描控制器，平板式扫描类型，扫描元件为 CIS，光学分辨率为 1 200×1 200 DPI，最大分辨率为 19 200×19 200 DPI，扫描尺寸为 216 mm×297 mm，扫描格式为 JPEG、TIFF、PDF、GIF 和 BMP，色彩深度 24 位。

一体机采用的介质类型有普通纸、激光打印纸、信封、投影胶片、卡片和明信片，介质尺寸为 A4，A5、B5、C5、明信片和自定义介质尺寸等，供纸盒容量 150 页，优先进纸插槽为 10 页，输出容量为 100 页；产品尺寸为 437 mm×363 mm×308 mm，质量大约 8.5 kg，系统平台支持 Windows 2000/2003/XP，Mac OS X v 10.3 和更高版本，打印功耗 230 W，待机/睡眠功耗 7 W，工作噪声为 49 dB。

HP M1005 多功能一体机如图 4-2-5 所示，目前它的市场参考价格是 1 500 元人民币。

（2）佳能 MP288 喷墨多功能一体机：佳能 MP288 喷墨多功能一体机具有喷墨、打印、彩色扫描功能，最大处理幅面为 A4，耗材类型为一体式墨盒；预热时间约 1 s，不支持网络打印，手动双面功能，USB 2.0 接口；黑白打印速度约 8.4 ipm，彩色打印速度约 4.8 ipm，8"×10"照片打印速度约 85 s，打印分辨率为 4 800×1 200 DPI，打印宽度最大为 203.2 mm，无边距打印最大为 216 mm，打印区域是上边距 3 mm，下边距 5 mm，左/右边距各 3.4 mm。

MP288 的复印速度为 2.6 cpm，连续复印为 1～9 页，缩放范围是适应纸张，扫描控制器为标准配置，扫描类型为平板式，扫描元件为 CIS，扫描速度约 15 s，光学分辨率为 1 200×2 400 DPI，最大分辨率为 19 200×19 200 DPI，扫描尺寸为 216 mm×297 mm，色彩深度是 48 位输入，24 位输出；介质类型为普通纸、高分辨率纸、优质专业照片纸、高级光面照片纸 II、亚高光面照片纸、光面照片纸、亚光照片纸、照片贴纸、T 恤转印介质和信封，介质尺寸有 A4，A5，B5 和信封等；普通纸供纸盒容量为 A4/A5/B5/LTR=100，LGL=10，高分辨率纸（HR-101N）供纸盒容量为 A4/B5/LTR=80，优质专业照片纸（PT-101）供纸盒容量为 A4/LTR/8"×10"=10，4"×6"=20 等；产品尺寸为 450 mm×335 mm×153 mm，产品质量大约 5.5 kg，系统平台支持 Windows XP SP2/SP3 等；复印耗电量约 10 W，待机耗电量约 0.8 W，关机耗电量约 0.4 W，工作噪声约 45.5 dB（A）。

佳能 MP288 喷墨多功能一体机如图 4-2-6 所示，目前它的市场参考价格是 499 元人民币。

图 4-2-5　HP M1005 多功能一体机　　　　图 4-2-6　佳能 MP288 喷墨多功能一体机

3．U 盘选购

一般的 U 盘容量由几 GB 到几十 GB，甚至几百 GB 等，生产 U 盘的厂商有很多，例如，爱国者、金士顿、台电、PNY、联想、宇瞻、闪迪、威刚、东芝、胜利、忆捷等。下面介绍几款目前较流行的 U 盘产品。价格上以最常见的 8 GB 为例，30～50 元就能买到，16 GB 的 50 元左右。U 盘抗震性能极强，还具有防潮、防磁、耐高低温等特性，安全可靠性很好。下面介绍几款目前较流行的 U 盘产品。

（1）KINGMAX 胜创龙年生肖版超棒 U 盘

KINGMAX U 盘存储介质是闪存，存储容量为 32GB，数据传输率为 15～33 MB/s 读出和 4～12 MB/s 写入，接口类型为 USB 2.0，外形尺寸 31.5 mm×12.4 mm×2.2 mm；系统要求是 Windows 2000/Me/XP/Vista/7，Mac OS 9.0 或更新版本，Linux Kernel 2.4.2；通过微软认证，支持 Ready Boost 功能，独特 PIP 封装技术，采用一体化封装设计，防尘、防水，外观小巧，如图 4-2-7 所示。KINGMAX 胜创龙年生肖版超棒 U 盘目前市场参考价格为 299 元左右。

（2）金士顿 DataTraveler 310 U 盘

金士顿 DataTraveler 310U 盘存储容量为 256 GB，存储介质是闪存，接口类型为 USB 2.0，即插即用，产品类型是加密 U 盘，内置一个 Password Traveler 软件来加密数据和安全分区操作，最高可以把 90%的空间加密；数据传输率为 125 MB/s 读出和 12 MB/s 写入，外形尺寸 73.7 mm× 22.2 mm×16.1 mm，防尘、防水，外观小巧，盖帽可套在盘体末端，防止遗失，如图 4-2-8 所示。U 盘的系统要求是 Windows Vista，Windows XP（SP1、SP2），Windows 2000(SP4)，Mac OS X v.10.3.×+，Linux v.2.6.×+；颜色有红色和黑色两种。参考价格为 4899 元人民币左右。

图 4-2-7 KINGMAX 超棒 U 盘   图 4-2-8 金士顿 DataTraveler 310 U 盘

4. 移动硬盘选购

目前国内外比较知名的移动硬盘品牌有爱国者、联想、希捷、西部数据、东芝、威刚、宇瞻、忆捷、纽曼、三星等，硬盘尺寸主要有 3.5 英寸、2.5 英寸和 1.8 英寸，存储容量主要有 320 GB、500 GB、640 GB、750 GB、1 TB、2 TB、3 TB、4 TB 和 6 TB 等，接口类型分为有线（USB 2.0、USB 3.0、e-SATA 和 IEEE1394 等）、无线和以太网等，它的转速主要有 5 400 r/min 和 7 200 r/min。

USB 2.0 接口的最高数据传输速率为 480 Mbit/s，USB 3.0 支持全双工，新增了 5 个触点，4 条数据输出和输入线，供电标准为 900 mA，支持光纤传输，采用光纤后速度可达到 25 Gb/s。USB 3.0 兼容 USB 2.0 版本，可为不同设备提供不同的电源管理方案。USB 3.0 接口与 USB 2.0 接口相比，插口不同，速度更快。e-SATA 接口是 SATA 接口的改进版，是一种全新的高速热插拔接口，传输速率是 USB 2.0 接口的 2～4 倍。下面介绍几款目前流行的移动硬盘。

（1）爱国者无线移动硬盘 HD816：存储容量为 500 GB，接口类型为无线和有线（USB 3.0），内置式天线，无遮挡直径 4 m；无线协议为 802.11 b/g/n，无线频段为 2.4 GHz，无线最高传输速率为 150 Mb/s，无线安全为 WEP/WPA/WPA2，有线网络标准为 100 BaseT；内置存储文件系统为 NTFS，文件共享协议支持 CIFS、NFS、Samba 协议，Web 数据传输协议支持 WebDAV 协议，Web 图形管理界面支持系统设置、网络设置、文件管理、固件升级等功能；支持 iOS（iPad/iPhone）、Android、Windows XP/Vista/7/8、Mac OS 系统；颜色为黑色，尺寸为 138 mm×85 mm×19.5 mm，质量为 194 g，外接 5 V-1 V 的电源适配器供电。

爱国者无线移动硬盘 HD816 如图 4-2-9 所示，目前市场价为 799 元人民币。

（2）希捷 Wireless Plus 无线硬盘 STCK1000300：它的存储容量为 1 TB，硬盘尺寸为 2.5 英寸，接口类型为有线（USB 3.0）和无线，电池续航时间为 10 h，系统要求为 Windows/Mac/iOS/Android；外形颜色为银灰色，外形尺寸为 127 mm×89 mm×19.9 mm，产品质量为 256 g；配有 USB 3.0 适配器和小型 USB 充电器。

它可以通过无线传输，将媒体和文件存储到平板电脑、智能手机、Mac 计算机和 PC 上，能够存储 500 多部电影，在 iPad、iPhone、Kindle Fire 和 Android 设备上享受希捷免费提供的 Seagate Media 应用程序，支持同时在 3 台设备上观看最多 3 部不同的高清电影。它无须外接电源，利用自带电池可建立 WiFi 网络或上网，即可随身读取所有资料。

希捷 Wireless Plus 无线硬盘如图 4-2-10 所示，目前市场价为 1299 元人民币。

图 4-2-9　爱国者无线移动硬盘 HD816　　　　图 4-2-10　希捷 Wireless Plus 无线硬盘

（3）西部数据 Elements Portable 移动硬盘（WDBUZG0010BBK）：存储容量为 1 TB，尺寸为 2.5 英寸，系统要求为支持 Windows XP、Windows Vista、Windows 7、Windows 8 的 NTFS 格式；颜色为黑色，外壳材质为塑料，尺寸为 111 mm×82 mm×15 mm，质量为 134 g。

西部数据 Elements Portable 如图 4-2-11 所示，目前市场价为 459 元人民币。

（4）希捷 Backup Plus 新睿品（STBU100030）：存储容量为 1 TB，尺寸为 2.5 英寸，接口类型为有线（USB 3.0）；外形设计为红色、蓝色、银色和黑色，尺寸为 14.5 mm×81.1 mm×123.4 mm，质量为 224 g；硬盘中预安装有希捷仪表板快速入门指南，预装了适用于 Mac 的 NTFS 驱动程序。

希捷 Backup Plus 新睿品如图 4-2-12 所示，目前市场价为 459 元人民币。

 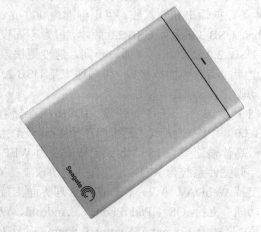

图 4-2-11　西部数据 Elements Portable　　　　图 4-2-12　希捷 Backup Plus 新睿品

 相关知识

1. 打印机的指标

（1）打印分辨率：打印分辨是指每英寸打印多少个点，单位是 DPI，即指每英寸打印多少个点，它直接关系到打印机输出图像和文字的质量好坏，分辨率越高的打印机其图像精度就越高，打印质量也相对较好。所以，在同等价位情况下，应该尽可能选择分辨率较高的打印机产品。目前市场上的打印机其分辨率主要有 600×600 DPI、1 200×600 DPI、2 400×600 DPI、1 200×1 200 DPI、2 400×1 200 DPI 等几种，通常来说，分辨率越高的产品价格越贵。

对于喷墨打印机来说，单色打印时 DPI 值越高打印效果越好，而彩色打印时情况比较复杂，通常打印质量的好坏要受 DPI 值和色彩调和能力的双重影响。由于一般彩色喷墨打印机的黑白打印分辨率与彩色打印分辨率可能会不同，所以选购时一定要注意看分辨率是哪一种分辨率，是否是最高分辨率。一般至少应选择 360 DPI 以上的喷墨打印机。

（2）打印速度：打印速度指的是打印机每分钟可打印的页数，单位是 ppm，它也是影响一台打印机工作质量的重要参数。厂商在标注产品的技术指标时，通常都会标注打印速度，但根据实际使用的经验，打印机实际输出的速度却要受到预热技术、打印机控制语言的效率、接口传输速度和内存大小等因素的影响。

（3）打印机内存大小：为了加快打印速度，会在打印机内添加内存，用来保存计算机送来的打印信息。另外，由于各台计算器可能在同一时段向打印机发出命令，因此打印机内必须能够容纳足够长的打印队列，如打印机内存偏小，则会造成打印队列的丢失，影响工作效率。因此，在选购时要注意打印机自带内存的大小。目前市场上，不少激光打印机都有自带内存。

（4）色彩调和能力：对于使用彩色喷墨打印机的用户而言，打印机的色彩调和能力是个非常重要的指标。现在的彩色喷墨打印机，一方面通过提高打印分辨率来使打印出来的点变细，图像更细腻；另一方面，在色彩调和方面改进技术，常见的有增加色彩数量、改变喷出墨滴的大小、降低墨盒的基本色彩浓度等几种方法。其中增加色彩数量来得最为行之有效。目前通常是采用五色的彩色墨盒，加上原来的黑色墨盒，形成所谓的六色打印。这样一来排列组合得到的色彩组合数一下子提高了好多倍，改善效果也明显。

改变喷出墨滴大小的原理是，在打印中需要色彩浓度较高的地方用标准大小的墨滴喷出，而在需要色彩浓度较低的地方喷射小墨滴，同样实现了更多的色阶。而降低墨盒色彩浓度，其实是在高色彩浓度的地方采用反复喷墨的方法来形成更多色阶。

2．打印机选购常识

（1）彩色输出：在打印过程中，打印彩色图像与打印彩色图形和表格时，对彩色的合理分配是完全不同的，用户利用已经得到的品质优良的彩色图像，不一定能打印出引人注目的彩色图案、图形和表格。若能采用优秀的彩色图形处理软件来重新调整打印，用户就有可能获得意想不到的打印效果。所以用户在选择彩色打印机时，首先要了解设备在彩色输出方面所拥有的彩色打印新技术和软件功能有多少，以及它们是否适应自己彩色打印中的需求。

（2）耗材与打印成本：对于中小企业来说，耗材与成本必然是其购机时考虑的重要因素之一。打印机的耗材成本主要来自墨盒、硒鼓及其碳粉和打印纸的消耗，而其中墨盒和硒鼓是打印机最重要的部件，因为打印机的寿命长短、打印质量的好坏以及单页打印成本的高低，在很大程度上受墨盒或硒鼓的影响。因此作为一项长期投资，在购机时，有必要对厂家使用的墨盒、硒鼓及其碳粉进行严格的考核。另外，应计算"单页打印成本"，它的计算公式是：单页打印成本＝（打印机价格＋耗材费用）/打印页数。

（3）打印机"语言"：有一个关键的参数常常被购机用户忽略，那就是打印机语言。而实际上打印机语言是关系到打印机性能好坏的重要因素。目前，在打印机中，主要有两种打印控制方式，因而也形成了两种打印语言的分类，分别是采用 PostScript、PCL 标准页面描述语言的打印机和采用 GDI 的位图打印机。前者具备了标准化和与设备无关性的优势，对计算机系统资源占用也较少。GDI 则是一种非标准的方式，此种方式减少了打印机服务器的工作量，而把转换图像这一过程完全交给计算机本身来完成，这样就降低了对打印控制器和内存的要求，也在一定程度上降低了打印机成本，但是由于增加了对计算机系统资源的占用，打印机的性能一定程度上要依赖于计算机的性能。对于规模较小、打印需求量不是很大的中小企业而言，如果局域网配置不是很差，GDI 方式将是不错的选择。

（4）可靠性与网络性：打印机的可靠性是指主机的使用寿命和打印负荷（标识为每月打印量）。毋庸置疑，主机的使用寿命直接关系到打印机的使用成本；而打印负荷则是指每一种打印机都有一个在一定时间段内连续打印的数量限制，这个指标以月为衡量单位，如果超过这个限制，会严重影响打印的效果和打印机的寿命。

如果打印机是多台计算机所共享，则选购时必须将网络接口设备考虑在内。一些机型是自带网卡的，使用比较方便。而对那些没有自带网卡的打印机，应该注意其是否有网络连接设备接口或插槽，安装是否方便等。同时，还应该考虑厂家配备的软件功能是否强大等。

3．多功能一体机选购常识

多功能一体机就是多种办公功能集于一体的设备，通常具有打印、扫描、传真、复印等功能，如图 4-2-13 所示。相对于传统的办公设备，一体机通常是将打印、扫描、传真、复印等功能集于一身，大小仅比传统打印机略大；相对于以前多个设备摆放在各处，电线和数据线纠缠在一起的情景，用户肯定会选择一体机。对于用户来说，选择一款适合的多功能一体机不仅可以节约成本，还可以避免占用大量办公面积。此外，不用再花费更多的精力去一个一个挑选扫描仪、打印机、复印机、传真机，而且如果机器出了问题也不需要去找众多的生产厂家，维护起来省事不少，也更容易掌握使用方法。

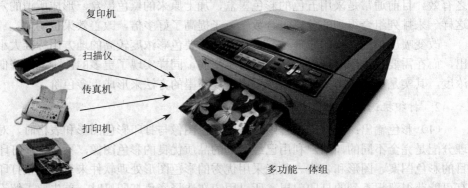

图 4-2-13　多功能一体机

下面简要介绍选购多功能一体机时的一些注意事项。

（1）功能：从功能上看多功能一体机也有各自的主导功能。有以打印功能为主，集打印、扫描、复印于一体，它打印质量高，输出速度快，具有很好的纸张处理能力，适合一般的通用办公用户和家庭用户；有以扫描功能为主，集扫描、复印等多种功能于一体，它适合对扫描规格有特殊要求的用户；有以复印功能为主体的多功能复印机，通常具有连续复印、缩放尺寸调整、纸张版式设定等功能，可以脱离计算机独立完成操作，适合复印量大的用户；有突出传真性能的多功能传真机，一般配备有 Modem，有完善的控制面板，例如显示屏、数字键盘等，并且还带有相当容量的内存，能够在无纸的情况下连续接收、存储传真文件，同样可以脱离计算机独立运行，适合有大量传真通信的企业和机关单位。

所以在选购之前首先应了解自己的主要用途，要知道自己在使用时是以打印为主，以扫描为主，还是以复印为主，或者以传真为主，从实际需要出发，确定主要需求，遵循"实用、够用"的原则，使自己在选择设备时有所侧重，选择那些以自己的主要需求为主导功能的一体机。例如，一个家庭用户，需要有优质的打印功能打印旅行的照片，需要有良好的扫描功能扫描资料和照片，那么就要选择一款具有出众的彩色打印功能和不错的扫描功能的一体机，但是如果选择一款以传真功能为特色的一体机，不但闲置了设备浪费了金钱，自己的主要需求也无法满足。而一个与外界联系紧密的企业、单位，那么强大的传真功能又是必不可少的配置。在选购中可以通过厂家宣传单和介绍弄清楚该产品是属于什么主导型的一体机。

（2）输出方式：从输出方式来看多功能一体机主要有激光多功能一体机和喷墨多功能一体机两大类别。

激光多功能一体机使用硒鼓、碳粉，购买一次性投入大，但是其打印速度快，维护简单方便，打印负荷量大，单位使用成本低，适合大中型企事业单位用户使用。激光多功能一体机又分为黑白机和彩色机，它们的主要区别在打印色彩上。早几年市场上激光多功能一体机多是黑白机，而且价格高不可攀，现如今市场对激光多功能一体机的关注程度越来越高，价格一降再降，全功能的黑白激光一体机仅需要 3 500 元左右，部分不带传真功能的彩色激光多功能一体机也降到了万元以下。从发展趋势上看，激光多功能一体机必将成为未来的主流。

喷墨多功能一体机使用墨盒、墨水，购买一次性投入小，打印速度慢，使用劣质墨水或长时间不用都易堵塞喷头，墨盒售价高，单位使用成本高。喷墨多功能一体机价格在 700～4 000 元的都有，是目前市场上的主流。对于小型企业或家庭 SOHO 办公用户来说，由于他们平时并不需要频繁而大量的打印、复印等工作，所以喷墨多功能一体机是这类用户的首选产品。目前还出现了具有六色照片打印能力的照片级一体机。一般来说激光多功能一体机的打印质量要优于喷墨多功能一体机。

4．U 盘选购常识

U 盘全称"USB 闪存盘"，英文名"USB flash disk"。它是一种 USB 接口的无须物理驱动器的微型高容量移动存储产品，可以通过 USB 接口与计算机连接，实现即插即用。U 盘的称呼最早来源于朗科公司生产的一种新型存储设备，名曰"优盘"，使用 USB 接口进行连接。U 盘通过 USB 接口连到计算机的主机后，U 盘的资料可以与计算机交换。以后再生产的类似技术的设备由于朗科已进行了专利注册，而不能再称之为"优盘"，故改称为谐音的"U 盘"，或者称为"闪存"。后来 U 盘这个称呼因其简单易记而广为人知，而直到现在这两者也已经通用，并对它们不再作区分，是移动存储设备之一。

U 盘最大的优点就是小巧便于携带、存储容量大、价格便宜、性能可靠；U 盘中无任何机械式装置，抗震性能极强；U 盘体积很小，仅大拇指般大小，重量极轻，一般在 15 g 左右，特别适合随身携带；U 盘还具有防潮防磁、耐高低温等特性，安全可靠性很好。在近代的操作系统如 Linux、Mac OS X、UNIX 与 Windows 2000/XP/7 中皆有内置支持。

U 盘由外壳和机芯组成，机芯包括一块 PCB+USB 主控芯片+晶振+贴片电阻、电容+USB 接口+贴片 LED（不是所有的 U 盘都有）+FLASH（闪存）芯片，按材料分类，有 ABS 塑料、竹木、金属、皮套、硅胶、PVC 等；按风格分类，有卡片、笔型、迷你、卡通、商务、仿真等；按功能分类，U 盘有加密、杀毒、防水、智能等。对一些特殊外形的 PVC U 盘，有时会专门制作特定配套的外包装。

5．移动硬盘选购常识

随着数字信息化建设的不断推进，个人积累的数字内容也成倍增加，如何解决日常频繁的数据交换是摆在每个人面前的一道难题。在日常工作、学习中交换数据的工具主要有优盘、台式机硬盘、存储卡+读卡器、移动硬盘以及网络。

传统的优盘由于自身容量限制，无法满足大量、大容量文件的数据交换。台式机硬盘互相对传虽然速度快，但操作起来非常复杂，而且其体积过大，便携性不好。存储卡+读卡器也会面临容量上的限制，而且同时需要两种设备，稳定性不好保证。网络传输需要两点间同时都能接入网络，而且数据传输稳定性差，安全性得不到充分保证。因此，移动硬盘便成为最折中的解决方案，它兼具便携性、大容量、传输速率快、性价比高等特性，已经被越来越多的人接受。

移动硬盘的基本组成简介如下：

（1）移动硬盘外壳：材质一般分为金属和塑料两种。一般来讲，金属外壳的抗压和散热性能会比较好，而塑料外壳在抗震性和质量方面相对更优秀一些。

（2）PCB 电路板控制芯片：移动硬盘 PCB 上面的控制芯片直接关系到产品的读写性能和稳定性。目前控制芯片主要分高、低两个档次。高端控制芯片的代表是赛普拉斯 Cypress ISD300A1/CY7C68300B/ CY7C68300C、日本 NEC μPD720133、旺玖 PL-3507。这些芯片的特点是价格较贵，稳定性和兼容性都十分出色，是高端用户的首选。低端控制芯片的代表是安国 AU6390、扬智 ALi M5642、创惟 GL811 系列等。这些芯片的特点是稳定性和数据传输性能相对要差一些，但足够应对日常的工作需求，因为其价格低廉，多应用在低端硬盘盒上。

（3）硬盘盒外部接口：目前移动硬盘的主流接口是高速 USB 2.0 或 USB 3.0。内部支持的硬盘接口分 IDE 和 SATA 两种，用户选购硬盘盒时一定要挑选和自己所购买硬盘相同接口的硬盘盒。

（4）硬盘盒供电电源：移动硬盘如果供电不足，会导致硬盘查找不到、数据传输出错，甚至使内部硬盘损坏。造成供电不足主要是主板 USB 口供电没有达到标准值或者采用了高能耗的控制芯片。针对这种情况，很多硬盘盒厂商设计出"双头 USB 供电"数据线，利用两个 USB 接口对移动硬盘供电。

（5）笔记本硬盘：是移动硬盘中最重要的组成部分，主流规格为 2.5 英寸。目前，希捷、西部数据、日立、三星、富士通等硬盘厂商都生产有相应的产品供用户选择。笔记本硬盘的主要技术参数有转速、缓存容量以及产品容量。建议普通用户选择转速为 5400 r/min 左右，缓存 8 MB 或 8 MB 以上的笔记本硬盘，品牌和容量则根据自身的需求而定。

6. 组装移动硬盘

除了选购品牌的移动硬盘以外，可以自己组装出一个移动硬盘。移动硬盘的结构是非常简单的，外部是一个盒子，它起到对内部硬盘的保护作用；内部是一块 2.5 英寸的笔记本硬盘，此外还有一个简单的电路板，笔记本硬盘通过接口安装在 PCB 电路板上，再将 PCB 板放置在硬盘盒内，固定好就成了一个移动硬盘。

与市场上的品牌移动硬盘相比，组装移动硬盘具有价格低廉，选购余地大，性价比优势非常突出等诸多优点。对于笔记本电脑 2.5 英寸 USB 移动硬盘，它由 USB 接口供电，USB 接口可提供 0.5 A 电流，而笔记本要求硬盘快速启动，启动电流大约 900 mA 左右（移动硬盘使用的盘片启动时间略长，启动电流小一些，一般 700 mA 左右），工作电流为 0.7～ 1 A，所以移动硬盘使用的 2.5 英寸硬盘实际上同笔记本上使用的硬盘是不一样的，如果自己组装移动硬盘，还需要找专门的移动硬盘版 PCB 电路板。此外，DIY 移动硬盘的主体是内部的笔记本硬盘，市场上主流笔记本硬盘也都拥有 3～5 年的质保，因此售后服务并不比品牌移动硬盘差。

 思考与练习4-2

一、填空题

1. 打印机的指标有_____、_____、_____和_____四个。

2．多功能一体机的功能一般有_____、_____、_____和_____四种。

3．打印分辨率是指_____，单位是_____，即指_____，分辨率越高的打印机其图像精度就越高，打印质量也相对较好。

4．对于喷墨打印机来说，单色打印时_____值越高打印效果越好，而彩色打印时情况比较复杂，通常打印质量的好坏要受_____和_____的双重影响。

5．在我们日常工作、学习中交换数据的工具主要有_____、_____、_____、_____和_____。

6．移动硬盘是日常生活中交换数据的最折中的解决方案，它兼具_____、_____、_____和_____等特性，已经被越来越多的人接受。

二、问答题

1．选购打印机的时候可以参考哪些方面？

2．在选购多功能一体机的时候应考虑哪些方面？

3．在选购移动硬盘的时候应考虑哪些方面？

第5章 调整计算机的设置

本章通过完成 2 个案例，介绍了 Windows 7 操作系统属性的设置方法，介绍利用"控制面板"主页窗口内"时钟、语言和区域"工具，以及"所有控制面板项"窗口内的"显示""个性化""鼠标""键盘""系统""恢复""Windows Update""备份和还原""用户账户""性能信息和工具""程序和功能""文件夹选项""电源选项"和"设备和打印机"等工具的使用方法。

5.1 【案例 11】计算机时钟、语言和区域设置

 案例描述

在 Windows 7 操作系统安装完毕以后，系统有很多属性都使用默认设置，用户可以根据自己的需要，查看并设置相关内容，使其成为具有特定用途、功能的个性化窗口。例如，时钟显示格式、键盘和语言、显示效果等都属于系统设置，即计算机设置。计算机设置的内容很多，本案例只介绍关于时钟、语言和区域、桌面显示、鼠标指针、键盘和显示器等设置。

实战演练

1. 时钟、语言和区域与个性化设置

（1）单击 Windows 7 桌面左下角的"开始"按钮，弹出"开始"菜单，单击该菜单内的"控制面板"命令，弹出"控制面板"主窗口，如图 5-1-1 所示。"控制面板"主窗口用来进行计算机 Windows 7 操作系统的设置。

图 5-1-1 "控制面板"主窗口

在该窗口内，将鼠标移到其内的链接文字或按钮之上，会显示该链接文字或按钮的名称和简要的说明文字。单击右上方"查看方式"按钮 ▼，会弹出它的下拉列表框，其内有"类别""小图标"和"大图标"三个选项；如果单击"类别"选项，则会在"控制面板"窗口内显示"调整计算机的设置"的分类名称，单击分类名称选项后，会显示该类别中所有计算机设置的选项；如果单击"大图标"或"小图标"选项，则会在"控制面板"窗口内以大图标或小图标方式显示所有计算机设置的选项。

（2）单击其内的"时钟、语言和区域"文字选项，调出"时钟、语言和区域"窗口，如图 5-1-2 所示。在该窗口内右边有"日期和时间"和"区域和语言"两个选项，左边栏内列出"控制面板"主页内的其他选项，单击选项的链接文字，可以打开相应的窗口。

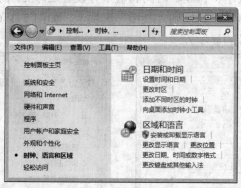

图 5-1-2 "时钟、语言和区域"窗口

地址栏中显示当前路径 控制面板 ▸ 时钟、语言和区域 ，单击左起第一个按钮 ，可以列出"开始"菜单中的所有选项；单击左起第二个按钮 ，可以列出"控制面板"主页窗口内的所有选项。

单击左上角"返回"按钮 ，可以返回到上一窗口，此处可以返回"控制面板"主页；单击"前进"按钮 ，可以进入下一个窗口；单击"刷新"按钮，可以刷新当前窗口。

（3）单击"控制面板"中的"区域和语言"文字选项，弹出"区域和语言"对话框，单击"格式"选项卡，如图 5-1-3 所示。利用"格式"选项卡可以设置日期和时间的显示格式，每周第一天是星期几等。单击"符号的含义是什么？"链接文字，可以打开"Windows 帮助和支持"窗口，如图 5-1-4 所示，用来获取该对话框内各项设置的方法。

Windows 7 在几乎所有的窗口和对话框内都提供相应的帮助信息，只要单击有关帮助的链接文字或按钮 ，都可以调出"Windows 帮助和支持"窗口，获取相关的帮助。

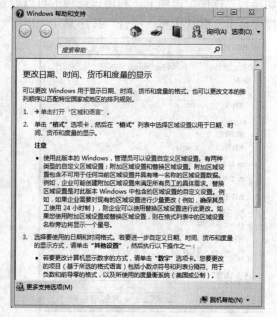

图 5-1-3 "区域和语言"对话框　　　图 5-1-4 "Windows 帮助和支持"窗口

（4）单击"其他设置"按钮，弹出"自定义格式"对话框，如图 5-1-5 所示，利用该对话框"数字"选项卡可以设置数字、带小数点数字、负数等符号的显示方式。单击其内的"重置"按钮，可将数字、日期、时间和货币等设置还原为系统默认设置。

（5）单击"货币"标签，切换到"货币"选项卡，如图 5-1-6 所示。利用该选项卡可以设置货币和数字等符号的显示方式。

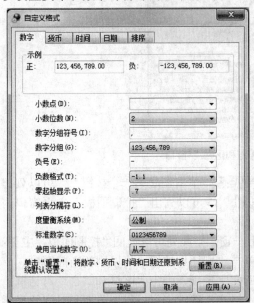 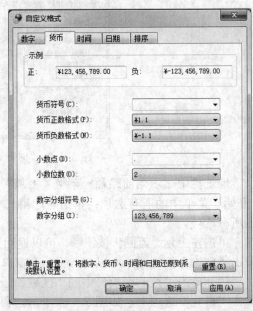

图 5-1-5 "自定义格式"对话框"数字"选项卡　图 5-1-6 "自定义格式"对话框"货币"选项卡

（6）切换到"时间"选项卡，如图 5-1-7 所示，利用该选项卡可以设置时间的显示方式。切换到"日期"选项卡，如图 5-1-8 所示，利用该选项卡可以设置日期的显示方式。切换到"排序"选项卡，利用该选项卡可以设置文件显示按照"拼音"还是"笔画"进行排序显示，默认按照"拼音"排序显示。

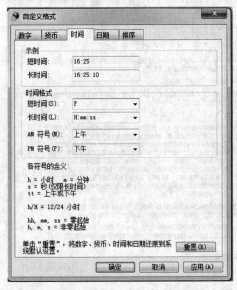 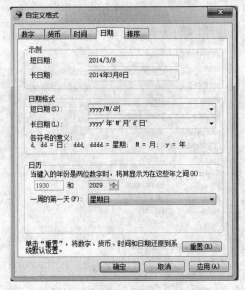

图 5-1-7 "自定义格式"对话框"时间"选项卡　图 5-1-8 "自定义格式"对话框"日期"选项卡

（7）单击图 5-1-3 所示"区域和语言"对话框内的"键盘和语言"标签，切换到"键盘和语言"选项卡，单击其内的"更改键盘"按钮，弹出"文本服务和输入语言"对话框，如图 5-1-9 所示。在"常规"选项卡上边的下拉列表框内可以选择默认的输入法（即输入语言）。

（8）单击"添加"按钮，调出"添加输入语言"对话框，如图 5-1-10 所示，利用该对话框可以添加新的输入法。

在"文本服务和输入语言"对话框"常规"选项卡内的列表框中选中一种输入法，"删除"按钮变为有效，单击"删除"按钮，可以删除选中的输入法。

图 5-1-9　"文本服务和输入语言"对话框　　　图 5-1-10　"添加输入语言"对话框

（9）在"文本服务和输入语言"对话框"常规"选项卡内，在列表框中选中一种输入法选项，再单击"属性"按钮，调出选中输入法的属性设置对话框，例如，选中"中文（简体）-微软拼音新体验输入风格"选项，单击"属性"按钮，调出"Microsoft 微软拼音新体验输入风格设置选项"对话框，如图 5-1-11 所示。利用该对话框的两个选项卡，可以设置微软拼音输入法的许多属性。

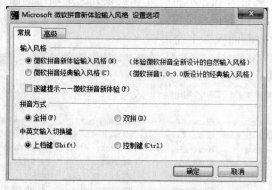

图 5-1-11　"Microsoft 微软拼音新体验输入风格设置选项"对话框

（10）在"文本服务和输入语言"对话框内切换到"语言栏"选项卡，可以设置语言栏默认的位置以及语言栏的状态。切换到"高级键设置"选项卡，可以设置输入法的切换快捷键。

（11）单击各对话框内的"确定"按钮，完成相应对话框内的设置，最后单击"区域和语言"对话框内的"确定"按钮，完成区域和语言的设置。

（12）单击图 5-1-2 所示"时钟、语言和区域"窗口内的"日期和时间"链接文字，弹出"日期和时间"对话框，默认选中"日期和时间"选项卡，如图 5-1-12 左图所示。利用该选项卡可以设置当前的时区、日期和时间。切换到"附加时钟"选项卡，如图 5-1-12 右图所示，利用该选项卡可以设置一个或两个附加时钟，时钟的时区和时钟的名称可以更改。切换到"Internet 时间"选项卡，利用该选项卡可以设置是否与 Internet 时间服务器同步，以及同步文件的选择。

设置完成后，单击"确定"按钮，完成"日期和时间"的设置。

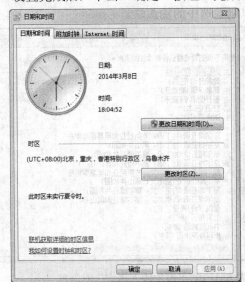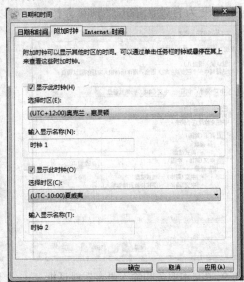

图 5-1-12 "日期和时间"对话框

2. 桌面背景图像设置

（1）单击图 5-1-1 所示"控制面板"主窗口右上方"查看方式"按钮 ，弹出它的下拉列表框，单击其内的"小图标"选项，则切换到"控制面板"主窗口下的"所有控制面板项"窗口，其内以小图标方式显示所有计算机设置的选项，如图 5-1-13 所示。对于不同版本的 Windows 7，"控制面板"主窗口列表框中的选项会有所不同，此处给出的是 Windows 7 旗舰版的"控制面板"主窗口。

图 5-1-13 "所有控制面板项"窗口

（2）单击"所有控制面板项"窗口内的"显示"选项 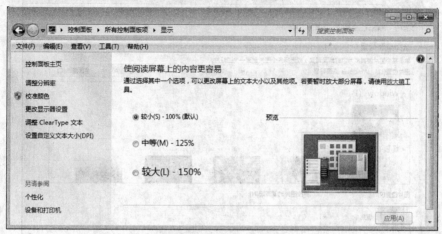 显示，打开"显示"窗口，如图 5-1-14 所示。可以看到，左边栏内列出有关显示设置的一些选项，单击这些选项，可以切换到相应的窗口，提供相应的显示设置。该窗口内有三个单选按钮，用来选择屏幕显示文字和图标等的大小，设置后需要进行注销才可生效。

图 5-1-14　"显示"窗口

（3）单击图 5-1-13 所示"所有控制面板项"窗口内的"个性化"选项，或者单击图 5-1-14所示"显示"窗口内的"个性化"选项，打开"个性化"窗口，如图 5-1-15 所示。

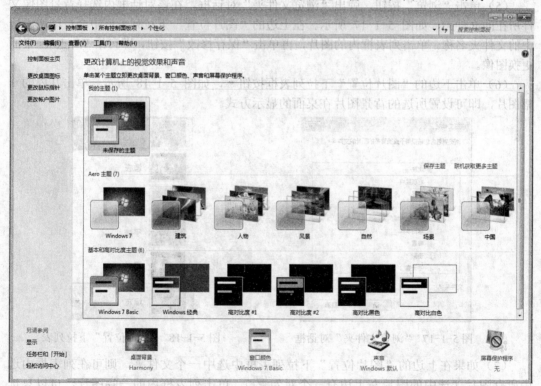

图 5-1-15　"个性化"窗口

（4）单击"个性化"窗口内下边栏中的"桌面背景"选项，打开"桌面背景"窗口，如图 5-1-16 所示。可以在上边的"图片位置"下拉列表框中选择一个选项，选择不同选项后，列表框内的图像也随之改变。如果选择"纯色"选项，则列表框内会显示一些单色色块，单击其内的单色色块，再单击"桌面背景"窗口内的"保存修改"按钮，即可给Windows 桌面更换背景色。

图 5-1-16　"桌面背景"窗口

（5）单击"浏览"按钮，弹出"浏览文件夹"对话框，在该对话框内选择背景图像文件所在的文件夹，如图 5-1-17 所示。在上边的"图片位置"下拉列表框中会自动增添选中的文件夹名称。单击列表框内的图片，再单击"保存修改"按钮，即可给 Windows 桌面更换图像。

（6）单击下边的"图片位置"下拉列表框按钮▼，如图 5-1-18 所示。单击其内的一幅图片，即可设置所选的背景图片在桌面的显示方式。

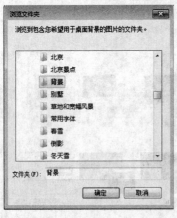

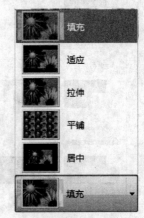

图 5-1-17　"浏览文件夹"对话框　　　　图 5-1-18　"图片位置"下拉列表

（7）如果在上边的"图片位置"下拉列表框中选中一个文件夹，则可在列表框内选中所有图片（选中的图片左上边有一个对勾✅）。单击列表框内的一幅图片，可以只选中该图片；按住【Ctrl】键，同时单击列表框内的几幅图片，可以同时选中这几幅图片；按住【Shift】键，同时单击下边列表框内的两幅图片，可以选中这两幅图片之间的所有图片。

（8）因为选中了两幅或两幅以上的图片，所以便给桌面设置一个多幅图像自动切换的背景，图 5-1-16 所示"桌面背景"窗口内的"更改图片时间间隔"下拉列表框和"无序播放"复选框变为有效。在"更改图片时间间隔"下拉列表框中可以选择图像切换的时间间隔量，选中"无序播放"复选框，表示无序选择显示图片的次序，否则依次显示选中的图片。

3．窗口颜色和屏幕保护程序设置

（1）打开图 5-1-15 所示的"个性化"窗口，选中列表框中"Aero 主题"栏内的一幅图片，如果原来选中的是其他栏内的图片，则会显示"请稍候"提示文字框，全屏变为无色，不能做任何操作，稍等片刻后，"请稍候"提示文字框消失，全屏恢复彩色，可以进行操作。单击"个性化"窗口内下边栏中的"窗口颜色"图标，打开"窗口颜色和外观"窗口。单击"显示颜色混合器"按钮，展开颜色混合器，同时该按钮变为"隐藏颜色混合器"按钮，如图 5-1-19 所示。

（2）在此窗口中，可单击其内列表框中的图片，拖动滑块调整颜色浓度等颜色要素，选中或不选中"启用透明效果"复选框，设置窗口边框和对话框边框的颜色和外观样式。在调整过程中，可以看到窗口边框和对话框边框的颜色和外观样式的变化。

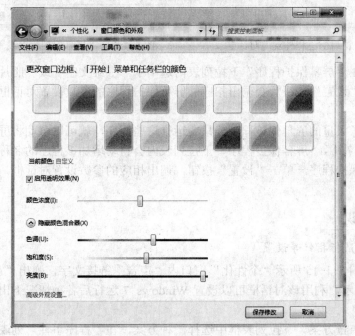

图 5-1-19　"窗口颜色和外观"窗口

（3）单击"高级外观设置"链接文字，弹出"窗口颜色和外观"对话框，如图 5-1-20 所示。在该对话框内"项目"下拉列表框中选择一种 Windows 要素中的一个项目（如窗口、滚动条、消息框、标题栏等），再利用其他选项设置它们的大小、起始颜色和终止颜色，对于一些有文字的项目，还可以设置文字字体、文字大小和颜色等。然后，单击"确定"按钮。

（4）单击图 5-1-15 所示"个性化"窗口内"屏幕保护程序"链接文字，弹出"屏幕保护程序设置"对话框，如图 5-1-21 所示。利用该对话框可以设置屏幕保护效果。

（5）在"屏幕保护程序"下拉列表内可以选择一种屏幕保护程序，在"等待"文本框内设置等待的分钟数，即当不进行任何鼠标和键盘操作后等待执行屏幕保护程序的时间。

单击"预览"按钮，可以在桌面看到屏幕保护程序的运行效果。要终止屏幕保护程序，移动一下鼠标或按任意键即可。

图 5-1-20 "窗口颜色和外观"对话框

图 5-1-21 "屏幕保护程序设置"对话框

（6）如果在"屏幕保护程序"下拉列表内选中了"三维文字"或"照片"等屏幕保护程序，则单击"设置"按钮后会调出相应的屏幕保护程序的参数设置对话框，用来设置程序参数。

外部提供了大量的屏幕保护程序，只要运行这些程序，就可以自动将屏幕保护程序添加到 Windows 7 中，"屏幕保护程序"下拉列表内会自动增加该程序的名称。对于一些外部添加的屏幕保护程序，单击"设置"按钮，调出相应的参数设置对话框，可以设置程序的参数。

 相关知识

1. 声音和鼠标指针等设置

（1）单击图 5-1-15 所示"个性化"窗口内"声音"链接文字，弹出"声音"对话框，如图 5-1-22 所示。利用该对话框可以设置 Windows 7 运行后各种情况下出现的提示声音效果。

（2）在"声音方案"下拉列表框中选择一种方案，在"程序事件"列表框内选择一种事件名称，在"声音"下拉列表框内选择选中事件对应的音频文件名称。单击"测试"按钮，可以播放选中的音频文件的声音效果。单击"浏览"按钮，弹出"浏览新的×××声音"对话框，如图 5-1-23 所示，在"文件名"下拉列表框内选择一种声音类型，在"文件名"下拉列表框内选择一个声音文件或者输入声音文件名称。单击"打开"按钮，即可更换选中事件的声音。

（3）在"声音"对话框的"声音方案"下拉列表框中选择一种方案，单击"另存为"按钮，弹出"方案另存为"对话框，如图 5-1-24 所示。在文本框内输入方案的名称，单击"确定"按钮，将该方案保存。以后在"声音方案"下拉列表框中选中该方案，"删除"按钮变为有效，单击该按钮，即可删除保存的这个方案。

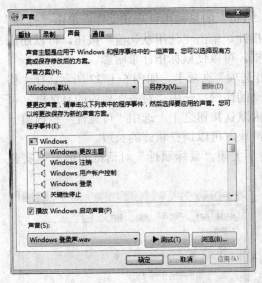

图 5-1-22　"声音"对话框　　　　　图 5-1-23　"浏览新的×××声音"对话框

（4）打开图 5-1-15 所示的"个性化"窗口，单击左边栏内的"更改鼠标指针"文字链接，或者单击图 5-1-13 所示"所有控制面板项"窗口内的"鼠标"选项，弹出"鼠标属性"对话框，默认选中"鼠标键"选项卡，如图 5-1-25 所示。

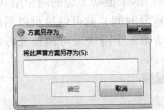

图 5-1-24　"方案另存为"对话框　　　　图 5-1-25　"鼠标属性"对话框

（5）选中"切换主要和次要的按钮"复选框，则鼠标左键和右键的作用互换；水平拖动"速度"滑块，可以调整双击的速度，双击其右边矩形框内的文件夹图案，可以观察调整速度后的效果；选中"启动单击锁定"复选框，则"设置"按钮变为有效，单击该按钮，弹出"单击锁定的设置"对话框，拖动其内的滑块，可以调整单击按下鼠标左键或滚动球按钮可以锁定的时间，一旦单击锁定后，松开鼠标左键或滚动球按钮，也可以拖曳对象，再次单击后可以解除单击锁定。

（6）单击"指针"标签，切换到"指针"选项卡，如图 5-1-26 所示。在该选项卡内"方案"下拉列表框中可以选择一种鼠标指针方案，"另存为"和"删除"按钮的作用与"声音"对话框内的"另存为"和"删除"按钮的作用基本一样。

（7）在"自定义"列表框内选中一种状态的鼠标指针，单击"浏览"按钮，弹出"浏览"对话框，利用该对话框选中一个扩展名为".cur"的鼠标指针形状文件，单击"打开"按钮，即可用选中的鼠标指针替代原来的鼠标指针。单击"使用默认值"按钮，可以还原默认的鼠标指针。选中"启用指针阴影"复选框，可以使鼠标指针带阴影。

（8）单击"指针选项"标签，切换到"指针选项"选项卡，如图 5-1-27 所示。在"移动"栏内水平拖动滑块，可以调整鼠标指针移动的快慢；选中"对齐"栏内的复选框，可以在弹出一个对话框时，鼠标指针自动移到其内默认按钮之上；选中"可见性"栏内第一个复选框，可以显示鼠标指针轨迹，水平拖动滑块，可以调整轨迹的长短。

完成设置后，单击"应用"按钮，即可在不关闭"鼠标属性"对话框的情况下实验设置的效果。

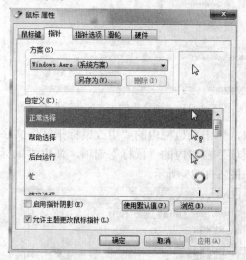

图 5-1-26 "指针"选项卡

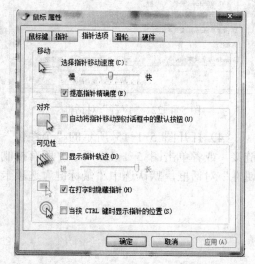

图 5-1-27 "指针选项"对话框

（9）单击图 5-1-13 所示的"所有控制面板项"窗口内的"键盘"选项，弹出"键盘属性"对话框，默认选中"速度"选项卡，如图 5-1-28 所示。水平拖动上边的两个滑块，可以调整按住键盘中一个字符按键时，等待多长时间（字符重复时间）就可以显示以后的重复字符，以及字符重复出现的速度（重复速度）。水平拖动第三个滑块，可调整光标的闪烁速度。

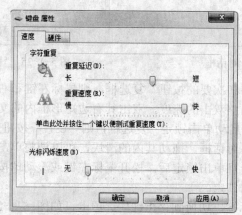

图 5-1-28 "键盘属性"对话框

2. 屏幕放大镜和显示器设置

（1）单击图 5-1-13 所示"所有控制面板项"窗口内的"显示"选项 💻 显示，打开"显示"窗口，如图 5-1-14 所示。单击左边栏中的"调整 ClearType 文本"选项，弹出"ClearType 文本调谐器"对话框，如图 5-1-29 所示，其内显示出该对话框的作用。单击"下一步"按钮，按照要求进行操作，最后单击"完成"按钮。

（2）返回到图 5-1-14 所示的"显示"窗口，单击"显示"窗口内左边栏中的"设置自定义文本大小（DPI）"选项，弹出"自定义 DPI 设置"对话框，如图 5-1-30 所示。如果要自定义文本大小，则可以在该对话框内的下拉列表框中选择一个百分比数，或者在标尺处水平拖动，调整缩放为正常大小的百分比数，然后单击"确定"按钮即可。

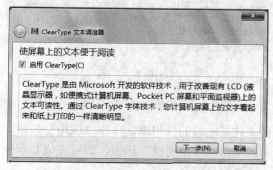

图 5-1-29 "ClearType 文本调谐器"对话框

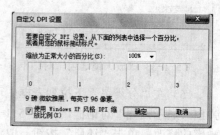

图 5-1-30 "自定义 DPI 设置"对话框

（3）如果要暂时放大屏幕局部内容，可以单击图 5-1-14 所示窗口中的"放大镜"链接文字，进入使用放大镜状态，同时弹出一个"放大镜"面板。单击"视图"按钮，弹出它的菜单，如图 5-1-31 所示。选中"全屏"选项后，可以全屏放大；选中"镜头"选项后，可以用放大镜放大，如图 5-1-32 左图所示；选中"停靠"选项后，可以在窗口上边创建一个放大区域进行放大。

单击"缩小"按钮，可以按照一次 100%缩小显示比例，最小为 100%，即原大小；在默认情况下，单击"放大"按钮，可以按照一次 100%放大显示比例，最大为 1 600%。在"放大镜"面板消失后，单击放大镜内部图标》，如图 5-1-32 右图所示，可以打开"放大镜"面板。

图 5-1-31 "放大镜"面板和"视图"菜单

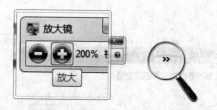

图 5-1-32 放大效果和放大镜

（4）单击"放大镜"面板内的"选项"按钮，弹出"放大镜选项"对话框，如图 5-1-33 所示，用来调整放大镜的宽度和高度，以及缩放视图的变化范围（即每次单击"缩小"按钮和"放大"按钮后显示比例的变化量，可以是 25%、50%等）。单击"确定"按钮，关闭"放大镜选项"对话框，完成设置。单击"放大镜"面板内右上角"关闭"按钮，可以关闭"放大镜"面板，退出放大状态。

（5）单击"显示"窗口内左边栏中的"调整分辨率"选项或"更改显示器设置"选项，打开"更改显示器的外观"窗口，如图 5-1-34 所示。单击"检测"按钮，可以检测是否还有其他显示器，并显示检测结果，如图 5-1-34 所示。

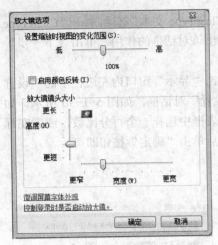

图 5-1-33 "放大镜选项"对话框

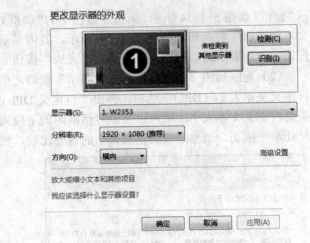

图 5-1-34 "更改显示器的外观"窗口

（6）在"分辨率"下拉列表框中可以选择一种显示器的分辨率。单击"应用"按钮，弹出"显示设置"对话框，如图 5-1-35 所示。单击"保留更改"按钮，即可完成显示分辨率的修改；单击"还原"按钮，取消设置，还原原分辨率。

（7）单击"高级设置"链接文字，弹出监视器和显示卡的属性对话框，单击"监视器"标签，切换到"监视器"选项卡，如图 5-1-36 所示。在"屏幕刷新频率"下拉列表框中选择合适的刷新频率（有"59 赫兹"和"60 赫兹"两个选项），较高的屏幕刷新频率将减少屏幕上的闪烁。在"颜色"下拉列表框中选中一种合适的色彩位数（有"增强色 32 位"和"真彩色 32 位"两个选项）。对于不同的显示器，两个下拉列表框中给出的选项也不一样。

图 5-1-35 "显示设置"对话框

图 5-1-36 属性对话框"监视器"选项卡

（8）单击"适配器"标签，切换到"适配器"选项卡，如图 5-1-37 所示。它显示出显示器适配器（显卡）的类型等信息，单击其内的"属性"按钮，弹出适配器的属性对话框，利用该对话框可以更改适配器的驱动程序等。单击该对话框内的"列出所有模式"按钮，弹出"列出所有模式"对话框，如图 5-1-38 所示。在其内的列表框中可以选择一种显示器模式。

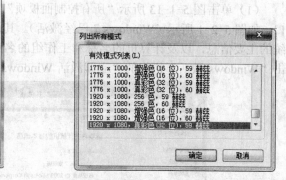

图 5-1-37　属性对话框"适配器"选项卡　　　　图 5-1-38　"列出所有模式"对话框

 思考与练习5-1

一、填空题

1．单击 Windows 7 窗口内左下角的"开始"按钮，弹出"开始"菜单，单击该菜单内的"＿＿＿＿＿＿＿"命令，打开"控制面板"主窗口，用来进行＿＿＿＿＿＿＿的设置。

2．Windows 7 在几乎所有的窗口和对话框内都提供相应的帮助信息，只要单击有关帮助的链接文字或＿＿＿＿＿＿＿，即可弹出"＿＿＿＿＿＿＿"对话框，获取相关的帮助。

3．选中"控制面板"主窗口右上方"查看方式"下拉列表框内的"＿＿＿＿＿＿＿"或"＿＿＿＿＿＿＿"选项，即可以切换到"控制面板"主窗口下的"＿＿＿＿＿＿＿"窗口。

4．单击"个性化"窗口内的"＿＿＿＿＿＿＿"选项，切换到"桌面背景"窗口。按住＿＿＿＿＿＿＿键并单击选中下边列表框内的几幅图片，给桌面设置一个＿＿＿＿＿＿＿背景。

5．单击"所有控制面板项"窗口内的"＿＿＿＿＿＿＿"选项，弹出"键盘属性"对话框，默认选中"速度"选项卡。利用该选项卡可以调整＿＿＿＿＿＿＿、＿＿＿＿＿＿＿和＿＿＿＿＿＿＿。

二、操作题

1．设置计算机的时间和日期的显示格式，设置一周的第 1 天是星期一。

2．设置计算机的桌面背景是 5 幅图像的自动切换，切换时间间隔为 2 s。

3．设置屏幕保护为三维文字动画，等待时间为 2 min。设置鼠标指针有阴影和移动轨迹。

5.2 【案例 12】计算机系统设置

 案例描述

本案例介绍激活 Windows 7 操作系统，为计算机评分和提高计算机性能，系统属性、系统恢复的设置，更改计算机、域和工作组名称，硬件驱动程序的加载、更换和删除，硬件属性的设置，计算机系统的恢复，程序的删除，文件夹属性设置，计算机电源和打印机的属性设置等。

实战演练

1. 计算机评分和更名

（1）单击图 5-1-13 所示"所有控制面板项"窗口内的"系统"选项，打开"系统"窗口，如图 5-2-1 所示（Windows 7 已经激活）。其内显示出有关计算机操作系统和计算机系统的主要信息，以及计算机的名称和工作组的名称等。如果 Windows 7 没有激活，可以单击"Windows 激活"栏内的"立即激活 Windows"链接文字，按照提示一步步操作即可。

图 5-2-1　"系统"窗口

（2）单击"系统"窗口内的"系统分级不可用"链接文字，调出"性能信息和工具"窗口，单击其内的"为此计算机分级"按钮，即可开始为该计算机评分并提高计算机的性能，几分钟后完成此工作，"性能信息和工具"窗口如图 5-2-2 所示。

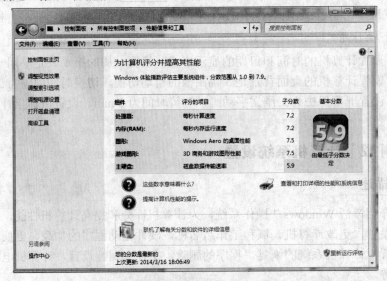

图 5-2-2　为计算机分级后的"性能信息和工具"窗口

（3）单击"查看和打印详细的性能和系统信息"链接文字，可以打开"性能信息和工具"面板，其内给出计算机更详细一些的信息文字，包括计算机的系统、存储、显示器和网络等信息。单击其内的"打印本页"按钮，可以将这些文字打印出来。

（4）重新回到"系统"窗口，单击其内的"更改设置"链接文字，弹出"系统属性"对话框。它包括"计算机名""硬件""高级""系统保护"和"远程"五个选项卡。在"计算机名"选项卡中显示当前计算机默认的名称和工作组的名称，如图 5-2-3 所示。在"计算机描述"文本框内可以输入对该计算机的描述文字，例如，"沈麟电脑""Shenlin Computer"等。

（5）单击"更改"按钮，弹出"计算机名/域更改"对话框，如图 5-2-4 所示。在该对话框的三个文本框中可以分别输入计算机名、域名和工作组名。只有选中"域"单选按钮，"域"文本框才会变为有效；只有选中"工作组"单选按钮，其文本框才会变为有效。

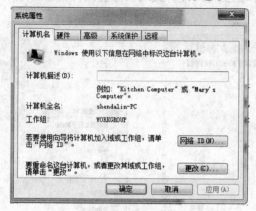

图 5-2-3　"计算机名"选项卡

图 5-2-4　"计算机名/域更改"对话框

2．硬件属性设置

（1）单击"系统属性"对话框内的"硬件"标签，切换到"硬件"选项卡，如图 5-2-5 所示。单击"设备管理器"按钮，打开"设备管理器"窗口，如图 5-2-6 所示。单击图 5-2-1 所示"系统"窗口内左边栏中的"设备管理器"选项，也可以打开"设备管理器"窗口。

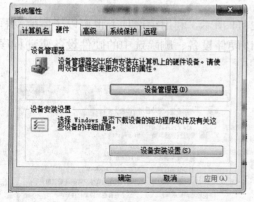

图 5-2-5　"硬件"选项卡

图 5-2-6　"设备管理器"窗口

（2）在"设备管理器"窗口的"硬件设备"列表框内按照硬件设备的类别列出了安装在计算机上的硬件设备名称。将鼠标指针移到工具栏工具图标之上，会显示该工具的名称，例如，将鼠标指针移到图标之上，会显示"显示/隐藏操作窗格"提示，单击该按钮可以在右边显示或隐藏操作窗格。单击"显示/隐藏控制台树"按钮，会在左边显示或隐藏控制台树窗格。

（3）单击菜单栏内的"查看"命令，弹出"查看"菜单，如图5-2-7所示，利用该菜单内前几个命令，可以调整"硬件设备"列表框内硬件设备名称的排列顺序。单击"自定义"命令，弹出"自定义视图"对话框，如图5-2-8所示。选择其内的复选框，可以使"设备管理器"窗口内的相应元素显示或隐藏。

（4）在"设备管理器"窗口"硬件设备"列表框内，单击硬件类型名称左边的图标 ▷，可以展开该类型硬件设备的硬件设备名称，硬件类型名称左边的图标 ▷ 会自动变为图标 ◢。再单击图标 ◢，可使硬件类型名称收缩，图标 ◢ 变为图标 ▷。

（5）选中其中一种设备名称，单击菜单栏内的"操作"命令，弹出"操作"菜单，如图5-2-9所示，利用该菜单栏内的命令或者工具栏内的工具，可以进行更新硬件驱动程序软件、禁用选中的硬件、卸载选中的硬件设备、扫描检测硬件改动、添加硬件设备、显示选中硬件的属性和修改硬件属性等操作。

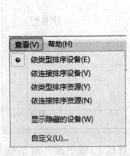
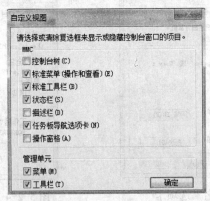
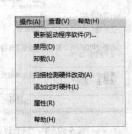

图5-2-7 "查看"菜单　　　　图5-2-8 "自定义视图"对话框　　　　图5-2-9 "操作"菜单

（6）选中列表框中的一项硬件名称后，单击工具栏内的"属性"按钮 ▣，或单击"操作"菜单中的"属性"命令，或者直接双击一项硬件设备名称，都可以弹出一个相应的"属性"对话框，如图5-2-10所示，它给出了选中的硬件设备的运转状态、位置和设备类型等信息。

（7）切换到"驱动程序"选项卡，如图5-2-11所示。利用该选项卡也可以了解驱动程序的详细信息，并可进行更新驱动程序、禁用该硬件设备、删除选中的硬件设备驱动程序等操作。

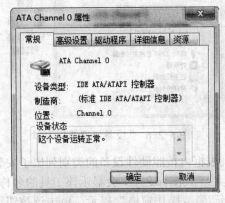

图5-2-10 "属性"对话框　　　　图5-2-11 "驱动程序"选项卡

（8）切换到"系统属性"对话框内的"硬件"选项卡，单击其内的"设备安装设置"按钮，弹出"设备安装设置"对话框，利用该对话框，在它的提示和引导下，可以让 Windows 自动完成给设备下载和安装驱动程序软件的任务，也可以手动选择来下载并安装设备驱动程序。

3. 系统高级属性设置

（1）单击"系统属性"对话框内的"高级"标签，切换到"高级"选项卡，如图 5-2-12 所示。在该选项卡内从上到下有三栏，各栏内均有一个"设置"按钮，单击该按钮，可以弹出相应的对话框，用来完成相应的一些系统设置。

（2）单击第一个"设置"按钮，弹出"性能选项"对话框，默认选中"视觉效果"选项卡，如图 5-2-13 所示，利用它可以设置 Windows 窗口等的外观显示效果或取消该效果（可提高计算机性能）。切换到"高级"选项卡，可以设置虚拟内存大小，即在硬盘中划分出一个区域，Windows 将该区域的存储空间当作 RAM 来使用，该区域叫分页文件，可以设置各个驱动器分页文件的大小。

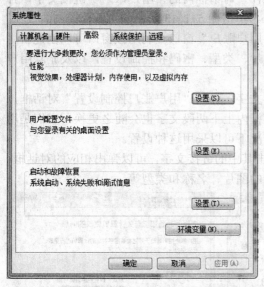 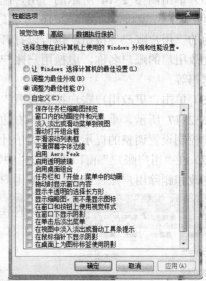

图 5-2-12 "系统属性"对话框"高级"选项卡　图 5-2-13 "性能选项"对话框"视觉效果"选项卡

（3）单击"高级"选项卡内的第二个"设置"按钮，弹出"用户配置文件"对话框，如图 5-2-14 所示，利用它可以为用户配置保存桌面设置和其他与用户账户有关的信息，可以创建一个配置文件，也可以创建多个不同的配置文件。选中"默认配置文件"选项，"复制到"按钮会变为有效，单击该按钮，弹出"复制到"对话框，利用该对话框可以将选中的配置文件复制到指定的位置。

（4）单击"系统属性"对话框"高级"选项卡内的第三个"设置"按钮，弹出"启动和故障恢复"对话框，如图 5-2-15 所示。如果一台计算机中安装了多个操作系统，可以通过该对话框内第一个下拉列表框来选择默认启动哪个操作系统；在上边两个数字框内，可以分别设置显示有多个操作系统选项列表的停顿时间，以及在需要时显示恢复选项的时间。

另外，还可以设置在系统出现故障后，需要完成的一些任务，写入转储文件的调试信息和转储文件的名称等。

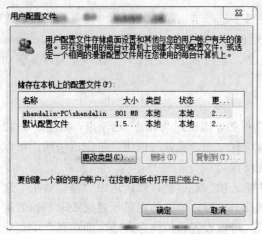

图 5-2-14 "用户配置文件"对话框　　　　图 5-2-15 "启动和故障恢复"对话框

（5）单击图 5-2-14 所示的"用户配置文件"对话框内的"用户账户"链接文字，打开"用户账户"窗口，如图 5-2-16 所示。另外，单击图 5-1-13 所示的"所有控制面板项"窗口内的"用户账户"按钮，也可以打开该"用户账户"窗口。利用该窗口可以创建新用户，更改用户的账户名称，更换用户账户的图片、类型、密码和控制设置，以及删除用户账户密码等。

（6）单击"更改用户账户控制设置"链接文字，弹出"用户账户控制设置"对话框，如图 5-2-17 所示。垂直拖动滑块，右边矩形框内上下两段文字也会随之更换，它们是用户账户控制设置调整的提示文字，提示什么情况下可以采用这种设置。

（7）在"用户账户"窗口内右边栏中，单击其中的链接文字，可以弹出相应的对话框，用来更改和删除用户账户密码，更换用户账户的图片、名称和类型等。

图 5-2-16 "用户账户"窗口　　　　图 5-2-17 "用户账户控制设置"对话框

4. 系统保护和远程属性设置

（1）单击图 5-2-12 所示的"系统属性"对话框内的"系统保护"标签，切换到"系统保护"选项卡，如图 5-2-18 所示。利用该对话框，可以将设置的还原点内容保存在指定的驱动器中，当系统出现问题时，可依据指定驱动器中的内容将系统还原到设置还原点时的内容，撤销不需要的系统更改，还原以前的系统状态。

系统保护是定期创建一个时间还原点，将此时计算机的系统文件、设置信息和已修改文件的以前版本等保存在还原点文件中，在发生重大系统事件（例如安装程序或设备驱动程序等）之前创建这些还原点。系统会每周（在前面七天中没有创建任何还原点）自动创建一个还原点，也可以随时手动创建还原点。注意：只能为使用 NTFS 文件系统格式化的驱动器打开系统保护。

如果计算机运行缓慢或者无法正常工作，可以使用"系统还原"并选择还原点，将计算机的系统文件和设置还原到选中的以前时间的还原点处。如果意外修改或删除了某个文件或文件夹，可以将其还原到修改或删除文件与文件夹之前的状态。

（2）在"系统属性"对话框"系统保护"选项卡内，单击"配置"按钮，弹出"系统保护××××"对话框，如图 5-2-19 所示。在该对话框的"还原设置"栏内有三个单选按钮，用来选择还原哪些内容，也可以选择关闭系统保护（不能设置还原点）。

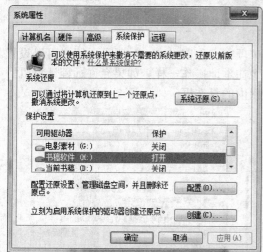
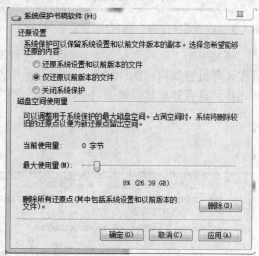

图 5-2-18　"系统属性"对话框"系统保护"选项卡　图 5-2-19　"系统保护××××"对话框

在"磁盘空间使用量"栏内，给出了指定驱动器磁盘的当前使用量，最大使用量，它以占整个磁盘的百分数和字节数两种形式表示出来。水平拖动"磁盘空间使用量"栏内的滑块，可以调整用于系统保护的最大磁盘空间使用量，当还原点的文件占满空间时，系统会自动将较旧的还原点文件内容删除，为要新建的还原点留出足够的磁盘空间。

（3）在"系统属性"对话框"系统保护"选项卡内，单击"创建"按钮，弹出"系统保护"（创建还原点）对话框，在文本框中输入还原点的名称和描述（此处输入"第 1 个还原点"），如图 5-2-20 所示。然后，单击"创建"按钮，会立刻为启用系统保护的驱动器创建还原点，同时系统会自动为设置的还原点添加当前日期和时间。

（4）在"系统属性"对话框"系统保护"选项卡内，单击"系统还原"按钮，弹出"系统还原"（还原系统文件和设置）对话框。单击该对话框内的"下一步"按钮，如图 5-2-21 所示。列表框中列出了所有还原点的日期和时间、描述及类型。单击"系统还原"对话框内的"扫描受影响的程序"按钮，系统会自动在计算机内扫描查询与系统还原到指定还原点处有关的文件，然后弹出"系统还原"对话框，显示查询到的有关文件。

在列表框内单击选中要还原的日期和时间还原点，再单击"下一步"按钮，最后单击"完成"按钮，即可将系统还原到指定的还原点处。

（5）在图 5-2-19"系统保护××××"对话框内，单击"删除"按钮，弹出"系统保护"对话框，如图 5-2-22 所示。单击"继续"按钮，即可将所有还原点删除。

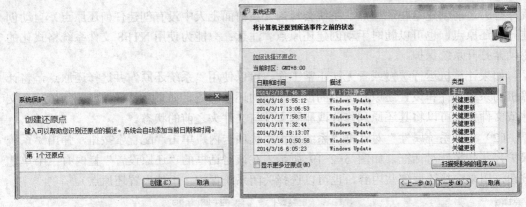

图 5-2-20 "系统保护"（创建还原点）对话框   图 5-2-21 "系统还原"对话框

（6）单击"远程"标签，切换到"远程"选项卡，如图 5-2-23 所示。用户可以设置远程计算机控制自己的计算机，使远程操作就像在本地操作一样。如果允许远程计算机协助连接到这台计算机，就要选中"远程协助"栏内的复选框。

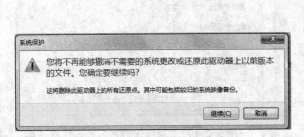

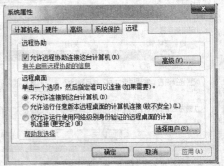

图 5-2-22 "系统保护"对话框   图 5-2-23 "远程"选项卡

5. 系统备份和还原设置

（1）单击图 5-1-13 所示的"所有控制面板项"窗口内的"恢复"选项，打开"恢复"窗口，如图 5-2-24 所示。

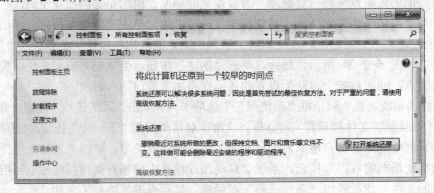

图 5-2-24 "恢复"窗口

系统恢复可以解决很多系统问题，对于一般的系统问题，可以采用上边介绍的系统还原的方法，将系统还原到某一个指定的还原点处，即将计算机系统还原到一个较早的时间点，计算机内的各种文档、图像、音频和视频等文件不变，但是会删除最近安装的应用程序和驱动程序。对于严重的系统问题，可以采用高级恢复的方法。

（2）单击"打开系统还原"按钮，弹出"系统还原"对话框，其内显示关于系统还原的一些提示信息，单击该对话框内的"下一步"按钮，会弹出如图 5-2-21 所示的"系统还原"对话框。利用该对话框可以将系统还原到指定还原点处。

（3）单击"恢复"窗口内左边栏中的"还原文件"选项，打开"备份和还原"窗口，如图 5-2-25 所示。利用该窗口可以进行针对计算机系统的备份，以后可以恢复备份。

单击图 5-1-13 所示的"所有控制面板项"窗口内的"备份和还原"选项，也可以打开如图 5-2-25 所示的"备份和还原"窗口。

图 5-2-25 "备份和还原"窗口

（4）单击该窗口左边栏内的"创建系统映像"选项，弹出"创建系统映像"对话框，用来选择备份文件的保存位置，选中"在硬盘上"单选按钮，在它的下拉列表框中选中一个驱动器选项（还显示该驱动器内可用的磁盘空间大小），如图 5-2-26 所示。

（5）单击"下一步"按钮，弹出"创建系统映像"对话框，如图 5-2-27 所示，用来选择要备份哪个驱动器内的内容。默认选中了 Windows 操作系统所在的驱动器。单击"下一步"按钮，提示备份占用的磁盘空间大小，保存备份文件的驱动器以及要备份的是哪个驱动器。再单击"开始备份"按钮，将显示备份进行过程。等待一定时间，即可完成备份任务。

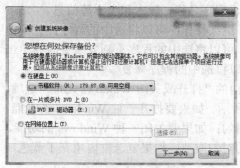

图 5-2-26 "创建系统映像"对话框

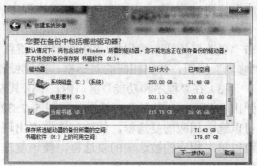

图 5-2-27 "创建系统映像"对话框

（6）完成备份任务后弹出一个"创建系统映像"对话框，如图 5-2-28 所示，提示是否创建系统修复光盘。在 DVD 光盘驱动器内放入 DVD 可刻录光盘，单击"是"按钮，即可刻录一张系统修复光盘；单击"否"按钮，关闭该对话框，不刻录光盘。

（7）在 DVD 光盘驱动器内放入 DVD 可刻录光盘，单击"备份和还原"窗口左边栏内的"创建系统修复光盘"选项，弹出"创建系统修复光盘"对话框，如图 5-2-29 所示。在"驱动器"下拉列表框中选中一个 DVD 光盘驱动器，再单击"创建光盘"按钮，即可刻录一张系统修复光盘。

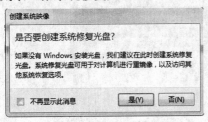

图 5-2-28 "创建系统映像"对话框

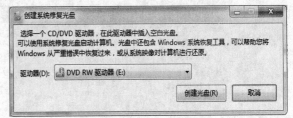

图 5-2-29 "创建系统修复光盘"对话框

（8）单击图 5-2-24 所示的"恢复"窗口内的"高级恢复方法"链接文字，打开"高级恢复方法"窗口，如图 5-2-30 所示。利用该窗口，可以选择一种高级恢复方法，可以使用之前创建的系统映像恢复计算机，也可以重新安装 Windows（需要 Windows 安装盘）。

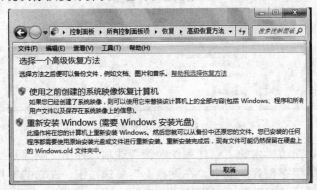

图 5-2-30 "高级恢复方法"窗口

6. 程序卸载和更改设置

（1）在图 5-2-24 所示"恢复"窗口内，单击左边栏中的"卸载程序"选项，打开"程序和功能"窗口，如图 5-2-31 所示。选中列表框内的一个程序选项，在列表框上边会显示"卸载""更改"和"修复"按钮（也可能只显示"卸载"和"更改"按钮或只显示"卸载"按钮），在窗口内的下边会显示该程序的图标、程序名称、版本和大小等信息。

（2）单击"卸载"按钮，弹出相应的对话框，继续操作，可以将选中的程序卸载；单击"更改"按钮，弹出相应的对话框，继续操作，可以将选中的程序重新安装更改；单击"修复"按钮，弹出相应的对话框，继续操作，可以将选中的程序修复。

（3）在"程序和功能"窗口内，单击其左边栏内的"打开或关闭 Windows 功能"选项，弹出"Windows 功能"对话框，如图 5-2-32 左图所示。如果要打开一种 Windows 的功能，可以选中相应的复选框，使该复选框内出现一个对勾；如果要关闭一种 Windows 的功能，可以单击相应的被选中的复选框，使该复选框内的对勾取消；如果复选框内填充了蓝色，则表示仅打开了部分功能。

图 5-2-31　"程序和功能"窗口

单击图标⊞，可以展开其功能，单击图标 ⊟ ，可以将展开的功能名称收缩，如图 5-2-32 右图所示。设置好后，单击"确定"按钮，完成 Windows 功能的打开或关闭。

图 5-2-32　"Windows 功能"对话框

（4）单击图 5-1-13 所示的"所有控制面板项"窗口内的"Windows Update"选项，打开"Windows Update"窗口，如图 5-2-33 所示。在该窗口内"安装计算机的更新"栏内会显示需要更新的文件数量和已经选择的更新数量及文件大小。单击"安装更新"按钮，即可开始更新，在该栏内会显示更新的进度和一个"停止下载"按钮，如图 5-2-34 所示。

图 5-2-33　"Windows Update"窗口　　　　　　图 5-2-34　更新的进度

利用该窗口可以检查软件和驱动程序更新，选择自动更新设置或查看安装的更新。可以设置让 Windows 自动或者手动连接到 Windows Update 站点，下载最新的系统文件或补丁，以保持系统的稳定性和安全性。

（5）单击左边栏内的"更改设置"选项，打开"更改设置"窗口，如图 5-2-35 所示。在第一个下拉列表框内有四个选项，可以选择安装更新的方式，也可以选择关闭自动更新；在下边的两个下拉列表框内选择安装更新的时间。

在第一个下拉列表框内选择第一个选项，可以设置能够自动在网上搜索更新文件，然后自动下载和更新；选择第二个选项，可以设置自动下载更新文件，在用户确定后再进行安装；选择第三个选项，可以设置自动检查更新文件，在用户确定后再进行下载和安装；选择第四个选项，可以设置不检查更新文件。

（6）单击左边栏内的"检查更新"选项，检查完后的窗口如图 5-2-33 所示，以后可以进行文件的更新。单击左边栏内的"查看更新历史记录"选项，打开"查看更新历史记录"窗口，如图 5-2-36 所示。

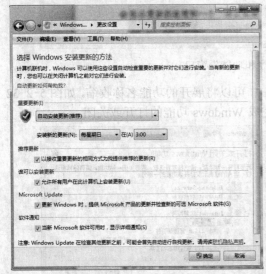

图 5-2-35 "更改设置"窗口　　　　　　图 5-2-36 "查看更新历史记录"窗口

 相关知识

1. 文件夹选项的设置

一般情况下，文件夹窗口内容的显示方式是预先设置好的。例如，默认情况下，显示窗口中的"任务窗格"，不显示文件扩展名及具有隐藏属性的文件和文件夹等。要进行文件和文件夹显示特点的设置，可以采用如下方法。

（1）双击桌面上的"计算机"图标，打开"计算机"窗口，如图 5-2-37 所示。选择"工具"→"文件夹选项"命令，弹出"文件夹选项"对话框，如图 5-2-38 所示。另外，单击图 5-1-13 所示的"所有控制面板项"窗口内的"文件夹选项"选项，也可以弹出"文件夹选项"对话框。

（2）切换到"常规"选项卡，其内有三栏，每栏内都有几个单选按钮或复选框。可以打开"计算机"窗口，在"常规"选项卡内更改选中不同的单选按钮或复选框后，"应用"按钮变为有效，单击该按钮，再观察"计算机"窗口的变化，帮助理解"常规"选项卡内各选项的作用。

（3）单击"查看"标签，切换到"查看"选项卡，如图 5-2-39 所示。可以设置文件夹的屏幕显示方式。单击"文件夹视图"栏内的"重置文件夹"按钮，可以将文件夹正在使用的视图应用到所有这种类型的文件夹中。选中"高级设置"列表框内的单选按钮或复选框，再单击"应用"按钮，即可完成相应的有关显示文件夹和文件特点的设置。

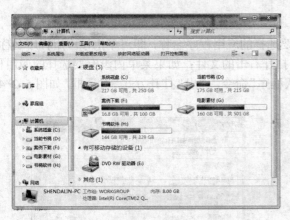

图 5-2-37　"计算机"窗口

图 5-2-38　"文件夹选项"对话框

例如，选中"隐藏已知文件类型的扩展名"复选框，使其内对勾消失，即不选中该复选框，单击"应用"按钮后，即可在显示文件时显示文件的扩展名，原来默认是不显示文件的扩展名。

再例如，选中"显示隐藏的文件、文件夹和驱动器"单选按钮，原来选中的"不显示隐藏的文件、文件夹和驱动器"单选按钮自动变为不选中，单击"应用"按钮后，即可显示隐藏的文件、文件夹和驱动器。

（4）单击"搜索"标签，切换到"搜索"选项卡，如图 5-2-40 所示。在"搜索内容"栏内选择不同的单选按钮，可以设置在索引的位置，是搜索文件名和内容，还是只搜索文件名。在"搜索方式"栏内选择复选框来设置搜索的方式。在"搜索没有索引的位置时"栏内选择在搜索没有索引的位置时，是否搜索系统目录和压缩文件。

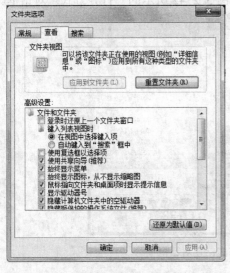

图 5-2-39　"查看"选项卡

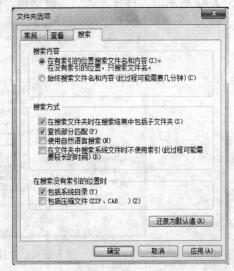

图 5-2-40　"搜索"选项卡

单击"还原为默认值"按钮，可以将文件夹和文件显示特点的设置还原为默认状态。

（5）在默认情况下，许多种文件类型的文件都会和一定的应用程序建立联系，双击这种类型的文件，可以运行默认的相关应用程序，同时利用该应用程序打开双击的文件。如果要更改某种文件类型的文件建立联系的应用程序，可以按照下述方法进行。

在"计算机"窗口内右击要打开的图像、视频或音频等文件，弹出它的快捷菜单，如图 5-2-41 所示，将鼠标指针移到该菜单内的"打开方式"命令之上，显示"打开方式"

子菜单。

如果"打开方式"子菜单中有用户要选择的应用程序名称，即可单击该应用程序名称，打开该应用程序，同时在该应用程序内打开右击的文件；如果菜单内没有要选择的应用程序名称，可以选择该菜单内的"选择默认程序"命令，弹出"打开方式"对话框，如图 5-2-42 所示。

图 5-2-41 "打开方式"菜单

图 5-2-42 "打开方式"对话框

单击该对话框内的"浏览"按钮，弹出"打开方式…"对话框，如图 5-2-43 所示。在该对话框内的下拉列表框中选择文件夹，在列表框内选择应用程序文件，在"文件名"文本框内输入应用程序的名称。然后，单击"打开"按钮，打开选中的应用程序，关闭图 5-2-43 所示的"打开方式…"对话框，回到图 5-2-42 所示的"打开方式"对话框。

图 5-2-43 "打开方式…"对话框

保持选中"始终使用选择的程序打开这种文件"复选框，单击"确定"按钮，打开选中的应用程序，同时打开右击的文件，而且建立右击文件的这种类型文件与选中的应用程序的联系，再次双击这种类型的文件后，可以运行相关应用程序，同时利用该应用程序打开双击的文件。

2. 电源管理

使用电源管理可以降低计算机中的设备或整个系统的耗电。通过选择电源方案可以实现电源管理，电源方案就是计算机管理电源使用情况的一组设置。

通常情况下，关闭监视器或硬盘一段时间可以节省用电。如果离开计算机较长时间，应使计算机进入待机状态，这样整个系统将置于低能耗状态。如果离开计算机很长时间，应使计算机进入休眠状态（即节能状态），自动将内存中所有的信息保存到硬盘上，然后关闭计算机。在退出休眠状态，重新启动计算机后，计算机会精确恢复为离开时的状态。

（1）单击图 5-1-13 所示"所有控制面板项"窗口内的"电源选项"选项，打开"电源选项"窗口，如图 5-2-44 所示。在该窗口内可以根据使用计算机的方式，选择最合适的电源使用计划。使用电源计划可以减少计算机耗电量（节能）、最大程度提升性能（高性能）或平衡两者（平衡）。另外，使用电源节能计划可最大程度延长电池寿命。

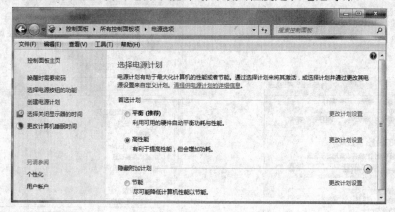

图 5-2-44　"电源选项"窗口

（2）单击"电源选项"窗口内"请提供电源计划的详细信息"链接文字，打开"Windows 帮助和支持"窗口，如图 5-2-45 所示。通过帮助可以了解如何进行电源计划的设置。

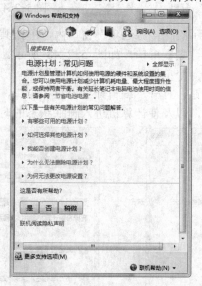

图 5-2-45　"Windows 帮助和支持"窗口

（3）在图 5-2-44 所示的"电源选项"窗口内，单击"隐藏附加计划"按钮 ⊙，收缩该栏，单击"显示附加计划"按钮 ⊙，展开该栏。在"平衡""节能"和"高性能"三个单选按钮中选择一个（例如，此处选中"高性能"单选按钮），用来选择电源管理方式。

（4）在"电源选项"窗口中单击"选择关闭显示器的时间"或"更改计算机睡眠时间"选项，弹出"编辑计划设置"对话框，如图 5-2-46 所示。在该对话框内，单击第二个下拉列表框的按钮，弹出它的列表，选择其中的一个选项，用来设置在不进行任何操作多长时间后使计算机进入睡眠状态；单击第一个下拉列表框的按钮，弹出它的列表，选择其中的一个选项，用来设置关闭显示器的时间。另外，单击"电源选项"窗口中选中的单选项右边的"更改计划设置"链接文字，也可以弹出图5-2-46所示的"编辑计划设置"对话框。

（5）单击"编辑计划设置"窗口内的"更改高级电源设置"链接文字，弹出"电源选项"对话框，如图5-2-47所示。利用该对话框可以自定义电源计划，设置计算机管理的电源方法。

图5-2-46 "编辑计划设置"窗口

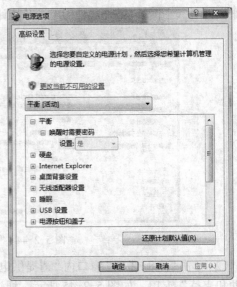

图5-2-47 "电源选项"对话框

（6）在如图5-2-44所示的"电源选项"窗口内，单击其内左边栏中的"创建电源计划"选项，打开"创建电源计划"窗口，如图5-2-48所示。在"计划名称"文本框内输入电源计划的名称，再选中一个单选项。

（7）单击"下一步"按钮，打开"编辑计划设置"窗口，如图5-2-49所示。利用该窗口设置关闭显示器的时间，以及使计算机进入睡眠状态的时间。

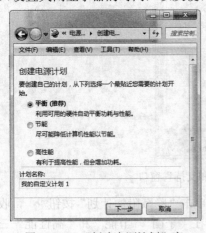

图5-2-48 "创建电源计划"窗口

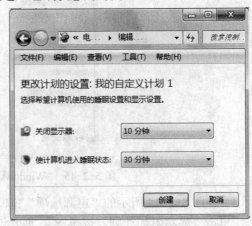

图5-2-49 "编辑计划设置"窗口

（8）单击"创建"按钮，即可完成一个电源计划的设置，关闭"编辑计划设置"窗口，回到图5-2-44所示的"电源选项"窗口。

3.　打印机属性设置

当打印机安装完毕后，需要对打印机进行相关的设置，包括打印机的属性设置等，例如，打印机名称、端口和优先级等。打印机属性设置的步骤如下。

（1）单击桌面上的"开始"按钮，弹出"开始"菜单，选择菜单内的"设备和打印机"命令，打开"设备和打印机"窗口，如图 5-2-50 所示。右击打印机图标，弹出它的快捷菜单，单击该菜单内的"打印机属性"命令，弹出打印机的"属性"对话框，默认选中"常规"选项卡，如图 5-2-51 所示。用来设置打印机名称、位置和注释信息，显示打印机型号和功能，还可以打印检测页等。

图 5-2-50　"设备和打印机"窗口　　　图 5-2-51　打印机"属性"对话框"常规"选项卡

（2）单击"共享"标签，切换到"共享"选项卡，如图 5-2-52 所示，利用它可以设置打印机共享及打印机其他驱动程序。单击"端口"标签，切换到"端口"选项卡，如图 5-2-53 所示。可以添加、删除和配置打印机端口，同时可以启用支持双向打印、启用打印机池等。

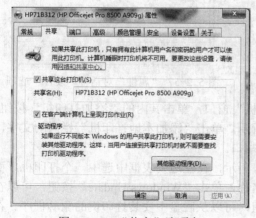

图 5-2-52　"共享"选项卡　　　　　　图 5-2-53　"端口"选项卡

（3）单击"高级"标签，切换到"高级"选项卡，如图 5-2-54 所示，利用它可以设置打印机使用时间和可以使用的时间区间，设置后台打印或直接打印，可以更换打印驱动程序等。切换到"安全"选项卡，如图 5-2-55 所示，利用它可以设置打印机的安全权限。另外，单击"设备设置"标签，切换到"设备设置"选项卡，如图 5-2-56 所示。

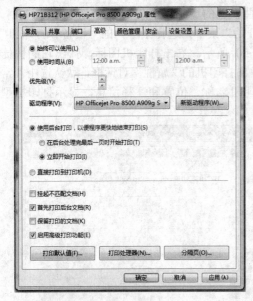

图 5-2-54 "高级"选项卡

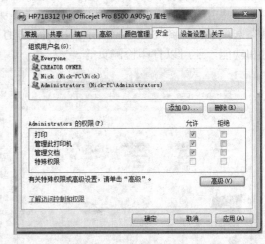

图 5-2-55 "安全"选项卡

（4）右击打印机图标，弹出它的快捷菜单，单击该菜单内的"属性"命令，弹出打印机的"属性"对话框，切换到"硬件"选项卡，如图 5-2-57 所示，可以了解打印机的硬件信息。

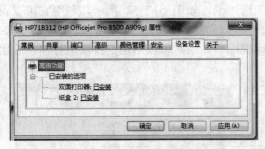

图 5-2-56 "设备设置"选项卡

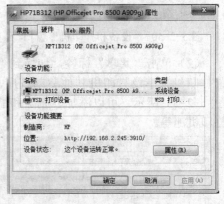

图 5-2-57 "属性"对话框"硬件"选项卡

（5）打开图 5-2-50 所示的"设备和打印机"窗口，单击其内的"添加打印机"按钮，弹出"添加打印机"对话框，如图 5-2-58 所示。单击"添加本地打印机"栏内的文字，如图 5-2-59 所示，在该对话框内设置打印机端口。

（6）单击"下一步"按钮，如图 5-2-60 所示，在左边列表框中选中一个打印机厂商名称，在右边列表框中选中打印机驱动程序名称，单击"Windows Update"按钮，可以在网上搜索更多型号；单击"从磁盘安装"按钮，可以从磁盘中安装打印机的驱动程序。在弹出的"添加打印机"对话框内可以设置是否共享这台打印机等。

（7）在如图 5-2-58 所示的"添加打印机"对话框内，单击"添加网络、无线或 Bluetooth 打印机"栏内的文字，可以搜索局域网内的网上打印机，搜索完后的"添加打印机"对话框如图 5-2-61 所示。单击"下一步"按钮继续操作，即可添加有线或无线网络、Bluetooth（蓝牙）连接的打印机。

 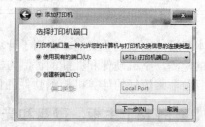

图 5-2-58　"添加打印机"对话框（选择类型）　图 5-2-59　"添加打印机"对话框（设置端口）

图 5-2-60　"添加打印机"对话框（安装驱动）　图 5-2-61　"添加打印机"对话框（搜索结果）

思考与练习5-2

一、填空题

1．单击"系统"窗口内的"_____"链接文字，打开"性能系统和工具"窗口，单击其内的"_____"按钮，即可开始为该计算机评分并提高计算机的性能。

2．单击"系统"面板内的"_____"链接文字，弹出"系统属性"对话框。单击"_____"按钮，弹出"_____"对话框，用来更改计算机、域和工作组的名称。

3．单击"系统属性"对话框"硬件"选项卡内的"_____"按钮，或者单击"系统"窗口内左边栏中的"_____"选项，都可以打开"设备管理器"窗口。

4．单击"恢复"窗口内左边栏中的"_____"选项，打开"程序和功能"窗口。选中列表框内的一个程序选项，单击"_____"按钮，可以将选中的程序卸载。

5．打开"计算机"窗口，单击"_____工具"→"_____"命令，或者单击"控制面板"主窗口内的"_____"选项，都可以弹出"文件夹选项"对话框。

6．单击"所有控制面板项"窗口内的"_____"选项，打开"电源选项"窗口。利用该窗口可以设置_____，用来减少计算机耗电量和延长电池寿命。

二、操作题

1．如果有条件，安装 Windows 7 操作系统，再将它激活。

2．创建一个名称为"还原点 1"的系统保护还原点。创建一个系统映像的备份。

3．设置计算机可以通过单击打开文件夹和运行程序等，在不同窗口中打开不同的文件夹。

4．设置计算机在不进行任何操作后 10 min，自动关闭显示器；在不进行任何操作后 30 min 自动使计算机进入休眠状态。

第6章 计算机检测和优化

本章通过完成三个案例，介绍了计算机系统 CPU、内存、显卡、显示器、硬盘、光驱部件的检测，整机硬件和性能的评测方法，以及计算机系统的优化方法等。全章涉及到十几个目前非常流行的计算机检测软件的使用方法。

6.1 【案例 13】主板、硬盘和光驱等部件检测

案例描述

计算机检测主要分为整机硬件检测和整机性能测评两部分内容，有时这两种检测是同时进行的。在组装或购买了一台新的计算机之后，需要针对这台计算机进行整机硬件的检测，通过硬件检测，一方面可以分辨产品的真伪，另一方面也对计算机各个主要部件的具体参数以及技术指标有更加深入的了解。整机性能评测是通过各种专门的软件，对计算机各个部件以及整体性能的一个评估，除了能够体现出计算机的性能，同时在长时间高负荷的软件环境下运行评估软件，也能测试计算机整体的稳定性。

本案例介绍使用一些常用的检测软件检测 CPU、内存、硬盘、光驱部件的方法，以及使用 Windows 7 工具检测内存的方法等。涉及到的常用软件有 Super Pi、CPU-Z、MemTest、HD Tach、HDDlife Pro 和 Nero CD-DVD Speed 等。

实战演练

1. CPU 性能检测软件 Super PI

Super PI 是一款有名的拷机软件，它让 CPU 处于全速工作状态，以比较、判断计算机内存、CPU 性能及其稳定性。Super PI 的检测原理非常简单，就是让计算机利用 CPU 的浮点运算能力来计算出一个 π（圆周率）值的计算过程。这是一项纯计算的检测方法，当计算位数一多，就能够看出性能差别了，通过这种方法可诱发计算机在全速运行状态可能出现的不稳定情况。所以 Super PI 不仅能够对 CPU 和内存的性能进行检测，还能够检查系统的稳定性和超频特性。

计算机系统性能不同，Super PI 软件的运行后计算相同位数的 π（圆周率）值使用的时间也会不同，显然运算所用的时间越少越好。Super PI 软件的运行方法如下。

（1）双击"super_pi_mod.exe"程序图标，打开"Super PI Mod!"窗口，即 Super Pi 检测窗口，如图 6-1-1 所示。

（2）选择"Super PI Mod!"窗口菜单栏内的"计算"命令，弹出"设置"对话框，在其内下拉列表框中选择一个 π 的位数数字，如图 6-1-2 左图所示。

Super PI 窗口很简单，测试选项从最少的 1.6 万（小数点后 16 000 位）到最多的 3 200 万位，Super PI 都可以计算，如图 6-1-2 所示。CPU 超频后一般最常用的计算位数是 100 万位。在下拉列表框中选择"100 万"选项后的"设置"对话框如图 6-1-2 右图所示。

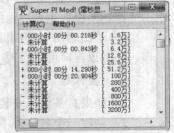

图 6-1-1 "Super PI Mod!"窗口

（3）单击"开始"按钮，弹出一个"开始"对话框，如图 6-1-3 所示。单击该对话框内的"确定"按钮，关闭"开始"对话框，开始进行 100 万位的 π 值计算。

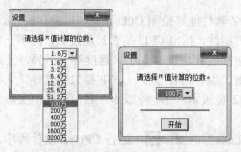

图 6-1-2　"设置"窗口　　　　　　　　　　　　　　图 6-1-3　"开始"对话框

（4）在进行 100 万位的 π 值计算的过程中，"Super PI Mod！"窗口内不断显示计算一定位数后所用的时间，如图 6-1-4 所示。计算完后，显示"完成"对话框，如图 6-1-5 所示。

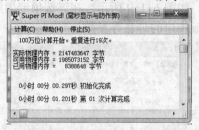

图 6-1-4　"Super PI Mod！"窗口　　　　　　　　图 6-1-5　"完成"对话框

（5）同时，在"Super PI Mod！"窗口内显示全部计算过程（如果窗口调整得足够大），如图 6-1-6 所示。可以看到各阶段计算 π 值所用的时间，以及计算完 100 万位 π 值所用的时间为 20.015 秒。

（6）单击"完成"对话框内的"确定"按钮，关闭"完成"对话框，此时"Super PI Mod！"窗口只显示计算 100 万位 π 值 3 个关键点所用的时间，如图 6-1-7 所示。

图 6-1-6　"Super PI Mod！"窗口显示计算结果　　图 6-1-7　"Super PI Mod！"窗口最后显示

在"super_pi_mod.exe"程序所在文件夹内会自动生成一个名字为"pi_data.txt"的文本文件。利用记事本软件打开"pi_data.txt"文本文件，可以看到其内保存有计算出的 100 万位的 π 值数据。通过用不同的计算机进行相同的计算，可以比较出计算机的运算速度。

2. 处理器检测软件 CPU-Z

CPU-Z 是一款功能很强大的处理器检测软件，是平时检测 CPU 使用最多的软件。CPU-Z 软件可以检测全系列的各种种类的 CPU，除了 Intel 和 AMD 以外，VIA 等一些二线处理器厂商的产品都可以准确检测。CPU-Z 软件能够检测 CPU 名称、厂商、核心频率、倍频指数、核心电压、支持的指令集、超频可能性（指出 CPU 是否被超过频，但不一定完全正确）；检测处理器一、二级缓存信息，包括缓存位置、大小、速度等。另外，还能够检测主板部分信息，包括 BIOS 种类、芯片组类型、内存容量、AGP 接口信息等。它的启动速度和检测速度都很快。CPU-Z 软件有 32 位版本和 64 位版本。目前最高中文版本是"CPU-Z_1.69.0"。

双击该版本 32 位可执行程序"cpuz_x32.exe"的图标，运行 CPU-Z 软件程序，稍等片刻后即可弹出"CPU-Z"对话框，默认选中"处理器"选项卡，如图 6-1-8 所示。在该选项卡内给出了计算机 CPU 测试结果，有 CPU 名称、厂商、核心频率、倍频指数、核心电压、插槽型号、工艺、一二级缓存信息、核心数和线程数等参数。

单击"主板"标签，切换到"主板"选项卡，如图 6-1-9 所示。在该选项卡内给出了主板的生产厂商，芯片组和南桥的名称，以及图形接口的带宽等参数。

图 6-1-8 "CPU-Z"对话框"处理器"选项卡　　图 6-1-9 "CPU-Z"对话框"主板"选项卡

单击"内存"标签，切换到"内存"选项卡，如图 6-1-10 所示。在该选项卡内给出了内存的类型、通道数、总大小、内存频率等参数。单击"SPD"标签，切换到"SPD"选项卡，如图 6-1-11 示。在该选项卡内给出了各个内存插槽中内存条的类型、模块大小、制造商、型号、序列号、电压、频率等参数。

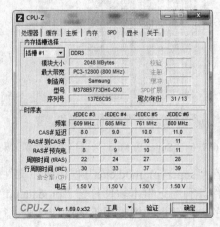

图 6-1-10 "CPU-Z"对话框"内存"选项卡　　图 6-1-11 "CPU-Z"对话框"SPD"选项卡

SPD 是 serial presence detect 的缩写，中文意思是模组存在的串行检测。也即是通过上面讲的 IC 串行接口的 EEPROM 对内存插槽中的模组存在的信息检查。这样的话，模组有关的信息都必须记录在 EEPROM 中。习惯的，我们就把这颗 EEPROM IC 称为 SPD 了。SPD 是烧录在 EEPROM 内的代码，以往开机时 BIOS 必须侦测 memory，但有了 SPD 就不必再去做侦测的动作，而由 BIOS 直接读取 SPD 取得内存的相关资料。SPD 是一组关于内存模组的配置信息，如 P-Bank 数量、电压、行地址/列地址数量、位宽、各种主要操作时序（如 CL、tRCD、tRP、tRAS 等）……它们存放在一个容量为 256Byte 的 EEPROM（Electrically Erasable Programmable Read Only Memory，电擦除可编程只读存储器）中。

切换到"缓存"和"显卡"标签，可以分别获得关于"缓存"和"显卡"的有关信息。例如，一级数据缓存、一级指令缓存、二级缓存的大小和倍频，显卡图形处理器的名称和显存大小等。

3. 内存检测软件 MemTest

MemTest 是一款基于 Linux 核心的内存检测软件，它可以检测到更多更精确的内存值，检测准确度比较高，主要是检测内存的储存与检索数据的能力，内存稳定性和可靠性。MemTest 可以从光盘启动，可以在还没有将操作系统装载到内存中，内存基本上是未使用状态时检测内存。因此可以检测的内存范围大。

如果在 Windows 内运行 MemTest，则应该尽量关闭运行的程序和打开的文件，以使 MemTest 可以检测的内存范围尽量大。MemTest 运行的时间越长，检测的结果越精准，通常让 MemTest 运行 20 min 以上的时间。另外，它可以列出内存资源使用的各种情况。目前，MemTest 的最新版本是 MemTest PRO。

如果 MemTest 内存检测工具找到任何问题，则会停止程序的运行，并且显示测试出的问题。如果计算机拥有的内存较大，CPU 又是多核心处理器，则可以运行多个 MemTest 程序，打开多个副本"MemTest"运行窗口，分别进行测试，不会降低测试质量。和许多内存检测软件一样，MemTest 不能检测计算机的 100%内存容量，其操作方法简介如下。

双击"memtest.exe"程序，弹出"欢迎，MemTest 新用户"对话框，其内显示使用方法，提示退出每一个正在运行的程序，如图 6-1-12 所示。单击"确定"按钮，关闭该对话框，打开"MemTest"运行窗口，如图 6-1-13 所示。

在"请输入要测试的内存大小（单位 MB）"文本框中输入"1024"，单击"开始测试"按钮，开始 1 024 MB 范围内的测试，同时在该窗口内下边显示测试进度和错误量，如图 6-1-14 所示。

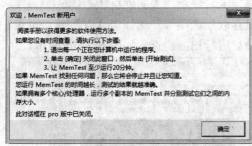  

图 6-1-12　"欢迎，MemTest　　　图 6-1-13　"MemTest"　图 6-1-14　"MemTest"
新用户"对话框　　　　　　　运行窗口　　　　　测试窗口

4. 硬盘检测软件 HD Tune

HD Tune 是一款小巧易用的、专门针对磁盘底层性能的检测软件，它主要是通过分段复制不同容量的数据到磁盘中来进行检测。HD Tune 功能全面，主要检测磁盘的 CPU 使用率、硬盘传输速率、突发数据传输速率、数据存取时间、连续读取数据传输速率和连续写入数据传输速率、健康状态、温度、磁盘表面、硬盘的固件版本、序列号、容量、缓存大小和当前的 Ultra DMA 模式等参数。可以检测的设备主要包括硬盘驱动器、可移动存储设备（移动硬盘）、闪存存储设备、RAID 阵列等设备，功能很全面。虽然这些功能其他软件也有，但难能可贵的是此软件把所有这些功能集于一身，而且非常小巧，速度又快，更重要的是它是免费软件，可自由使用。目前，最新汉化版本是"HD Tune V5.00"。操作方法简介如下。

（1）双击"HDTunePro.exe"程序图标，打开"HD Tune"（HD Tune 专业版 v5.00-硬盘专业工具）运行窗口，切换到"基准"选项卡，单击其内的"开始"按钮，使该按钮变为"停止"按钮，同时在坐标图内逐渐显示测试的波形图，如图 6-1-15 所示。

（2）单击"错误扫描"标签，切换到"错误扫描"选项卡，如图 6-1-16 所示。在上边的下拉列表框中选择硬盘（如果计算机中安装了多个硬盘），可以选中或不选中"快速扫描"复选框，在"单位"下拉列表框内选择一种单位，再在两个文本框内设置开始和结束数据，然后再单击"开始"按钮，"开始"按钮变为"停止"按钮，开始检测选定的硬盘。测试完成后，"停止"按钮变为"开始"按钮，如图 6-1-16 所示。

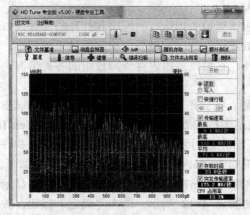

图 6-1-15 "HD Tune"运行窗口　　　　图 6-1-16 "错误扫描"选项卡

（3）单击"信息"标签，切换到"信息"选项卡，如图 6-1-17 所示。可以看到它给出了各硬盘分区的信息，以及整个硬盘的技术参数等信息。

（4）单击"健康"标签，切换到"健康"选项卡，显示相关的硬盘状态。

（5）单击"随机存取"标签，切换到"随机存取"选项卡。选择"读取"或"写入"单选按钮，再单击"开始"按钮，即可开始对硬盘进行扫描检查，如图 6-1-18 所示。

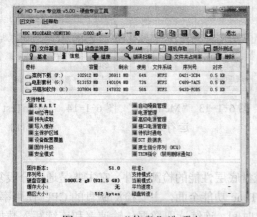
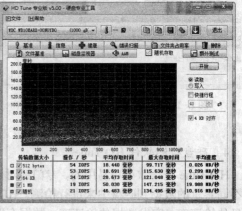

图 6-1-17 "信息"选项卡　　　　图 6-1-18 "随机存取"选项卡

5. 硬盘监控软件 HDDlife Pro

HDDlife Pro 是一款专业的硬盘监控工具软件，它与一般的硬盘监控软件不同，它所监控的不是硬盘的容量变化，而是硬盘的健康情况。它通过硬盘的 S.M.A.R.T. 技术，帮助使用者即时反馈硬盘的健康状况以及温度等信息，让使用者能够切实掌握硬盘的实时状态，帮助提示何时应该准备将硬盘中的资料进行备份，避免硬盘损坏而造成的资料损失。它能够将监控的信息直接显示于各个硬盘图标上或系统栏中，方便使用者了解。目前汉化 HDDlife Pro 的最新版是"HDDlife Pro 4.0.192"，还提供了专业版，功能更强大，可以在 Windows 9x/2000/XP/2003/Vista/7 等操作系统下工作。具体操作方法如下。

（1）运行"HDDlife Pro"程序，打开"HDDlife Pro 4.0.192"窗口，如图 6-1-19 所示。可以看到，它给出了硬盘的名称、大小、温度、健康状态评语、性能评语，以及各分区的技术指标等信息，而且还是实时监控。

（2）选择菜单栏内的"语言"命令，弹出它的菜单，选中该菜单内的一个菜单选项，即可设置相应的语言文字，同时"HDDlife Pro 4.0.192"窗口中的文字会自动进行更换。

（3）选择"文件"→"立即检查设备"命令，即可检查硬盘设备的技术参数，并在"HDDlife Pro 4.0.192"窗口中显示出来，如图 6-1-19 所示。

（4）选择"文件"→"选项"命令，弹出"选项"对话框，如图 6-1-20 所示。该对话框内分左右两栏，左边列出树形结构的目录，选中目录中的不同选项，则右边会显示相应的参数设置选项。选中左边栏内的"常规"选项，在该对话框内，可以设置间隔多长时间即检查硬盘的健康状态，并给出评语，是否在启动 Windows 时启动 HDDlife，是否每隔一周访问 Internet 检查程序更新，是否报告程序的错误。

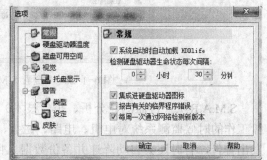

图 6-1-19 "HDDlife Pro 4.0.192"窗口　　　图 6-1-20 "选项"对话框（常规）

（5）选中左边栏内的"硬盘驱动器温度"选项，如图 6-1-21 所示，利用该对话框可以设置硬盘温度提示刷新的间隔时间，以及提示文字的颜色和背景色。单击"紧急"标签，切换到"紧急"选项卡，用来设置紧急提示的文字颜色和背景色；单击"临界"标签，切换到"临界"选项卡，用来设置临界提示的文字颜色和背景色。

（6）选中左边栏内的"托盘显示"选项，如图 6-1-22 所示，利用该对话框可以设置状态栏硬盘信息的显示内容和显示方式等。

图 6-1-21 "选项"对话框（硬盘驱动器温度）　　图 6-1-22 "选项"对话框（托盘显示）

（7）如果选中左边栏内的其他选项，还可以显示硬盘的其他内容，读者自己可以尝试。

（8）单击图 6-1-19 所示"HDDlife Pro 4.0.192"窗口内的"单击获取详细信息-查看 S.M.A.R.T.属性"链接文字，弹出"查看 S.M.A.R.T.属性"对话框，如图 6-1-23 所示。它给出了一些 S.M.A.R.T.属性的重要数据。

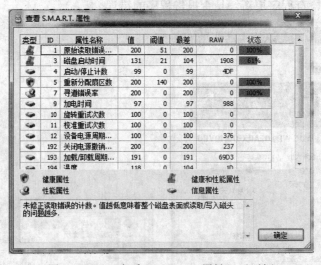

图 6-1-23 "查看 S.M.A.R.T.属性"对话框

S.M.A.R.T.（自监测、分析、报告技术）是现在硬盘普遍采用的数据安全技术，在硬盘工作的时候监测系统对电机、电路、磁盘、磁头的状态进行分析，当有异常发生时就会发出警告，有时还会自动降速并备份数据。目前硬盘的平均无故障运行时间（MTBF）已达 50 000 h 以上，但这对于许多用户来说还是不够的，因为他们储存在硬盘中的数据才是最有价值的，用户需要的是能提前对故障进行预测。正是这种需求才使 S.M.A.R.T.技术得以应运而生。

S.M.A.R.T.监测的对象包括磁头、磁盘、马达、电路等硬盘主要部分，它由硬盘的监测电路和主机上的监测软件对被监测对象的运行情况与历史记录及预设的安全值进行分析、比较，当出现安全值范围以外的情况时，会自动向用户发出警告，而更先进的技术还可以提醒网络管理员，自动降低硬盘的运行速度，把重要数据文件转存到其他安全扇区，甚至把文件备份到其他存储设备上。通过 S.M.A.R.T.技术，确实可以对硬盘潜在故障进行有效预测，提高数据的安全性。但是对于一些突发性的故障，如对盘片的突然冲击等该技术也同样是无能为力的。

6．光驱检测软件 Nero CD-DVD Speed

Nero CD-DVD Speed 光驱检测软件是 Nero 公司推出的刻录软件的一部分，也可以单独下载。它是目前可以支持最多光盘驱动器的检测软件，可以检测各种光盘驱动器和光盘的速度与读写质量，还可以测试超刻效果。另外，Nero CD-DVD Speed 还能够检测出光驱的格式（CLV、CAV 或 P-CAV 格式），随机寻道时间及 CPU 占用率等；并且能够监测盘片的质量和可读性。随着版本的更新，新版的 Nero CD-DVD Speed 也完全支持蓝光。

目前，Nero CD-DVD Speed 软件较为流行的汉化版本是 "Nero CD-DVD Speed 4.7.7.16"，可以用于 Windows 8/7/Vista/2003 等操作系统。具体操作方法简介如下。

（1）启动 Nero CD-DVD Speed 4.7.7.16 软件，如图 6-1-24 所示。在上方的下拉列表框中选择要检测的光盘驱动器，然后单击 "开始" 按钮，"开始" 按钮会变为 "停止" 按钮，同时将开始检测该光盘驱动器，并详细列出该光盘驱动器搭配当前使用的盘片可使用的最高读取或刻录速度，以及在读取或刻录过程中，CPU 占用率等详细的参数。在测试完成后，"停止" 按钮变为 "开始" 按钮。

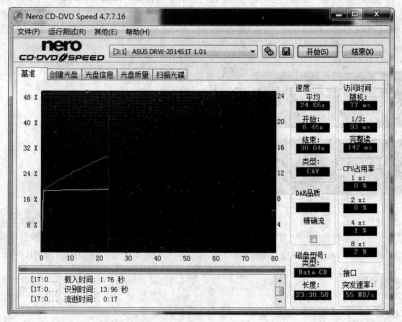

图 6-1-24　"Nero CD-DVD Speed 4.7.7.16" 对话框 "基准" 选项卡

（2）单击 "扫描光碟" 标签，切换到 "扫描光碟" 选项卡，如图 6-1-25 所示。单击 "开始" 按钮，即可开始对光盘进行表面扫描，最后显示光盘类型等信息，以及好坏的百分比。

图 6-1-25 "扫描光碟"选项卡

（3）单击"光盘质量"标签，切换到"光盘质量"选项卡，单击"开始"按钮，可以检测盘片的质量，检测完盘片后的效果如图 6-1-26 所示。同时弹出"Disc Quality Test-Statistics"对话框，显示检测结果，如图 6-1-27 所示。测试的标准与业界标准相同，DVD 光盘以 8 个 ECCB 为 1 个 PI 测试单位，PI 错误不能超过 280 个。如果是 CD 光盘，那么测试的单位就是秒，C1 错误的标准上限为 220，C2 标准没有明确规定，当然是越低越好。检测完毕，如果需要，可以通过 Nero CD-DVD Speed 主窗口上方的存储按钮或"文件"菜单保存检测的各项结果，以便与其他产品的检测结果进行比较。

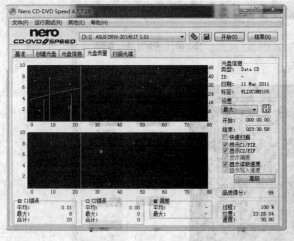

图 6-1-26 "光盘质量"选项卡

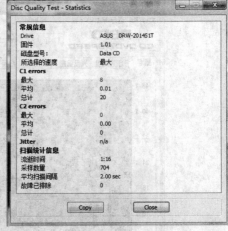

图 6-1-27 "Disc Quality Test"对话框

 **相关知识**

1. Memtest86 和 SiSoftware Sandra 简介

（1）Memtest86 是一款免费开源的内存测试软件，测试准确度比较高，主要是测试内存稳定性，主界面如图 6-1-28 所示。Memtest86 也是一款基于 Linux 核心的测试程序，它可以检测到更多更精确的内存值，因为 Memtest86 不需要操作系统。Memtest86 被设计为从软驱或者光盘处启动，这意味着操作系统还没有开始装载到内存，内存基本上是未使用状态。

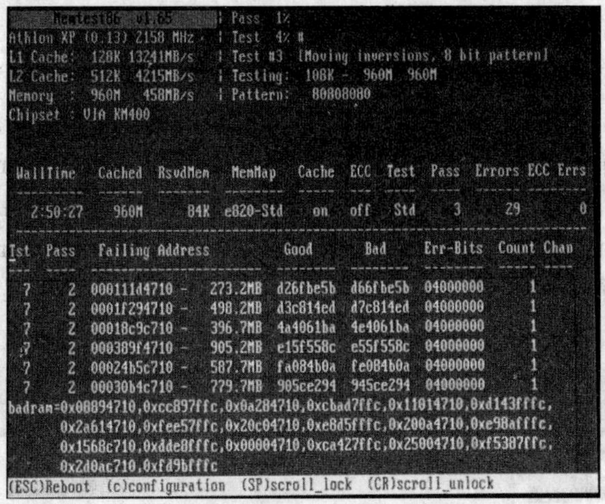

图 6-1-28 "Memtest86" 窗口

Memtest86 的另外一个优点在于使用了 E820 技术,使用该技术的 Memtest86 像是 BIOS 列表一样可以列出内存资源使用的各种情况。

(2) SiSoftware Sandra: 它是一个基于 32 位与 64 位 Windows 平台的系统分析工具程序,包含了性能测试、测试与产生报告等模块,可以提供计算机更详尽真实的硬件信息,获取与其他高端或低端计算机各种性能的对比,提供一目了然的直观比较图。

通过此工具软件,可以获得处理器、芯片组、显示卡、端口、打印机、声卡、内存、网络、Windows 内部服务、加速图形端口显卡、开放式数据库连接、USB 等计算机部件的详细信息。可以生成文本、HTML、XML、SMS/DMI 或 RPT 格式的测试报告,然后将其进行存盘、打印、传真、电子邮件、邮递、上载,或直接将其存入 ADO/ODBC 等开放式连接数据库。

SiSoftware Sandra 中文精简版支持不同设备源的信息采集,包括远程计算机、个人数字助理(PDA)、智能手机(SmartPhone)或已保存在 ADO/ODBC 等开放式连接数据库和磁盘上的系统报告。所有的性能测试都已对多核处理器及超线程处理器进行了性能优化,并根据不同的系统平台最高支持 384 位处理器。支持各种版本的 Windows 操作系统和 VMware 等虚拟机,以及实时运行引擎。

SiSoftware Sandra 中文精简版软件运行后的窗口如图 6-1-29 所示。它提供了三栏不同类型的多种计算机测试和维护工具,单击标签可以切换到其他选项卡,每个选项卡内都有多种各类型工具。双击工具图标,可以打开相应的工具窗口,进行相应的测试。

图 6-1-29 SiSoftware Sandra 中文精简版软件运行窗口

2. Windows 7 测试工具

打开图 5-1-1 所示的"控制面板"主窗口，单击右上方"查看方式"下拉列表框，选中"小图标"选项，打开到"所有控制面板项"页面窗口，如图 6-1-30 所示。其内有"性能信息和工具"和"管理工具"选项，还增加了前面安装的 SiSoftware Sandra 中文精简版软件的"SiSoftware Sandra"选项。单击这三个选项，可以分别打开相应的窗口，例如，单击"SiSoftware Sandra"选项，可以打开如图 6-1-29 所示的 SiSoftware Sandra 中文精简版软件运行窗口。下面简介"性能信息和工具"和"管理工具"选项提供的 Windows 7 测试工具的使用方法。

图 6-1-30　"所有控制面板项"窗口

（1）磁盘清理工具：单击"所有控制面板项"窗口内的"性能信息和工具"选项，打开"性能信息和工具"窗口，如图 6-1-31 所示。单击"为此计算机分级"按钮，即可开始为该计算机评分并提高计算机的性能，几分钟后完成此工作。

单击左边栏内的"打开磁盘清理"选项，弹出"磁盘清理：驱动器选择"对话框，如图 6-1-32 所示。在其内下拉列表框中选中一个驱动器名称选项，再单击"确定"按钮，即可开始分析选中驱动器内的文件，计算可以释放的磁盘空间大小，同时弹出一个"磁盘清理"对话框，用来显示分析计算进度，如图 6-1-33 所示。

图 6-1-31　"性能信息和工具"窗口

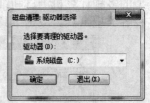

图 6-1-32　驱动器选择对话框

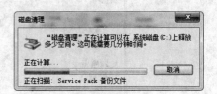

图 6-1-33　"磁盘清理"对话框

当分析计算工作完成后，会自动关闭"磁盘清理"对话框，弹出"××××的磁盘清理"对话框，如图 6-1-34 所示。利用该对话框可以选择要删除的文件类型。单击"确定"按钮，再按照提示进行操作，即可删除多余的文件，达到清理磁盘的目的。

图 6-1-34　"××××的磁盘清理"对话框

（2）高级工具：单击"性能信息和工具"页面左边栏内的"高级工具"选项，打开"高级工具"窗口 ，其内提供了许多工具，如图 6-1-35 所示。单击该页面内的工具选项，即可弹出相应的对话框，使用该工具。例如，单击"打开'磁盘碎片整理程序'"选项，可以弹出"磁盘碎片整理程序"对话框，如图 6-1-36 所示（还没有进行磁盘碎片整理工作）。

图 6-1-35　"高级工具"窗口

在列表框内，选中一个磁盘选项，再单击"分析磁盘"按钮，即可进行选中磁盘的碎片分析；单击"磁盘碎片整理"按钮，即可进行选中磁盘的碎片分析和碎片整理。可以同时进行多个磁盘的分析与整理。

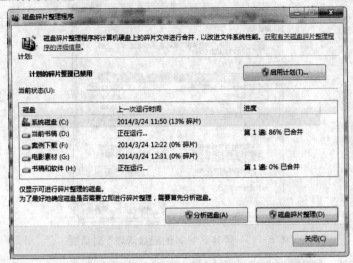

图 6-1-36 "磁盘碎片整理程序"对话框

（3）管理工具：单击"所有控制面板项"窗口中的"管理工具"选项，打开"管理工具"窗口，其内提供了许多工具，如图 6-1-37 所示。

图 6-1-37 "管理工具"窗口

双击该窗口内的工具选项，即可弹出相应的对话框，使用该工具。例如，双击"Windows 内存诊断"选项，可以弹出"Windows 内存诊断"对话框，如图 6-1-38 所示。单击"下次启动计算机时检查问题"选项，弹出如图 6-1-39 所示的对话框，单击"关闭"按钮，关闭该对话框，再次启动计算机时，Windows 将测试内存，并显示测试结果。

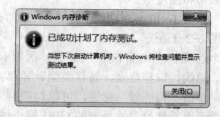

图 6-1-38　"Windows 内存诊断"对话框　　　　图 6-1-39　"Windows 内存诊断"对话框

单击"Windows 内存诊断"对话框中的"立即重新启动并检查问题（推荐）"选项，可以马上关机，再在 DOS 状态下启动"Windows 内存诊断工具"程序，打开"Windows 内存诊断工具"窗口，进行 Windows 内存诊断，如果测出内存有问题，会显示相应的信息。

 思考与练习6-1

一、填空题

1．整机的测评主要分为_____、_____两部分内容。

2．Super PI 让 CPU 处于_____，以比较、判断内存和 CPU 的_____和_____。

3．CPU-Z 软件能够检测 CPU 的名称、厂商、_____、_____、_____、_____、超频可能性、检测处理器一二级缓存信息，包括缓存的_____、_____、_____等。

4．S.M.A.R.T.是现在硬盘普遍采用的数据安全技术，在硬盘工作的时候监测系统对硬盘的_____、_____、_____、_____的状态进行分析，

二、操作题

1．使用 Super PI 软件对自己的计算机进行测试。

2．使用 HDDlife Pro 软件对自己的计算机中的硬盘进行测试。

3．使用 Nero CD-DVD Speed 光驱检测软件对自己的计算机中的光盘驱动器进行测试。

6.2 【案例 14 】显卡和显示器检测

 案例描述

本案例介绍了使用 GPU-Z 和 GpuInfo 软件检测显卡，使用 DisplayX 和 Nokia Monitor Test 软件检测显示器的方法。另外，还介绍了使用 3DMark Vantage 软件检测显卡和整机的方法，还介绍了使用 PCMark8 软件检测整机的方法等。

 实战演练

1．显卡检测软件 GPU-Z

GPU-Z 是硬件网站 TechPowerUp 推出的一款显卡检测的比较专业的免费软件，它的启动速度快、检测速度很快、操作简便。它的最新版本是 TechPowerUp GPU-Z 0.7.3，有汉化版。该软件很小，汉化版 TechPowerUp GPU-Z 0.7.3 显卡检测软件约 3 MB，可以运行

在 Windows XP、Windows 2003、Windows 7 和 Windows 8 等操作系统中。它可以快速检测显卡的名称、工艺、制造商、芯片类型、DAC 类型、总线接口、显存类型和大小、显存频率和温度等。

双击 TechPowerUp GPU-Z 0.7.3 程序图标，弹出 "TechPowerUp GPU-Z 0.7.3" 对话框，如图 6-2-1 所示，它有 "Graphics"（显卡）"Sensors"（传感器）和 "Validation"（验证）三个选项卡，"Graphics"（显卡）选项卡如图 6-2-1 所示。由图可以看到检测的显卡的名称、总线接口和宽度、显存类型、显存大小的信息。

单击 "传感器" 标签，可以切换到 "Sensors"（传感器）选项卡，如图 6-2-2 所示。由图可以看到检测的显卡的 GPU 核心频率、GPU 显存频率和 GPU 温度等信息。

图 6-2-1　GPU-Z 对话框显卡选项卡　　　　图 6-2-2　GPU-Z 对话框传感器选项卡

其中，GPU Core Clock 含义是 GPU 核心频率，GPU Memory Clock 含义是 GPU 显存频率，GPU Temperature 含义是 GPU 温度，Fan Speed 含义是风扇速度。

2. 显示器检测软件 DisplayX

DisplayX 是一款检测显示器设备的软件，这款软件特别针对液晶显示器设计了许多专门的检测项目，除了色彩、过渡等常规检测之外，还用各种纯色画面来帮助用户找出屏幕是否有亮点和坏点等不良效果，这些都是液晶显示器最主要的瑕疵。另外，它还具备快速移动的画面，帮助用户观察液晶显示器的延迟是否严重。使用 DisplayX 检测液晶显示器的方法简介如下。

（1）启动 DisplayX 软件，打开 "DisplayX-显示器测试工具" 窗口，如图 6-2-3 所示。选择菜单栏内的 "常规完全测试" 命令，即可显示各种画面，进行显示器的常规检测，在常规检测的过程中，软件将依次显示各种测试画面。其中有多幅不同颜色的纯色画面，在纯色画面下可以很容易地找出总是不变的亮点和暗点等坏点。按【ESC】键，可以退出测试画面，回到图 6-2-3 所示的 "DisplayX-显示器测试工具" 窗口。在 DisplayX 的各项检测画面中，都有中文的提示，即使对显示器检测一无所知也不用担心不会使用。

（2）选择菜单栏内的 "常规单项测试" 命令，弹出 "常规单项测试" 菜单，如图 6-2-4 所示。选择该菜单内的命令，可以显示相应的测试画面。

使用 DisplayX 软件显示的测试画面，可以进行下述显示器参数的测试。

◎ 对比度：调节 LCD 的亮度，让每个色块都能够显示出来，颜色应尽量黑。

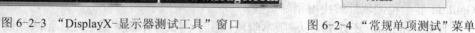

图 6-2-3 "DisplayX-显示器测试工具"窗口　　　图 6-2-4 "常规单项测试"菜单

◎ 灰度：测试显示器的灰度等级，看到的颜色过渡越平滑越好。

◎ 256 级灰度的还原：测试灰度还原模式，最好让色块全部显示出来。

◎ 呼吸效应：越不明显越好，如果在单击屏幕时，屏幕在黑色和白色之间过渡的时候看到屏幕边角有明显的抖动，就叫作呼吸效应强烈，抖动不明显的好。

◎ 几何形状：调节控制台的几何形状，确保不出现变形。

◎ 会聚：测试 CRT 显示器的聚焦能力，需要特别注意四个边角的文字，各位置越清晰越好，色彩越艳丽越好，说明会聚越好。

◎ 纯色：有黑、红、绿、蓝等多种纯色画面显示，可以用来方便地检查出坏点。

◎ 交错：用于检查显示器显示的干扰。

（3）选择"选项"→"指定测试用图片路径"命令，弹出"指定测试用的图片的路径"对话框，如图 6-2-5 所示，利用该对话框选择一个保存有图像的文件夹。选择菜单栏内的"图片测试"命令，即可依次浏览选中文件夹内的图像。

（4）选择菜单栏内的"延迟时间测试"命令，即可弹出一个小窗口，其内显示四个快速水平向右移动的小方块，每一个小方块旁有一个响应时间，指出其中响应速度最快并且能够支持显示、轨迹正常且无拖尾的小方块，其对应的响应时间也就是该液晶显示器的最高响应时间。其中的一幅画面如图 6-2-6 所示。延迟时间就是显示器的响应时间，延迟时间的测试可以准确地测出 LCD 的响应时间。通过不同的速度，可以检查白色方格是否存在着拖尾的现象。

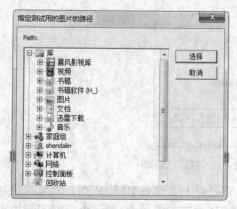
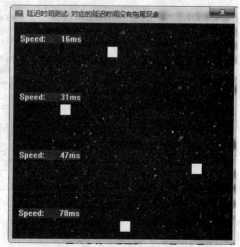

图 6-2-5 "指定测试用的图片的路径"对话框　　　图 6-2-6 延迟时间测试画面

3. 显卡检测软件 GpuInfo

GpuInfo 是一款可以帮助用户识别显卡的软件，通过该显卡检测软件，用户可以很清晰地了解到自己的显卡信息，比如 BIOS 版本、驱动信息、显存类型、频率信息等。

从 2011 年年底发布 GpuInfo beta6 第一版本开始，GpuInfo 正式针对 NVIDIA（是一家以设计显示芯片和主板芯片组为主的半导体公司）显卡的真伪进行检测，能够提供底层 GPU 的识别。基于这个能力，GpuInfo 抛弃对 PCI 设备 ID 的依赖，退而使用自行建立的 NVIDIA 显卡名称数据库，以 GPU 的真实型号作为基本依据来选择显卡的名称，判定 NVIDIA 显卡的真伪。关于判断显卡的真伪一直是显卡测试中的一个问题，目前可能是 GpuInfo 显卡检测软件解决得稍好一些。

目前 GpuInfo 还处于 beta 版本阶段，由于测试样本的严重不足，无法保证在所有的 NVIDIA 显卡上都可以正常执行。在某些卡上，以及在某些情况下，GpuInfo 可能无法启动或执行后出错。GpuInfo beta8 测试版加入了"NVIDIA 假卡检查.bat"批处理命令文件。双击执行该文件内的命令（"C:\gpuinfo.exe/ cfake"，注意"cfake"参数与斜杠"/"之间有一个空格），启动 GpuInfo 的假卡检测模块，可以避免由于主程序无法启动而导致无法对当前显卡进行检测的情况，解决一些问题。GpuInfo 显卡检测软件的使用的方法很简单，下边简单介绍使用 GpuInfo 最新版本"Gpuinfo 1.00 beta9"显卡检测软件的方法。

（1）执行"Gpuinfo 1.00 beta9"主程序，弹出"Gpuinfo 1.00 beta9"对话框，默认选中"主信息"选项卡，如图 6-2-7 所示。"主信息"选项卡显示当前显卡的各项硬件规格信息，若显卡为假卡，则在系统识别栏将会显示"假！"的字样，并且系统识别栏的显示字串会呈现灰色。然后在底层识别栏中，将根据 GPU 的真实型号以及硬件规格，显示对应的显示卡名称。注意这个名称与官方驱动所定义的名称会有一定差别，毕竟这个是 GpuInfo 自行建立的名称库。"主信息"选项卡显示当前显卡的各种硬件规格信息。各显示框内的内容简介如下。

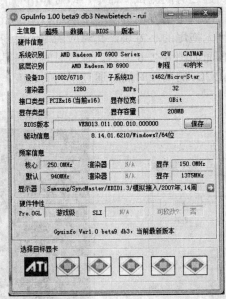

图 6-2-7 "GpuInfo"对话框"主信息"选项卡

◎ 系统识别：操作系统中保存的显卡名称，它是以 PCI 设备 ID 为依据。如果判定当前的 NVIDIA 显卡是通过刷写 BIOS 修改 PCI 设备 ID 而成的假显卡，则这个位置的开头将会显示"假！"字，并以灰色模式显示。

　　◎ 底层识别：这里显示的是 GpuInfo 自行判定的当前显卡的名称，它是 GpuInfo 独有的，与前显卡的设备 ID 无关，所以不会受到假 ID 的影响。在"系统识别"栏中被判定假卡的时候，这里可以提供当前显卡近似的名称。

　　◎ GPU 名称：这里显示的是当前显卡核心代号。

　　◎ 制程：显示当前核心的硬件版本号和生产制程。

　　◎ 设备 ID：显示当前核心的厂商 ID 和当前显卡的设备 ID。如果是假显卡，则这里显示的不一定是当前显卡的真实 ID。

　　◎ 子系统 ID：显示当前显卡的生产厂商 ID。

　　◎ 渲染器：显示当前核心的渲染器工作单元数量。

　　◎ ROPs：显示当前核心的光栅处理器数量。

　　◎ 接口类型：显示当前显卡的与主板的接口类型，以及接口速度。

　　◎ 显存位宽：显示当前显卡的显存工作位宽。

　　◎ 显存类型：显示当前显卡的显存类型。例如，GDDR3 或者是 GDDR5 等。

　　◎ 显存容量：显示当前显卡的板载显存容量。例如，208 MB。

　　◎ BIOS 版本：显示当前显卡的 VGA BIOS 版本。

　　◎ "保存"按钮：单击该按钮后，GpuInfo 会将当前显卡的 VGA BIOS 提取出来，然后提示用户保存为 BIOS 二进制文件。

　　◎ 核心：当前核心频率。

　　◎ 渲染器：渲染器单元频率，对于没有这个频率的核心，这里的显示没有意义。

　　◎ 显存：当前显存频率。

　　◎ 默认：BIOS 定义的 3D 状态频率，对于具备 BOOST 睿频功能的开普勒核心，以及 AMD HD7 系列核心，这里的定义无意义。

　　◎ 渲染器（"频率信息"栏内的第二个渲染器）：BIOS 中定义的 3D 状态频率。如果当前核心的渲染器频率是非独立的，那么这里的显示无意义。

　　◎ 显存（"频率信息"栏内的第二个显存）：BIOS 定义的 3D 状态频率。

　　◎ 显示器：显示器的 EDID 信息在这个栏目中显示。包括显示器厂牌缩写，显示型号，生产日期以及当前使用的接口类别（DVI，模拟接口）等。

　　◎ Pro.OGL：对于专业绘图卡和游戏卡，NVIDIA 在硬件层有专门的识别位。这里显示的就是这个识别位的状态。

　　◎ SLI：显示当前显卡是否在硬件层支持 SLI 能力。这里显示的同样是硬件状态位，而非用于判断当前卡是否处于 SLI 软件层状态。

　　◎ 可软改？：AMD 以及 NVIDIA 的某些显卡，可以在软件层打开被软件屏蔽的处理器核心，但是这种显卡非常稀少。这里会显示相应的"是"或"否"的提示性文字。

　　◎ 选择目标显卡：在该栏中显示六个方形图标，每个图标对应一块显卡，GpuInfo 一共可以同步测试六块显示卡，如果安装了两个或两个以上的显卡，则该栏中显示一样数量的方形图标。单击图标，就可以切换显示相应显卡的有关信息。其他选项卡也有相同功能。

　　（2）切换到"GpuInfo 1.00 beta9"对话框"数据"选项卡，如图 6-2-8 所示。它提供导出部分数据的功能。各显示框内容和按钮的作用简介如下。

　　◎ 导出基本数据"导出"按钮：单击该按钮，可以导出一些寄存器基本数据（二进制格式）。

　　◎ 导出 Debug 数据"导出"按钮：单击该按钮，可以导出一个出错信息数据。这个按钮只有在特殊的情况下才会激活，一般情况下是无效的。

◎ 当前目标卡：这里显示当前正在操作的显卡名称。

◎ 寄存器地址：可输入寄存器起始地址。GpuInfo 将从该地址开始读取数据，32 位步进。

◎ 读取个数：如果需要连续读取多个寄存器数据，在这里输入要读取的个数，注意一个寄存器是 32 位，即 4 个字节长度。例如在这里输入"10"，那么 GpuInfo 实际读取的数据个数为 10*4＝40 字节的数据。另外，要扫描一个连续的寄存器区域是比较危险的动作。连续扫描的区域越大就越容易出问题。所以这里输入的寄存器个数不可以大于 1 000。

◎ "GetSRegData"按钮：在输入了寄存器地址以后，单击这个按钮，可以通过下边的列表框显示读取 AMD 和 NVIDIA 显卡寄存器状态数据，左边为读取的寄存器地址，右边对应的是该寄存器的数据。注意目前还不支持直接按【Enter】键来实现读取功能。对于专业用户，在分析显卡状态时，获取实时寄存器的数据是非常有用的。但一般用户最好不要做这项实验。

（3）单击"GpuInfo 1.00 beta9"对话框内的任意标签，打开"Gpuinfo Hardware Monitor"窗口，如图 6-2-9 所示。它可以对当前显卡进行实时监测。监测结果绘制为动态曲线，并在监测图形窗口中展现出来。

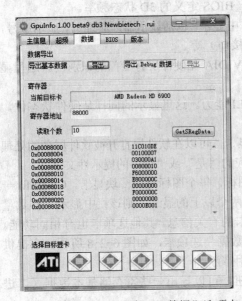

图 6-2-8 "Gpuinfo"窗口"数据"选项卡

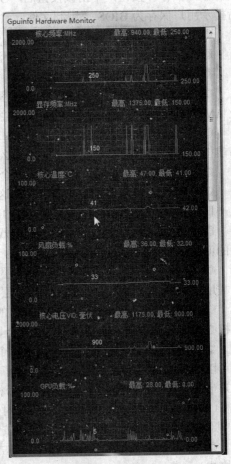

图 6-2-9 "Gpuinfo Hardware Monitor"窗口

窗口内提供了 10 项以上的的监测项目，这个监测项目总数由当前显示核心的类型来决定。一些旧型号的核心，支持的监测项目会比较少。

如果系统中安装了多块显卡，在单击"选择目标显卡"栏内的方形图标，选择目标显卡后，监测图表中的监测项目也会自动切换到所选择的显卡上。默认状态下，监测图表显示第一块显卡的监测项目。监测图表的大小尺寸可以自由拉伸，缩小，以方便查看想要看的项目。当鼠标移动到监测窗口的显示区域时，将显示鼠标位置竖直方向坐标的数据。方便查看某个时刻的监测历史数据。

（4）切换到"GpuInfo 1.00 beta9"窗口"BIOS"选项卡。该选项卡用来进行 BIOS 的编辑和刷写，用于处理那些在 BIOS 层的各种超频限制。目前，它仅支持那些使用了 BOOST 睿频系统的 NVIDIA 显卡。对于 AMD 显卡，不提供对 BIOS 的编辑和刷写。

切换到"GpuInfo 1.00 beta9"窗口"超频"选项卡，可以用来进行 GPU 超频的调整。

4. 显示器检测软件 Nokia Monitor Test

Nokia Monitor Test 测试软件是一款由 NOKIA（诺基亚）公司出品的专业显示器测试软件，功能很全面，包括了测试显示器的亮度、对比度、色纯、聚焦、水波纹、抖动、可读性等重要显示效果和技术参数。Nokia Monitor Test 软件文件的大小只有 578 KB，却具有强大的功能。可以在购买显示器时带着该软件，经过它检测过的显示器可以放心购买，也可以用它来更好地调节显示器，让显示器发挥出最好的性能。

启动"Nokia Monitor Test.exe"程序，弹出"Nokia NTest"对话框，如图 6-2-10 所示。利用该对话框选择软件界面的显示文字。单击"确定"按钮，打开"Nokia Monitor Test"测试软件的测试窗口，如图 6-2-11 所示。单击其内下边的小图标，可以切换到不同的测试画面，单击"EXIT"图标，可以退出测试窗口。

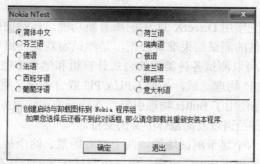

图 6-2-10　"Nokia NTest"对话框

图 6-2-11　"Nokia Monitor Test"测试软件运行后的窗口画面

相关知识

1. 3DMark Vantage 显卡测试软件

3DMark 是 Futuremark 公司发布的一款世界著名的显卡测试软件，是一套完整的 PC 基准测试工具，主要测试一个计算机系统的三维图像功能和速度，通常用来比较哪一种显卡的三维支持是最好的。可以让计算机用户、游戏玩家和超频玩家有效地评测硬件和系统的表现。3DMark 家族具有十多年历史，这个家族有 3DMark 99、3DMark 2001……3DMark 06、3DMark Vantage 和 3DMark 11 等版本。最新版本是 3DMark 11（2010 年 12 月 7 日发布）。

3DMark 与微软的关系很密切，几乎每一个代表性的 DirectX 版本的更新都会引发 3DMark 测试软件的更新。使用 3DMark 2000 可以进行 DirectX 7 的基准测试，使用 3DMark 2001 可以进行 DirectX 8 的基准测试，使用 3DMark 06 可以进行 DirectX 9 的基准测试，使用 3DMark Vantage 可以进行 DirectX 10 的基准测试，使用 3DMark 11 可以进行 DirectX 11 的基准测试。现在的 3Dmark 已不仅仅是一款显卡测试软件，它已渐渐转变成为衡量整机性能的软件。

可以用 3DMark 来测试计算机的极限，计算机系统的超频和调整产生的影响。搜索数据库中的大量结果，看看用户的计算机与其他计算机的比较结果；还可以欣赏令人难以置信的画面细节，并能给予精确且公正的测试结果。对于数以百万计的玩家、数百个硬件评论网站和许多世界领先的制造商而言，3DMark 是评测 PC 游戏性能的必备工具，深受全球游戏玩家信赖。

3DMark 11 可以广泛使用 DirectX 11 中的所有新功能，包括曲面细分、计算着色器和多线程。3DMark 11 提供的测试结果准确公正，是测试游戏类应用中的 DirectX 11 最理想的方法，稳定又可靠。它可以测试各种类型的台式计算机和笔记本电脑，可以进行四项 GPU 显卡图形测试，一项 CPU 物理测试，一项 GPU/CPU 联合测试，重新提供了 Demo 演示模式。3DMark 11 测试程序使用了 Bullet 物理引擎，支持新的在线服务，并在原有英文支持的基础上，加入了德语、芬兰语以及简繁体中文的支持。

3Dmark 11 包含了六个显卡测试场景，两个深海场景、两个神庙场景和两个物理测试场景，画面美轮美奂，效果堪比 CG 电影。前三个测试场景动画中的三幅画面如图 6-2-12 所示。后三个测试场景动画中的三幅画面如图 6-2-13 所示。

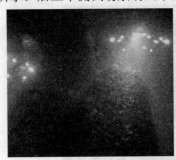

图 6-2-12　前三个测试场景动画中的三幅画面

第一个测试场景动画是一队潜水艇潜入深海，耀眼的聚光灯照亮海底。这款 GPU 显卡测试使用了大量的投射光和点光源，部分投射光照射在阴影区。大面积的照明和噪声调整的光密度，营造出混浊不清的水底效果。该测试中没有曲面细分。第二个测试场景动画是一队潜水艇揭开了海底丰富多彩的纹理结构，第二个测试场景动画使用的光线比第一个测试场景动画使用的光线少，但是在岩石、珊瑚和人造建筑上增加了一定的曲面细分几何形状。后期处理时增加了景深和其他镜头效果。第三个测试场景动画是在一个废墟上保留着过去的文明遗迹。隐藏在丛林深处的秘密被大气光线和 DirectX 11 曲面细分展开在世人面前。大面积的光线照亮了整个场景，耀眼的阳光透过茂密的植物照射进来。曲面细分技术使神殿中的雕刻品和丛林中的植物细节更丰富，更加栩栩如生。

图 6-2-13 后三个测试场景动画中的三幅画面

第四个测试场景动画是在废旧汽车明亮耀眼的大灯和蓝色月光的照耀下，神殿显得诡异莫测。这款 GPU 测试采用大量的曲面细分技术，所以大部分工作都用在绘制曲面细分几何形状上。月亮相当于一个阴影投射定向光源，而汽车大灯则是阴影投射光源。第五个测试场景动画是物理测试，它是一项纯粹的 CPU 性能基准测试，采用轻度的渲染技术，最大限度减小任何 GPU 对评分的影响。此测试中包含对大量刚体的多线程模拟，有些通过结合点来连接，并使用"Bullet 开放源物理库"实现碰撞。第六个测试场景动画的测试包含了 CPU 和 GPU 两者的工作，CPU 模拟一定数量的刚体对象碰撞，且结合刚体的对象运行，GPU 则模拟柔体物体，同时对曲面细分几何形状，配有大面积照明和后期处理效果，再加渲染。

2. PCMark8 整机性能测评软件

PCMark 是由 Futuremark 公司发布的一款综合性整机性能基准测试软件。Futuremark 公司出品的基准测试软件产品全球闻名，包括 3DMark、PCMark 和 SPMark 等。PCMark 和 3DMark 两款测试软件都是很庞大的，而且只是测试用的。如果想要知道自己的计算机系统的性能和其他类似硬件计算机系统的性能比较排列的名次，可以用这两款软件。3DMark 系列主要是针对 PC 和其他产品的图形性能来进行测试和评分，而 PCMark 系列则主要用于测试平板电脑到台式机等所有类型的 PC 的综合性能。PCMark 8 是适合家庭及企业使用的全方位 PC 基准测试工具，可以帮助用户找到效率和性能完美结合的设备。

PCMark 家族也具有十多年历史，这个家族有 PCMark02、PCMark03、PCMark04、PCMark 2005、PCMark Vantage、PCMark 7 和 PCMark 8 等版本。和历代前辈一样，PCMark 8 也是一套针对 PC 系统进行综合性能分析的测试套装。

PCMark 8 提供了三个不同版本，包括免费且不限制运行次数的基础版（Basic Edition）、功能完整收费 40 美元的高级版（Advanced Edition）和针对商业用户收费上千美元的专业版（Professional Edition）。普通用户使用基础版即可，只是不能自定义测试项目而已。

另外，PCMark 8 还有五点要求，一是必须在 Windows 7 或 Windows 8 操作系统环境下运行，Windows Vista/XP 完全被淘汰；二是必须采用 64 位操作系统才能完整运行完并获得评分，在 32 位操作系统下进行测试会在评分时卡死程序；三是浏览器版本必须是 IE10，如果采用的是 IE9 浏览器，则 PCMark 8 不支持测试，所以 Windows 7 的使用者最好将浏览器升级到 IE10；四是所有的硬件驱动程序最好都使用最新的驱动版本，并且声卡和网卡的驱动程序也最好全部安装好，不然即使可以获得评分但也可能不准；五是在每项测试完成之后最好重启计算机，而 Futuremark 给出的提示也是每次测试都要重启计算机并等待 15 min 后再进行下一项测试。

PCMark 8 包含七个不同的测试环节，由总共 25 个独立工作负载组成，涵盖了存储、计算、图像与视频处理、网络浏览、游戏等 PC 日常应用的方方面面。PCMark 8 将各个工作进行了分类，分别是 Home、Creative、Work、Storge 和 Applications 五个单独项目的基准测试，另外还有电池使用寿命的测试。在测试前必须选择其中一项。

在各个分项目的测试中 PCMark 8 还提供了不同核心运行 OpenCL（开放运算语言）的选择，可以选择使用 CPU 或者 GPU 在同一项目中运行 OpenCL 的测试项目。

PCMark 8 运行后进入"PCMark 8"测试窗口，如图 6-2-14 所示。可以看到其内有五个图片选项，分别对应 Home、Creative、Work、Storge 和 Applications 五个项目，单击其中的一个选项，会切换到相应的项目测试窗口。"PCMark 8"测试窗口上边一栏内右边有六个菜单命令，分别是"WELCOME"（欢迎）"BENCHMARK"（基准测试）"RESULTS"（成绩）"LOG"（商标）和"HELP"（帮助）。在选中一个测试选项后，单击"RUN"按钮，可以进行相应的测试。

Home（家庭）项的测试是模拟人们在家中使用计算机的各种习惯来进行的虚拟测试，其中包含了"网页浏览、文档创建、游戏体验、照片编辑和视频聊天室"这五个不同的子项目。该测试对计算机负载的要求并不是很高。选中 Home（家庭）项目后的测试窗口如图 6-2-14 所示。

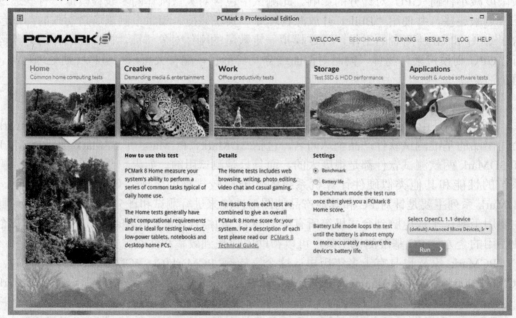

图 6-2-14　PCMark 8 的 Home 项目测试

Creative（创造）项的测试是所有分项测试中对计算机的负载要求最高的一项，该测试包含了"网页浏览、照片编辑、海量照片编辑、视频编辑、媒体运行、高端游戏和视频会议"这七项不同的测试子项。其中部分测试子项是和 Home 测试子项重复的，不同的几项测试（视频编辑、视频会议等）则完全是根据应用中最高负载的环境来模拟的，所以只要能够通过 Creative 项目并获得更高分的平台，在理论上就拥有着在高负载环境下的更好表现。选中 Creative（创造）项目后的测试窗口如图 6-2-15 所示。

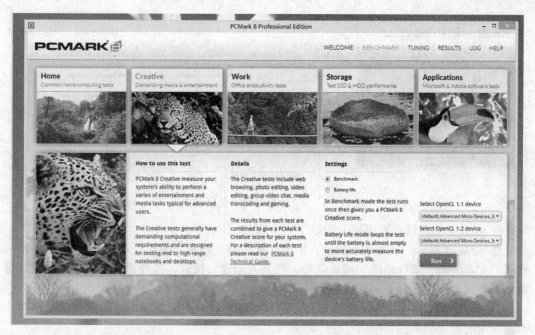

图 6-2-15　PCMark 8 的 Creative 项目测试

　　Work（工作）项目测试是模拟人们进行一般的文档和浏览网站等基本办公操作能力的测试，Storge（存储）项主要测试的是计算机驱动器和存储设备的存储效能和稳定性，而Applications（应用）项则主要针对 Adobe 和微软 Office 等第三方软件进行的测试。

　　测试完成之后的 PCMark 8 窗口如图 6-2-16 所示，同时将测试成绩和有关信息提交到官方网站上，并自动打开官方网站网页，显示测试成绩，如图 6-2-17 所示。

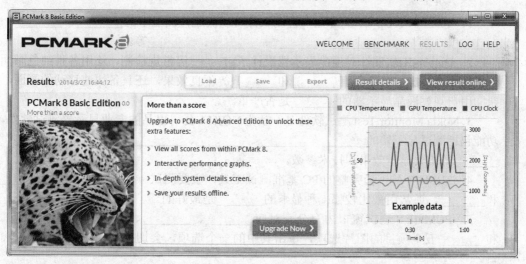

图 6-2-16　PCMark 8 项目测试完成后的窗口

　　单击网页内"添加以比较"按钮，接下来，PCMark 8 还将把用户本身的计算机配置和目前全球分数最高者的计算机配置进行对比，和全球的用户进行成绩比较，显示目前这一成绩所处的排名位置，同时也把成绩为第一名的分数展示出来。

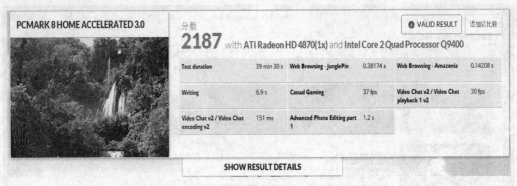

图 6-2-17　官方网站网页及测试成绩

PCMark 8 的测试内容可以分为以下三个部分。

◎ 处理器测试：采用数据加密、压缩、解压缩、解密、图形处理、音频和视频编码、解码、文本编辑、邮件功能、网页渲染、联系人创建与搜索、处理器人工智能游戏测试等项目来测试处理器在各方面的性能。

◎ 图形测试：采用高清视频播放、游戏测试、显卡图形处理的方法来测试显卡对于不同应用所表现出来的性能。

◎ 硬盘测试：采用 Windows、Word、Adobe Photoshop、Internet Explorer 和 Outlook 启动，使用 Windows Defender、"Alan Wake" 游戏、图像导入、媒体中心使用、视频编辑、Windows Media Player 搜索和归类等。

思考与练习6-2

一、填空题

1. TechPowerUp GPU-Z 显卡检测软件可以快速检测显卡的_____、_____、_____、_____、_____、_____、_____、_____等。

2. DisplayX 软件针对液晶显示器设计了_____等常规检测，还用各种纯色画面来帮助用户找出屏幕是否有_____和_____等不良效果，还具备快速移动的画面，帮助用户观察液晶显示器的_____是否严重。

3. Nokia Monitor Test 测试软件是一款由 NOKIA 公司出品的专业显示器测试软件，功能包括测试显示器的_____、_____、_____、_____、_____、_____等重要显示效果和技术参数。

4. 3DMark 是一套完整的 PC 基准测试工具，主要测试一个计算机系统的_____和_____，通常用来比较哪一种显卡的_____是最好的。

5. PCMark 8 测试窗口内有分别对应_____、_____、_____、_____和_____五个项目的图片选项，单击其中的一个选项，会切换到相应的项目测试窗口。

二、操作题

1. 使用 TechPowerUp GPU-Z 显卡检测软件测试计算机的显卡。

2. 使用 DisplayX 和 Nokia Monitor Test 检测软件测试计算机的显示器。

3. 使用 3DMark 检测软件测试计算机的显卡。

4. 使用 PCMark 8 检测软件测试计算机的显卡和整机特性。

6.3 【案例 15】系统检测优化

案例描述

使用 Windows 操作系统的时间长了，系统内部将产生大量的垃圾文件、临时文件、废旧程序等，同时这些废旧文件和程序也经常成为病毒潜伏和繁衍的最佳环境，从而导致计算机速度越来越慢，启动一个程序需要很长时间，免疫力下降。这主要是由于使用时间长了，磁盘上有了很多碎片，而且安装的软件多了没有进行优化，垃圾文件增多等。人们因此需要修改优化 Windows 的一些设置，整理磁盘中的碎片，删除垃圾文件，优化启动程序等，使计算机运行速度加快。Windows 系统优化软件可以深入系统内部，犹如妙手回春的医生那样，彻底清理阻塞、疏导交通，还可以进行修复，让计算机起死回生。

可以进行计算机优化的软件很多，主要有英国的 Advanced SystemCare 和 360Amigo System Speedup，德国的 TuneUp Utilities，捷克的 AVG PC Tuneup，我国的 Windows 优化大师、魔方电脑大师、超级兔子等。这里提到的国外著名优化软件都有中文版本。

本案例重点介绍国产 Windows 优化大师软件和英国的 Advanced SystemCare 优化软件的功能和使用方法等。在相关知识中还会介绍中外其他优化软件的功能和使用方法。

实战演练

1. Windows 优化大师

Windows 优化大师是一款功能强大的系统辅助软件，它提供了全面有效且简便安全的系统检测、系统优化、系统清理、系统维护四大功能模块及多个附加的工具软件。它是获得了英特尔测试认证的全球软件合作伙伴之一，得到了英特尔在技术开发与资源平台上的支持，并针对英特尔多核处理器进行了全面的性能优化及兼容性改进。使用 Windows 优化大师，能够有效地帮助用户了解自己计算机软硬件信息，简化操作系统设置步骤，提升计算机运行效率，清理系统运行时产生的垃圾，修复系统故障及安全漏洞，维护系统的正常运转。

Windows 优化大师的版本很多，这些年主要有 Windows Vista 优化大师（简称 Vista 优化大师）、软媒 Windows 7 优化大师（简称 Win7 优化大师）和最新一代的软媒魔方电脑优化大师（简称魔方电脑大师）。Win7 优化大师是国内外首家通过微软官方 Windows 7 徽标认证的系统软件，完美支持 64 位、32 位 Windows 7 操作系统，是目前国内第一个 Windows 7 操作系统的优化设置类软件。Win7 优化大师提供了数百项独有、完善的实用功能，优化、设置、安全、清理、美化、装机一键完成。Win7 优化大师还特有 Windows 7 正版免费使用一年特殊功能。此处介绍 Win7 优化大师的最新版本"V7.99 Build 12.604"，该版本更新硬件检测核心模块、一键优化模块一键清理功能、注册表扫描模块、历史痕迹清理模块、开机速度优化模块，增强对 Windows 8 操作系统的兼容性等。具体操作简介如下。

（1）启动"V7.99 Build 12.604"版本的 Win7 优化大师，Win7 优化大师窗口的"首页"选项卡如图 6-3-1 所示。可以看到，左边一栏是两级目录结构的导航栏。单击黑色背景的工具类型名称（"开始""系统检测""系统优化""系统清理"和"系统维护"工具类型名称），可以切换到到该项目，展开该项目下的各选项，单击各选项，可切换到相应的选项卡。

单击"开始"工具类型名称，再单击"首页"选项，切换到"首页"选项卡，如图 6-3-1 所示。右边分为三栏，第一栏显示 Win7 优化大师版本号、计算机的主要信息；第二、三栏分别是一键优化和一键清理。单击"一键优化"按钮，即可开始进行计算机的自动优化，在下边的状态栏内会显示自动优化工作的进度。单击"一键清理"按钮，即可开始进行计算机的自动清理，在下边的状态栏内会显示自动清理工作的进度。在自动清理过程中，会自动弹出一些面板和对话框，按照对话框提示作相应的操作，即可完成自动清理工作。

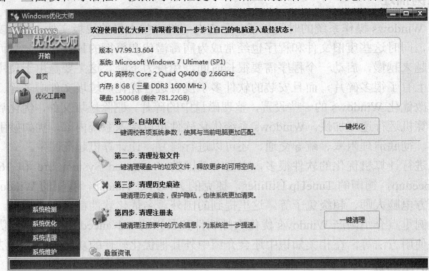

图 6-3-1　Win 7 优化大师窗口"首页"选项卡

（2）单击左边栏内的"优化工具箱"选项，切换到"优化工具箱"选项卡，右边列表框内列出了三栏不同类型的工具图标，如图 6-3-2 所示。单击一个工具图标，即可打开相应的工具窗口。这些内容将在本章相关知识内介绍。

图 6-3-2　Win 7 优化大师窗口"优化工具箱"选项卡

（3）单击左边栏内的"系统检测"工具类型名称，"系统检测"工具类型内有三个选项。单击"系统信息总览"选项，切换到"系统信息总览"选项卡，其内显示系统信息，如图 6-3-3 所示。单击右边的"自动优化"按钮，可以自动进行计算机优化工作；单击右边的"自动恢复"按钮，可以自动恢复 Windows 的默认设置和属性；单击"硬件详情"按钮，可以打开"360 硬件大师"软件的窗口。

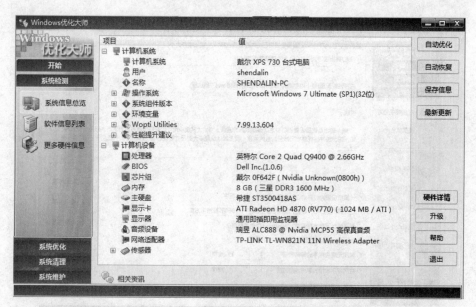

图 6-3-3　Win 7 优化大师窗口"系统信息总览"选项卡

　　单击左边栏内的"软件信息列表"选项，切换到"软件信息列表"选项卡，其内显示计算机软件信息和设置，如图 6-3-4 所示，利用它可以进行软件分析、删除和安装常用软件等工作。单击左边栏内的"更多硬件信息"选项，也可以打开"360 硬件大师"软件窗口。

图 6-3-4　Win 7 优化大师窗口"软件信息列表"选项卡

　　（4）单击左边栏内的"系统优化"工具类型名称，"系统优化"工具类型内有九个选项，单击"磁盘缓存优化"选项，切换到"磁盘缓存优化"选项卡，利用它可以进行磁盘缓存和内存性能设置以及优化处理等，如图 6-3-5 所示。

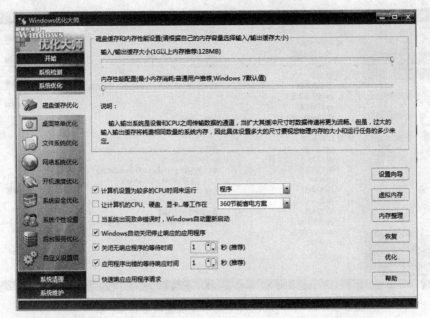

图 6-3-5　Win 7 优化大师窗口"磁盘缓存优化"选项卡

　　单击左边栏内的"开机速度优化"选项，切换到"开机速度优化"选项卡，如图 6-3-6 所示，利用它可以进行开机速度优化处理。对于不需要在开机时启动的程序，可以在列表框内选中该程序名称的复选框，再单击"优化"按钮，可以取消选中的程序开机启动。

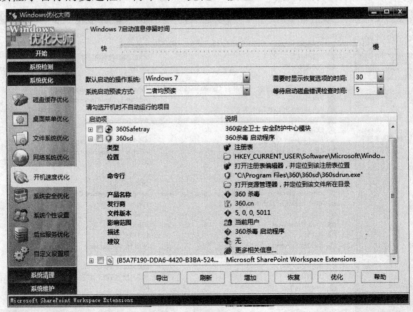

图 6-3-6　Win 7 优化大师窗口"开机速度优化"选项卡

　　（5）单击左边栏内的"系统清理"工具类型名称，"系统清理"工具类型内有七个选项，可以进行注册表清理、历史痕迹清理、安装补丁清理、ActiveX 清理等，还可以进行软件智能卸载等。单击"注册信息清理"选项，可以切换到"注册信息清理"选项卡，单击右边栏内的"扫描"按钮，即可在注册表内搜索需要优化的注册表项，如图 6-3-7 所示，单击"全部删除"按钮，即可将所有扫描出可以优化的注册表项删除。如果选中一个或多个复选框，则单击"删除"按钮，即可将选中的注册表项删除。单击其他按钮，还有其他功能，在此不再一一说明。

图 6-3-7　Win 7 优化大师窗口"注册信息清理"选项卡

（6）单击左边栏内的"系统维护"工具类型名称，"系统维护"工具类型内有六个选项，单击左边栏内的"系统磁盘医生"选项，切换到"系统磁盘医生"选项卡，如图 6-3-8 所示。利用该选项卡可以进行磁盘检测和修复。

图 6-3-8　Win 7 优化大师窗口"系统磁盘医生"选项卡

　　单击"磁盘碎片整理"选项，切换到"磁盘碎片整理"选项卡，在列表框内选中一个要进行磁盘碎片整理的磁盘，单击"分析"按钮，可以对选中磁盘进行碎片量的分析；单击"碎片整理"按钮，可以对选中磁盘进行碎片整理，如图 6-3-9 所示；单击"驱动智能备份"按钮，切换到"驱动智能备份"选项卡，如图 6-3-10 所示，可以对选中的硬件的驱动程序进行升级和卸载等。

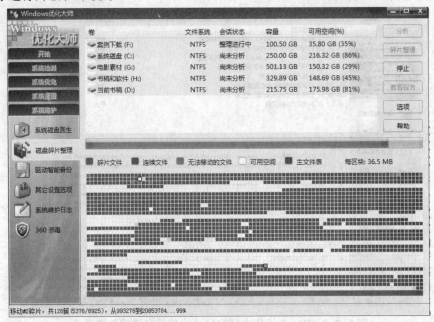

图 6-3-9　Win 7 优化大师"磁盘碎片整理"选项卡

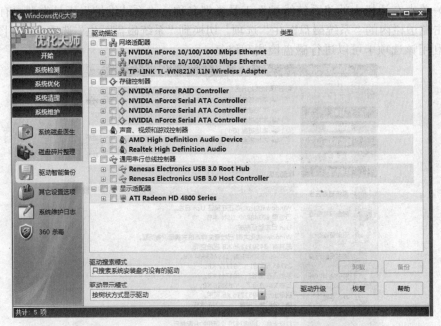

图 6-3-10　Win 7 优化大师"驱动智能备份"选项卡

2. Advanced SystemCare 优化软件

Advanced SystemCare 优化软件是英国 IObit 公司的世界著名产品，是国外非常流行的系统优化工具，它通过对系统全方位的诊断，找到系统性能的瓶颈所在，然后有针对性地进行修改和优化，使计算机系统性能和速度都有明显提升。它提供了非常丰富的功能菜单，操作非常方便，而且也提供了非常丰富的优化实用工具，如系统安全、系统优化、软件管理方面等。目前，该软件的版本有 Advanced SystemCare Free、Advanced SystemCare PRO、Advanced SystemCare with Antivirus 和 Advanced SystemCare Ultimate 四个版本。

Advanced SystemCare Free 可以加快计算机系统的运行速度，加快互联网上网速度，提高计算机的安全性，保护计算机内的个人隐私，一键解决多达 10 种常见的计算机问题，实时优化，深度维护和快速优化，支持后台自动优化功能，通过智能化管理系统资源，提高计算机的性能，不断检测处于非活动状态的进程和应用程序，优化 CPU 以及内存。Advanced SystemCare PRO 比 Advanced SystemCare Free 多了几个功能，自动版本更新，技术支持，硬盘驱动器加速，释放硬盘空间。另外，该软件界面简洁，支持多国语言（简体中文）和换肤功能。

Advanced SystemCare with Antivirus 具有 Advanced SystemCare PRO 的所有功能，同时还具有反病毒功能。它采用 BitDefender 反病毒引擎和 IObit 反恶意软件引擎的双引擎技术，提供永久在线的自动的一体化保护，防止各种安全威胁、系统缓慢和崩溃。

Advanced SystemCare Ultimate 包括了 Advanced SystemCare PRO 的所有功能，还具有顶级的反病毒功能，以及非常成熟的 PC 计算机综合性能调整功能。它提供保护用户的系统防止各种安全威胁，优化计算机系统，防止计算机系统减速、冻结和崩溃。系统优化功能还包括超级系统优化，300%互联网加速优化，Active 实时优化，Windows 注册表深度优化，磁盘优化，还具备隐私保护功能，以及提供超过 20 个计算机日常使用维护智能工具。

目前，Advanced SystemCare 软件的最新版本是 7.2，下面简要介绍 Advanced SystemCare PRO 7.0 的功能和使用方法。

（1）启动"Advanced SystemCare PRO 7.0"软件，它的窗口如图 6-3-11 所示。可以看到，它有 4 个选项卡，右上方有几个功能按钮，"维护"选项卡内有 13 个复选框，它们的右边有一个圆形"扫描"按钮。将鼠标指针移到复选框名称之上，会显示它的解释文字；将鼠标指针移到按钮之上，会显示按钮的名称。

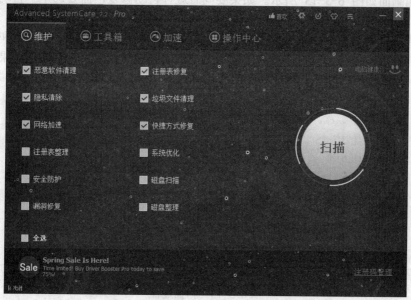

图 6-3-11　Advanced SystemCare PRO 7.0 软件窗口"维护"选项卡

（2）单击右上方的"皮肤"按钮，弹出"设置"对话框，左边栏是树形目录栏，默认选中"用户界面"选项，如图 6-3-12 所示。拖动"透明度"滑块，调整对话框等窗口的透明度，在"当前语言"下拉列表框内选中"简体中文"选项，在"当前皮肤"下拉列表框内选中"White"选项，如图 6-3-12 所示。单击"应用"按钮即可看到效果。如果效果满意，可以单击"确定"按钮，关闭该对话框，完成皮肤设置。

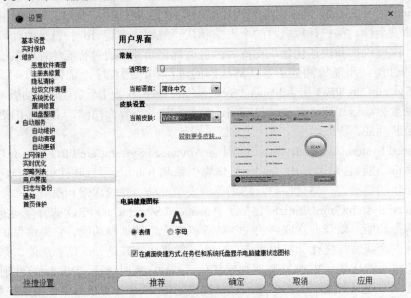

图 6-3-12 "设置"对话框

（3）在 Advanced SystemCare PRO 7.0 软件窗口"维护"选项卡内，提供了恶意软件清除、注册表清理和修复、快捷方式修复、隐私清理、系统优化、启动项优化、垃圾文件清理、漏洞修复、磁盘整理等功能。选中前六个复选框（默认选中），单击圆形"扫描"按钮，可以按照选定的项目依次进行扫描和优化，扫描的项目不同，其左边栏里的内容也会不一样，其中的一幅画面如图 6-3-13 所示。如果要同时进行自动修复，需要选中"自动修复"复选框。

在扫描和修复过程中，如果单击"跳过"按钮，可以跳过当前项目的扫描和修复，进入下一个项目的扫描和修复工作。选定的项目都扫描和修复完成后，会显示结果信息，单击"返回"按钮后，回到图 6-3-11 所示的 Advanced SystemCare PRO 7.0 软件窗口"维护"选项卡。

图 6-3-13 扫描过程

（4）在 Advanced SystemCare PRO 7.0 软件窗口"维护"选项卡内，如果选中其中任意一个复选框，则只进行这一个项目的扫描和修复。例如，选中"磁盘整理"复选框，单击圆形"扫描"按钮，可以进行磁盘碎片整理，如图 6-3-14 所示。

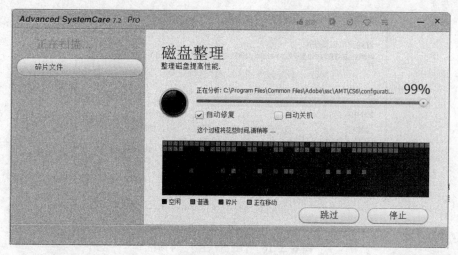

图 6-3-14　磁盘整理

（5）在 Advanced SystemCare PRO 7.0 软件窗口"维护"选项卡内，单击"工具箱"标签，切换到"工具箱"选项卡，如图 6-3-15 所示。它提供了 6 类 31 个工具，包含各种非常有用的小工具：重复文件扫描、空文件夹查找、软件卸载、文件粉碎、内存整理、网络加速、注册表整理、修复系统、进程管理、驱动管理、自动关机等。将鼠标指针移到工具名称之上，会显示它的解释文字。单击一个工具图标或名称，即可弹出相应的对话框，按照提示进行操作，完成相应的修复和优化工作。

图 6-3-15　Advanced SystemCare PRO 7.0 软件窗口"工具箱"选项卡

例如，单击"磁盘医生"工具图标或名称，弹出"磁盘医生"对话框。"磁盘医生"工具用来检查和修复磁盘和文件系统错误，避免丢失文件。在"磁盘医生"对话框中选中要进行检查和修复的一个或多个磁盘分区的复选框，如图 6-3-16 所示。

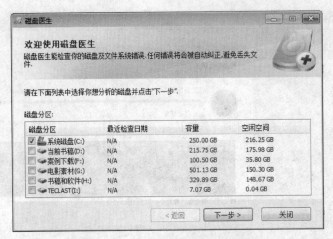

图 6-3-16　"磁盘医生"对话框

　　单击"下一步"按钮，如图 6-3-17 所示，开始进行选中磁盘分区的检查和修复。分析完成后弹出对话框给出分析结果。

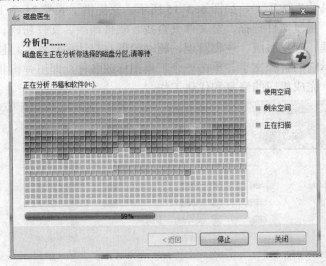

图 6-3-17　"磁盘医生"对话框

　　（6）在 Advanced SystemCare PRO 7.0 软件窗口"维护"选项卡内，单击"加速"标签，切换到"加速"选项卡，如图 6-3-18 所示。

图 6-3-18　Advanced SystemCare PRO 7.0 软件窗口"加速"选项卡

单击"配置"按钮 ⊘，如图 6-3-19 所示。选择一种模式，例如选择"节能模式"，单击"前进"按钮，如图 6-3-20 所示，可在此选择关闭不必要的服务。

图 6-3-19 "加速"选项卡（配置模式）

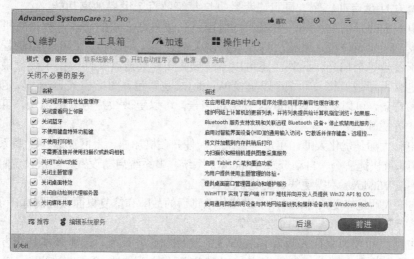

图 6-3-20 "加速"选项卡（关闭服务）

选择完成后再单击"前进"按钮，继续进行关闭不必要服务的选择，直至选择完毕，切换到选择电源计划界面，如图 6-3-21 所示，进行电源计划选择。再单击"前进"按钮，完成节能设置工作。

图 6-3-21 "加速"选项卡（电源计划）

相关知识

1. 魔方电脑大师

魔方电脑大师也叫魔方优化大师，它的外文名称是 PCMaster。魔方电脑大师是由软媒出品的全新一代优化大师，世界首批通过微软官方 Windows 7 徽标认证的系统软件，荣获多项国内顶级奖项，被国内外 5 家顶级下载站评为 2011 年度最好的系统优化软件，是现在国内用户量第一的 Vista 优化大师和 Windows 优化大师的全新一代专业系统级应用软件。魔方电脑大师内完美支持 64 位和 32 位的 Windows 8、Windows 7、Windows Vista、Windows XP、Windows 2008、Windows 2003 等 Windows 操作系统。其拥有数百项独家和千余项实用功能，是目前世界执行效率非常高的一款综合型系统优化软件。

魔方电脑大师具有一键清理、一键优化、一键加速、一键修复、一键杀流氓软件等功能，功能面覆盖 Windows 系统优化、设置、清理、美化、安全、维护、修复、备份还原、文件处理、磁盘整理、系统软硬件信息查询、进程管理、服务管理等。另外，还有魔方虚拟光驱、魔方 U 盘启动、魔方硬盘磁盘数据恢复等数百个世界独家功能。

魔方电脑大师是清理大师，可以一键清理或高级自定义扫描清理，将计算机系统维护得干净清爽，注册表垃圾、系统文件垃圾、隐私痕迹、无用字体、不用的驱动程序、帮助文件和补丁备份等全扫光。此外，还可以了解哪些文件夹或者文件占据了硬盘最大空间。

魔方电脑大师是美化大师，可以更换 Windows 主题包、图标样式等，可以定制右键菜单的内容和背景，可以更换 Windows 开关机声音，可以更改快捷方式的箭头，可以改造开始菜单和任务栏等。

魔方电脑大师是优化大师，可以一键优化，使开关机加速、上网加速、C 盘系统文件夹搬家、定制系统快捷命令、自动登录 Windows 系统、多系统启动设置、轻松设定阻止任意程序的执行，使 Windows 跑得更快、更稳、更安全。

魔方电脑大师是修复大师，可以一键修复杀毒后的故障和修复桌面顽固图标，可以修复浏览器和快捷方式，禁止和恢复系统功能等。

魔方电脑大师较为流行的版本有魔方 3.0 和魔方 5.0 版本，最新版本是魔方电脑大师 5.11。下面简介魔方电脑大师 5.11 的基本功能和基本使用方法。

（1）启动魔方电脑大师 5.11 版本，它的窗口如图 6-3-22 所示。

图 6-3-22　魔方电脑大师 5.11 窗口"主页"选项卡

该窗口内右边栏是"雷达摘要"选项卡，其内显示系统资源使用情况，以及关键部件的温度。单击"立即体检"按钮，可以进行计算机的扫描体检，优化和修复计算机中的问题。

（2）单击"魔方精灵"链接文字，可以打开"魔方精灵"窗口，如图 6-3-23 所示。可以看到，它的标签在左边，可以切换到"安全加固""网络优化"和"易用性改善"选项卡，进行相关项目的设置。单击"当前状态"列的按钮，可以在"未加入"和"已关联"两种状态之间切换。单击"下一步"按钮，可以切换到下一页，继续进行设置，直至出现"完成"按钮。单击"上一步"按钮，可以返回上一页，重新进行设置。单击"完成"按钮按钮，即可完成设置，关闭"魔方精灵"窗口。在进行设置时，各选项卡内都有比较详细的说明

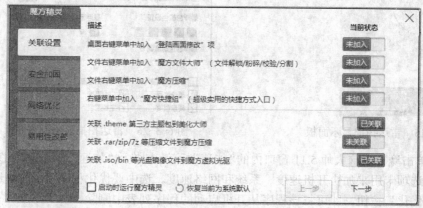

图 6-3-23　"魔方精灵"窗口

（3）单击魔方电脑大师 5.11 窗口内的"雷达"标签，切换到"雷达"选项卡，如图 6-3-24 所示。单击开关按钮 或 ，可以在"开"和"关"之间切换，用来设置雷达扫描的项目。当"雷达总开关"处于"开"状态 时，可以控制各项目的开与关；当"雷达总开关"处于"关"状态 时，各项目均处于"关" 状态。

图 6-3-24　魔方电脑大师 5.11 窗口"雷达"选项卡

（4）当"雷达"选项卡内的项目有处于"开"状态时，在桌面右下方会显示一个雷达扫描显示面板，如图 6-3-25 所示，显示选中项目的检测内容，随时变化。右击雷达扫描显示面板，会弹出雷达扫描显示设置面板，如图 6-3-26 所示，用来设置可以在雷达扫描显示面板内显示的项目。双击雷达扫描显示面板内的项目内容，可以在魔方电脑大师 5.11 窗口"雷达"选项卡内切换到相应的二级选项卡。

图 6-3-25　雷达扫描显示面板　　　　图 6-3-26　雷达扫描显示设置面板

（5）单击魔方电脑大师 5.11 窗口内的"加速"标签，切换到"加速"选项卡，如图 6-3-27 所示。该选项卡用来加快开机速度、系统和网络速度。选中要优化程序项目的复选框，单击"一件优化"按钮，即可将该程序从开机启动的程序列表中删除。

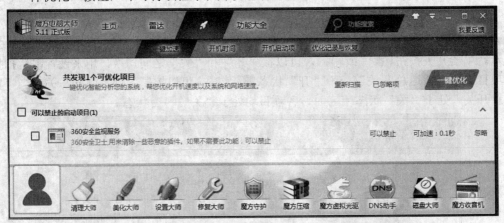

图 6-3-27　魔方电脑大师 5.11 窗口"加速"选项卡

（6）单击魔方电脑大师 5.11 窗口内的"功能大全"标签，切换到"功能大全"选项卡，选中"应用视图"子选项卡，该选项卡内按照应用特点列出了"保养维护""系统增强""网络工具""美化工具"和"磁盘工具"5 类 28 个工具图标，如图 6-3-28 所示。如果要使用某个工具，可以单击该工具图标，打开该工具的窗口，部分工具的窗口内还有多个选项，提供多种用处，这样实际提供的工具要远远超过 28 个。

当单击部分工具图标时，会弹出一个"询问"提示框，提示该工具组件不存在，询问是否需要下载该工具组件。单击"是"按钮，即可下载该工具组件，下载完成后就可以使用该工具了。

图 6-3-28 魔方电脑大师 5.11 窗口"功能大全"选项卡"应用视图"子选项卡

（7）在魔方电脑大师 5.11 窗口"功能大全"选项卡内，切换到"功能视图"子选项卡，该选项卡内按照功能特点列出了"清理""美化""安全""优化""修复""网络""磁盘""文件""IE"和"工具"10 类 92 个工具图标，如图 6-3-29 所示。如果要使用某个工具，可以单击该工具图标，打开该工具的窗口。

图 6-3-29 魔方电脑大师 5.11 窗口"功能大全"选项卡"功能视图"子选项卡

（8）在魔方电脑大师 5.11 窗口"功能大全"选项卡内，下边一行是魔方快捷区，其内是常用的一些工具图标。单击其内的工具图标，可以打开相应的工具窗口。右击工具图标，弹出魔方快捷区内工具图标的快捷菜单，如图 6-3-30 所示。

选择该菜单内的"添加到桌面快捷方式"命令，可以将该工具图标添加到桌面，使操作更方便；选择该菜单内的"从快捷面板删除"命令，可以将该工具图标从魔方快捷区内删除。

右击"功能大全"选项卡"应用视图"或"功能视图"选项卡内的工具图标，弹出它的快捷菜单，如图 6-3-31 所示。选择该菜单内的"附到魔方快捷区"命令，即可在魔方快捷区内添加右击的工具图标。选择该菜单内的"添加到桌面快捷方式"命令，可以将该工具图标添加到桌面。

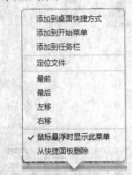
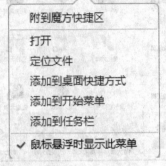

图 6-3-30 魔方快捷区快捷菜单　　　　　图 6-3-31　工具图标快捷菜单

2．360Amigo System Speedup

360Amigo System Speedup（即 360Amigo 系统加速大师）是一款英国的免费著名的、近乎全能的系统优化和清理工具，可以使计算机速度加快。它还提供了 30 多个功能模块。它支持 Windows XP/2003/Vista/7/2008 等操作系统，强力支持 64 位操作系统，有中文版本，整个软件加上 20 多种语言文件和帮助文件小于 10 MB。该软件运行后的窗口如图 6-3-32 所示。它界面清晰，采用了二级，甚至三级选项卡式的目录结构，一级选项卡有"首页""系统清理""系统优化"和"工具"。"首页"选项卡如图 6-3-32 所示。

图 6-3-32　360Amigo System Speedup "首页"选项卡

360Amigo System Speedup 可以进行 PC 优化,检测和删除计算机上的所有垃圾,显示 CPU 等硬件温度,快速识别和修复错误,注册表清理和备份,自动优化开机项,汇报开机时间,清理隐私,恢复已删除的文件,查杀木马,管理应用程序,管理服务,设置计划任务,提供网络防御,监控网络上传下载流量,扫描空文件夹和重复文件等。它还可以在几分钟甚至几十秒内整理好磁盘碎片;自带了超级密盘,使用几乎无法破解的加密算法来保证磁盘的数据安全;自带短小精悍的影子系统,能够保护系统盘不受任何病毒的侵害等。

360Amigo System Speedup 的功能及其使用方法简介如下。

(1)在"首页"选项卡窗口内,单击右上角的"软件设置"链接文字,弹出"程序设置"对话框,如图 6-3-33 所示。在其内"软件设置"栏内选择有关的复选框,用来设置有关应用 360Amigo 的一些参数。单击"确定"按钮,关闭该对话框,完成设置。

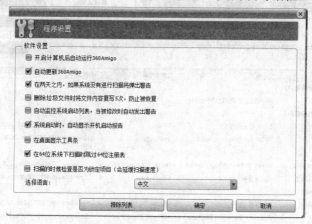

图 6-3-33　"程序设置"对话框

(2)在"首页"选项卡窗口内,在左下方的"清理"子选项卡内选择要清理的项目,单击红色"开始扫描"按钮,即可开始对计算机系统的选中项目进行扫描,检查出选中项目的问题数量,并显示出来。再单击红色"一键清理"按钮,即可开始对计算机系统的选中项目进行清理。清理完后,在"首页"选项卡内,"清理"和"状态"子选项卡内会显示清理的结果和评语。

(3)在 360Amigo 窗口内,切换到"系统清理"选项卡。该选项卡内有 5 个子选项卡,其中"文件垃圾清理"选项卡如图 6-3-34 所示。

图 6-3-34　"系统清理"选项卡内的"文件垃圾清理"子选项卡

选中要清理的项目后，单击"清除垃圾"按钮，即可清除选中的项目的垃圾文件。单击"首页"选项卡窗口内的"清理"子选项卡中"文件垃圾清理"复选框右边的"设置"链接文字，也可以切换到出如图 6-3-34 所示的"文件垃圾清理"选项卡。

（4）切换到其他 4 个子选项卡，即切换到其他 4 个系统清理工具，可以进行相应项目的系统清理工作。

（5）切换到 360Amigo 窗口内的"系统优化"选项卡。该选项卡内有 5 个子选项卡，其中"启动管理"选项卡如图 6-3-35 所示，可以用来关闭一些开机启动的程序，使开机加速。

图 6-3-35 "系统优化"选项卡"启动管理"子选项卡

（6）切换到 360Amigo 窗口内的"工具"选项卡。该选项卡内有 4 个子选项卡，提供了 4 种类型 17 个超级工具。"超级工具盒"选项卡如图 6-3-36 所示。单击"运行"按钮，即可弹出相应的工具对话框，利用该对话框进行相应的优化和修复工作。

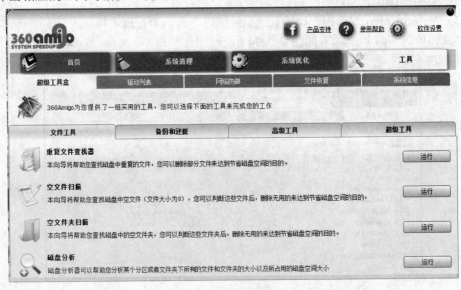

图 6-3-36 "工具"选项卡"超级工具盒"子选项卡

在 360Amigo 窗口内，单击右上角的"关闭"按钮，可以退出 360Amigo System Speedup。

 思考与练习6-3

一、填空题

1．Windows 优化大师是一款功能强大的系统辅助软件，它提供了全面有效且简便安全的_____、_____、_____和_____四大功能模块及多个附加的工具软件。

2．在 Windows 优化大师的窗口内，单击左边栏内的"系统检测"工具类型名称，"系统检测"工具类型内有_____、_____和_____三个选项。

3．在 Windows 优化大师的窗口内，单击左边栏内的"系统清理"工具类型名称，"系统清理"工具类型内有_____、_____、_____、_____、_____和_____七个选项。

4．Advanced SystemCare 优化软件是_____公司的世界著名产品，是国外非常流行的系统优化工具，它通过对系统全方位的诊断，找到_____，然后有针对性地进行修改和优化，使计算机系统的_____和_____都有明显提升。

5．魔方电脑大师具有_____、_____、_____、_____和_____等功能，功能面覆盖 Windows 系统优化、设置、清理、美化、安全、维护、修复、备份还原、文件处理、磁盘整理、系统软硬件信息查询、进程管理、服务管理等。另外，还有_____、_____和_____等数百个世界独家功能。

6．360Amigo System Speedup 界面清晰，采用了_____的目录结构，一级选项卡有_____、_____、_____和_____选项卡。

二、操作题

1．在网上下载 Windows 优化大师最新版本，安装该软件，使用该软件对自己的计算机进行优化处理。

2．在网上下载 Advanced SystemCare 优化软件最新版本，安装该软件，使用该软件对自己的计算机进行优化处理。

3．在网上下载魔方电脑大师最新版本，安装该软件，使用该软件对自己的计算机进行优化处理。

4．在网上下载 360Amigo System Speedup 最新版本，安装该软件，使用该软件对自己的计算机进行优化处理。

5．在网上下载 CCleaner 最新版本，安装该软件，使用该软件对自己的计算机进行优化处理。

6．在网上下载超级兔子最新版本，安装该软件，使用该软件对自己的计算机进行优化处理。

第7章 软硬件故障与维修

计算机的故障问题很多，硬件之间，软件之间，甚至是某些硬件、软件之间的不兼容都能导致计算机的故障，注册表是 Windows 系统的核心，如果它遭到破坏，系统也不能正常工作。对于有故障的计算机，只能通过故障现象，一步一步分析，找到故障原因，进行故障维修，解决故障问题。本章通过四个案例，介绍注册表的应用，简单介绍计算机常规故障的判断与维修方法。

7.1 【案例16】注册表应用

案例描述

注册表是 Windows 系统中的一个重要的数据库文件，用于存储系统和应用程序的设置信息，是 Windows 系统的核心。通过运行 Windows 目录下的"regedit.exe"程序，可以打开"注册表编辑器"窗口，即注册表数据库。Windows 注册表包含了五个方面的信息，包括计算机的全部硬件设置、软件设置、当前配置、动态状态和用户特定设置等内容。如果把一台计算机比作一个部门，那么注册表就是这个部门的档案中心，所有在计算机中出现过的软件和硬件都会在这里留下记录。由于经常会存入一些新的信息，所以注册表文件会越来越大。

注册表中存储了当前系统软件和硬件的相关配置和状态的信息，以及应用程序和资源管理器外壳的初始条件、首选项和卸载数据，还包括计算机整个系统的设置和各种许可，文件扩展名与应用程序的关联，硬件的描述、状态和属性，计算机性能记录和底层的系统状态信息以及各类其他数据。

注册表是系统很关键的一个文件，如果遭到破坏，系统就不能启动，在更改注册表或安装新软件之前，最好备份一下注册表。注册表已经包含在系统状态数据中，所以对系统状态数据进行备份和恢复时，就已经包含注册表了。如果用户要单独对注册表进行备份和恢复，可以利用注册表编辑器提供的导入和导出功能来实现。

本案例介绍注册表的编辑、备份和恢复方法，以及注册表的一些应用。

实战演练

1. 了解注册表

单击"开始"按钮，在"搜索程序和文件"文本框 `搜索程序和文件 🔍` 中输入"regedit"，再按【Enter】键，打开"注册表编辑器"窗口，如图 7-1-1 所示。另外，双击系统盘内"Windows"文件夹中的"regedit.exe"程序也可以打开该窗口，该窗口内有五个根键，功能如下。

（1）HKEY_CLASSES_ROOT：它是 HKEY_LOCAL_MACHINE\Software 的子项，存储的信息可以确保当使用 Windows 资源管理器打开文件时，将打开正确的程序。包含了所有已装载的应用程序、OLE 或 DDE 信息，以及所有文件类型信息。

（2）HKEY_CURRENT_USER：包含当前登录用户的配置信息的根目录，用户文件夹、屏幕颜色和"控制面板"设置存储在此处，该信息被称为用户配置文件。

（3）HKEY_LOCAL_MACHINE：包含针对计算机（对任何用户）的配置信息。

（4）HKEY_USER：包含计算机上所有用户的配置文件的根目录，其子项是 HKEY_CURRENT_USER。

（5）HKEY_CURRENT_CONFIG：包含本地计算机在系统启动时所用的硬件配置文件信息。

图 7-1-1 "注册表编辑器"窗口

　　注册表编辑器是用来查看和更改系统注册表设置的高级工具，其中包含计算机运行方式的信息，Windows 将其配置信息保存在组织成树状格式的数据库（即注册表）中。注册表文件的扩展名为 REG，格式为文本格式。因此，可以用任何文本编辑器对其进行编辑，例如：Word、写字板等。另外，还可以在注册表编辑器"regedit.exe"中直接修改。注册表编辑器的编辑功能比较强大，界面和操作方式与资源管理器也十分相似。

　　2. 注册表应用——配置与管理桌面

　　（1）调整桌面图标大小：打开"注册表编辑器"窗口，选中注册表的"HKEY_CURRENT_USER\Control Panel\Desktop\WindowMetrics"子键，其中"Shell Icon Size"项的默认值是32，如图 7-1-2 所示。

　　双击"Shell Icon Size"文字，弹出"编辑字符串"对话框，在"数值数据"文本框内输入一个数值（如 52），如图 7-1-3 所示。单击"确定"按钮，关闭该对话框，注销并重新登录后即可将桌面图标调大。

图 7-1-2 "注册表编辑器"对话框

图 7-1-3 "编辑字符串"对话框

　　（2）取消快捷方式上的箭头：选中注册表的"HKEY_CLASSES_ROOT\Lnkfile"子键，右击"IsShortcut"项，弹出它的菜单，选择其内的"删除"命令，删除"IsShortcut"项。

　　（3）为"新建"菜单"减肥"：选中注册表的"HKEY_LOCAL_MACHINE"根键，然后选择"编辑"→"查找"命令，弹出"查找"对话框，在"查找目标"文本框中输入"Shellnew"，并选中"全字匹配"和"项"复选框，单击"查找下一个"按钮或按【Enter】键，开始查找，即可找到对应程序项。判断是否保留，如果不常用便可以删除，右击该"Shellnew"项，弹出它的菜单，选择该菜单内的"删除"命令，删除"Shellnew"项。按下【F3】键，查找下一个目标。

（4）调整菜单显示速度：选中注册表的"HKEY_CURRENT_USER\Control Panel\Desktop"子键，双击"MenuShowDelay"项，弹出"编辑字符串"对话框。在其内"数值数据"文本框中输入 1～10 000 范围内的数值，单位是 ms。数值越大，延迟的时间越长。要加快菜单弹出速度，则将该值变小，否则变大。单击"确定"按钮，完成设置。

（5）调整窗口显示方式：选中注册表的"HKEY_CURRENT_USER\Control Panel\Desktop\WindowMetrics"子键，修改"MinAniMate"项的值，1 表示打开动画显示，0 表示禁止动画显示。

3. 注册表应用——管理控制面板

（1）限制普通用户使用"控制面板"：打开"注册表编辑器"窗口，选中注册表的"HKEY_CURRENT_USER\Software\Microsoft\Windows\CurrentVersion\Policies\Explorer"子键，如图 7-1-4 所示。选择"编辑"→"新建"命令，弹出"新建"菜单，如图 7-1-5 所示，单击该菜单内的"DWORD(32-位)值"命令，新建一个值，将该值名称改为"NoSetFolders"。如果要修改该值名称，可以右击该名称，在弹出的快捷菜单中选择"重命名"命令，进入名称的编辑状态，输入名称即可。

图 7-1-4 "注册表编辑器"对话框"Explorer"子键

双击"NoSetFolders"值项，弹出"编辑 DWORD(32 位)值"对话框，如图 7-1-6 所示。在其内"基数"栏内选中"十六进制"或"十进制"单选项，在"数值数据"文本框内输入数值，1 表示禁用，0 表示允许使用。然后单击"确定"按钮，关闭该对话框，完成设置。

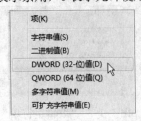

图 7-1-5 "新建"菜单　　　　　　　　图 7-1-6 "编辑 DWORD(32 位)值"对话框

（2）隐藏"控制面板"中指定的应用程序：选中注册表的"HKEY_CURRENT_USER\Software\Microsoft\Windows\CurrentVersion\Policies\Explorer"子键，选择"编辑"→"新建"→"项"命令，新建一个双字节类型的子键项，名字命名为"Disallowcpl"，在该子键

中新建若干字符串类型的键值，格式为"序号=控制面板项对应的文件名"。

例如，隐藏"控制面板"中的"添加或删除程序"项和"Internet"项。首先在"Disallowcpl"子键下创建一个名称为"1"的键值项，输入的数据为"APPWIZ.CPL"，该文件对应于"控制面板"的"添加或删除程序"项。再创建一个名称为"2"的键项值，输入的数据为"INETCPL.CPL"，该文件对应于"控制面板"中的"Internet"项，注销并重新登录后设置生效。

（3）在"控制面板"中显示指定应用程序：选中注册表的"HKEY_CURRENT_USER \Software\Microsoft\Windows\Current Version\Policies\Explorer"子键，然后在"Explorer"子键下新建"Restrictcpl"子键，该子键中新建若干字符串类型的键值项，格式为"序号=控制面板项对应的文件名"。新建的"Restrictcpl"子键是双字节类型的键值，将其值改为1，表示启用"Restrictcpl"子键。

例如，显示"控制面板"中的"添加或删除程序"项。在"Restrictcpl"子键下创建一个名称为1的键值项，输入的数据为"APPWIZ.CPL"。注销并重新登录后设置生效。注意此项设置可能与上一项冲突，如果有冲突，则Disallowcpl优先。

4．注册表应用——定制 Internet 工具

（1）禁止浏览器自动安装组件：打开"注册表编辑器"窗口，选中注册表的"HEKY_LOCAL_MACHINE\SOFTWARE\Policies\Microsoft"子键，如果其中不存在"Internet Explorer"子键，则创建"Internet Explorer"子键。在"Internet Explorer"子键下新建子键"Infodelivery"，在"Infodelivery"子键下新建子键"Restrictions"，在其中创建一个名为"NOJITSetup"的键值，类型为双字节，值为1。

（2）设置超级默认主页：选中注册表的"HKEY_CURRENT_USER\Software\ Microsoft \Internet Explorer\Main"子键，新建一个名为"First Home Page"的键项值，类型为字符串，然后将其值设置为某个主页的URL。

（3）禁止更改安全区域的安全界别：选中注册表的"HKEY_LOCAL_MACHIENE \Software \Polices\Microsoft\Windows\CurrentVersion\Internet Settings"子键，新建一个名为"Security_options_edit"的键值项，类型为双字节值，值为1。

5．注册表应用——系统常用配置

（1）使系统登录时运行一个程序：选中注册表的"HKEY_LOCAL_MACHINE\Software\ Microsoft\Windows\Current Version\Run\OptionalComponents"子键，创建一个字符串值并为其命名，例如，创建"QuickStart"，然后双击它，将其设置为程序完整有效的路径名（如果在系统文件夹中，可以直接输入该可执行文件名）。

（2）缩短关闭程序的时间：选中注册表的"HKEY_USERS\.Default\Control Panel\ Desktop"子键，修改键值项"WaitToKillAppTimeout"的值，单位为 ms，系统默认为10 000 ms。

（3）禁止用户使用"任务管理器"：选中注册表的"HKEY_CURRENT_USER\Software\ Microsoft\Windows\CurrentVersion\Policies"子键，新建"System"子键，然后在其中新建双字节的"DisableTaskMgr"的键值项，修改其值为1。

6．注册表应用——系统性能优化

（1）减轻启动时的任务：打开"注册表编辑器"窗口，选中注册表的"HKEY_LOCAL_ MACHINE \Software\Microsoft\Windows\CurrentVersion"的子键，将"Run""RunServices" "RunOnce"和"RunOnceEx"（一次性的自启动功能，表示只运行一次）下列出的所有应

用程序删除，只保留"MsmqIntCert"子键，减轻启动任务并加速启动过程。如果在"Run"项下有子键（通常是安装应用软件时建立的，注意不能删除"OptionalComponents"子键），也应将该子键中的所有键值项删除或者直接删除该子键，同样也能取消 Windows 启动时自启动的程序。

（2）设置自动重启来恢复系统：当 Windows 崩溃时，会出现蓝屏，通常的解决方法是按下 Reset 键进行重启。但这种方式的缺陷是往往会导致系统文件被损坏。可通过修改注册表的方式来设置系统自动重启，选中注册表的"HKEY_LOCAL_MACHINE\System\Current ControlSet\Control\CrashControl"子键，将其中的键值项"AutoReboot"设置为 1。

相关知识

1. 注册表的相关术语

注册表由键（或称"项"）、子键（或称"子项"）和值项（或称"键值项"）构成时。一个键就是分支中的一个文件夹，而子键就是这个文件夹中的子文件夹，子键同样是一个键。一个值项则是一个键的当前定义，由名称、数据类型以及分配的值组成。一个键可以有一个或多个值，每个值的名称各不相同，如果一个值的名称为空，则该值为该键的默认值。

（1）根键或主键（HKEY）：图标与文件夹图标相似，以"HKEY"开头，包含多个子键。

（2）键（Key）：是注册表中最主要的部分，每个键在注册表编辑器窗口中以标题的形式显示出来。它包含了附加的文件夹和一个或多个值。

（3）子键（Subkey）：在某一个键（父键）下面出现的键（子键）。子键是不可以扩展的，故在编辑器窗口中，子键文件夹前无"+"号或"-"号。

（4）分支（branch）：代表一个特定的子键及其所包含的一切。一个分支可以从每个注册表的顶端开始，但通常用以说明一个键和其所有内容。

（5）字符串（REG_SZ）：一串 ASCII 码字符，通常它是由字母和数字组成的文本字符串。在注册表中，字符串值一般用来表示对文件的描述、硬件的标识等，用引号括起来。

（6）多字符串（REG_MULTI_SZ）：含有多个文本值的字符串。

（7）二进制（REG_BINARY）：没有长度限制的二进制数值，例如，F03D990000BC。在注册表编辑器中，二进制数据以十六进制的方式显示出来。

（8）双字（REG_DWORD）：双字节值。由 1～8 个十六进制数据组成，例如，D1234567。可以用以十六进制或十进制的方式来编辑。

（9）默认值（Default）：每一个键至少包括一个值项，称为默认值，它总是一个字符串。

（10）子树（Subtree）：在注册表编辑器窗口中，注册表的键被组织或分解成子树，每个子树包含了其他的子树或子键，这样，键就被组织成具有层次结构的目录树。子树也可以是子键，同其他的子树和子键一样，也可以有其值。

子树本身如果具有与之相关联的值，也可以被视为一个子键。

（11）值项（value entry）：带有一个名称和一个值的有序值。每个键都可以包含任意数量的值项。每个值项均由"名称""数据类型"和"数据"三部分组成。

每个注册表项或子键都可以包含成为值项的数据。有些值项存储每个用户的特殊信息，而其他值项则存储应用于计算机所有用户的信息。

新的 VID 信号并送到电源管理模块芯片。电源管理模块将根据设置并通过 DAC 电路将其转换为基准电压，然后经过场效应管轮流关闭，将能量通过电感线圈送到 CPU，最后经过调节电路使输出电压与设置电压值相当。

由于 CPU 还要根据自己所需要的频率，通过 IC 总线来检测主板频率发生器所设置的频率是否支持。因为计算机要进行正确的数据传送及正常的运行，没有时钟信号是不行的，时钟信号在电路中的主要作用就是同步。因为在数据传送过程中，对时序有着严格的要求，这样才能保证数据在传输过程不出差错。时钟信号首先设置了一个基准，用来确定其他信号的宽度，另外时钟信号能够保证收发数据双方的同步。对 CPU 而言，以时钟信号作为基准，CPU 内部的所有信号处理都要以它作为标尺，这样它就确定了 CPU 指令的执行速度。例如，CPU 本身的频率无法适应频率发生器所提供的高频率，就无法正常工作。因此只有当接收到 POWER GOOD 信号、CPU 工作的电压及相应的时钟频率后，CPU 才能正常工作，也就是开始执行 BIOS 程序。

如果接收不到 POWER GOOD 信号，系统就一直处于处理 RESET（复位）的循环中。因此主板也就无法启动，相应的其他硬件，如显卡也无法工作。显示器由于接收不到显卡传出的信号，因此也就没有显示，一直处于待机状态。此时应检测电源，不要以为电源灯亮表明电源正常，因为只要有一路信号有故障（该部分电路不正常或还未稳定），输入输出的 POWER GOOD 信号都为低电平，即表示电源部分有故障或还未进入稳定状态。虽然电源指示灯亮，但由于主板接收不到正常的 POWER GOOD 信号，所以也无法启动。

更换正常电源后，如果系统还是没有工作的迹象，应该按照以上主板启动过程，测试 CPU 的电源管理模块和频率发生器。但由于一般用户不可能有完善的设备来测试主板上的电源和频率模块，因此要采用排除法，即在其他正常主板上测试 CPU。排除 CPU 故障后，应进一步检测主板频率设置问题，一些用户为了使用或测试 CPU 的超频能力，会通过调整主板外频的方式（目前 CPU 已经锁频，只能设置外频，而无法设置倍频）来调高 CPU 的工作频率。如果 CPU 无法适应高工作频率，虽然电源供电正常，主板也无法启动。

如果硬件一切正常，那么在 POST 加电自检后，CPU 会从地址 FFFF0H 处开始执行指令。由于 BIOS 是连接操作系统和硬件之间的桥梁，为计算机提供最低级且最直接的硬件控制，计算机的原始操作都是依照固化在 BIOS 中的内容（指令）来完成的。因此，如果 BIOS 文件被破坏或 BIOS 芯片损坏，都会直接影响主板的启动。

在 CPU 调入 BIOS 后，还需要检测 64 KB 基本内存及各插槽的中断。如果内存有错，POST 会通过报警声来提示；但是如果内存内部损坏或短路，造成主板局部短路，则不能启动机器。

3. 计算机系统启动故障维修案例

（1）启动后无显示。如果排除了是在 POST 自检过程中的问题后，系统仍旧无法启动，那么就可以判断是如下原因。

◎ 原因之一：一般是因为主板损坏或被 CIH 病毒破坏 BIOS 造成的。如果是后者，硬盘中的数据会丢失，因此可以通过检测硬盘数据是否完好来判断 BIOS 是否被破坏。

◎ 原因之二：主板扩展槽或扩展卡有问题，导致插上声卡等扩展卡后主板没有响应而无显示。

◎ 原因之三：对于现在的免跳线主板，如果在 CMOS 中设置的 CPU 频率不对，也可能会引发不显示故障，对此只要修改 CMOS 即可解决。

◎ 原因之四：主板无法识别内存、内存损坏或者内存不匹配也会导致开机无显示的故障。某些老的主板，一旦插上无法识别的内存，则无法工作，甚至某些主板不提供任何故障提示（鸣叫）。有时为了扩充内存以提高系统性能，而插上不同品牌或类型的内存同样会导致此类故障的出现，因此在维修时要多加注意。

（2）CMOS 参数丢失，启动后提示 "CMOS Battery State Low"，有时可以启动，使用一段时间后死机，或者 CMOS 设置不能保存。

这种现象大多是 CMOS 供电不足引起的，更换电池即可。但有的主板电池更换后同样不能解决问题，可能是主板电路问题，需要找专业人员进行维修，还可能是主板 CMOS 跳线问题。有的因为人为操作，将主板上的 CMOS 跳线设为清除选项，使得 CMOS 数据无法保存。

（3）Windows 经常自动进入安全模式。此类故障一般是由于主板与内存条不兼容或内存条质量不佳，可以尝试在 CMOS 设置内降低内存读取速度或者使用主板的内存异步功能将内存频率调低来解决问题。如果不行，那就只有更换内存条了。另外，如果系统超频的话，也可能产生这种问题。对于这种情况，只需将系统恢复到正常的工作频率即可。

（4）开机时系统自检要检验三遍才能通过。此类故障一般是由于内存条或电源质量有问题造成的，也可能是 CPU 散热不良或其他人为故障造成的。还可能是 CMOS 设置出现问题，进入 CMOS 中将 "Quick boot"（快速启动）设为 "Enable"（允许），以后开机自检就只会检测一遍内存了。

（5）开机自检内存后死机，出现如下提示信息：HARD DISK DRIVE FAILURE.

这种故障通常是 CMOS 中硬盘参数设置不当或频繁开关机造成了硬盘物理损坏。进入 CMOS，检查硬盘设置参数值是否恰当，最好使用硬盘自动检测功能设置（IDE HDD AUTO DETECTION）。如果故障依旧，检查硬盘的数据连接线和供电端口状态是否正常，最好重新插拔一遍，如果仍然没有效果，可以使用 CMOS 中的硬盘低级格式化命令（HDD LOW LEVEL FORMAT）或者硬盘附带的 DM 程序检查。如果硬盘没有物理损伤，应该可以修复。如果不能执行并出现 "HARD DISK DRIVE FAILURE"，很大可能是硬盘物理损坏。

（6）开机自检完成后，不能进入操作系统。此类故障的主要原因是病毒破坏了引导扇区、系统启动文件破坏或 0 磁道损坏。可以用启动盘启动，再用 "SYS C:" 命令修复系统启动文件。如果无效，可使用杀毒工具检查是否有病毒。如果属于病毒破坏引导扇区，则需要解决，否则可用 NORTON 工具修复引导扇区和 0 磁道。

相关知识

1. POST 自检代码的含义

当系统检测到相应的错误时，在屏幕上显示自检代码，即并发出不同次数的报警声响。

（1）CMOS battery failed（CMOS 电池失效）：出现这条信息时，说明 CMOS 电池的电力已经不足，请更换新的电池。

（2）CMOS check sum error-Defaults loaded（CMOS 校验和错误，因此载入默认的系统设置值）：通常发生这种故障都是因为电池电力不足所造成的，先更换电池试试看，如果问题依旧存在，则说明 CMOS RAM 可能有问题，最好送回原厂处理。

（3）Press ESC to skip memory test（按 ESC 键跳过内存检查）：如果在 BIOS 设置程序中并没有设置快速加电自检，那么开机就会执行内存测试。如果不想等待，可按下【ESC】键跳过或到 BIOS 内开启 Quick Power On Self Test 功能。

（4）HARD DISK INSTALL FAILURE（硬盘安装失败）：硬盘的电源线、数据线可能未接好或者硬盘跳线不当出错，例如，一根数据线上的两个硬盘都设为主或从硬盘。

（5）Secondary slave hard fail（检测从盘失败）：原因可能是 CMOS 设置不当。例如，

没有从盘，但在 CMOS 中设置了从盘；硬盘电源线、数据线未接好或者硬盘跳线设置不当。

（6）Hard disk(s) diagnosis fail（执行硬盘诊断时发生错误）：这种故障通常代表硬盘本身的故障，可以先把硬盘接到其他计算机上试一下，如果问题一样，那就只好送修了。

（7）Floppy Disk(s) fail 或 Floppy Disk(s) fail(80)或 Floppy Disk(s) fail(40)（无法驱动软驱）：需要检查软驱、软驱排线是否接错或松落、电源线有没有接好。

（8）Keyboard error or no keyboard present（键盘错误或者未接键盘）：出现这条错误信息的原因是键盘连接线没有插好或者连接线已经损坏。

（9）Memory test fail（内存检测失败）：通常是因为内存不兼容或故障所导致。

（10）Override enable-Defaults loaded：表示当前 CMOS 设置无法启动系统，载入 BIOS 预设置以启动系统。其原因可能是在 BIOS 内的设置并不适合该计算机。例如，内存频率只能为 100 MHz，但设置为 133 MHz，这时进入 BIOS 设置重新调整即可。

（11）BIOS ROM checksum error-System halted（BIOS ROM 校验和错误，系统终止）：应是读取 BIOS 时出错，因此无法启动计算机。通常是因为 BIOS 程序代码更新不完全所造成的，解决方法是重新刷新主板的 BIOS。

（12）Non-System disk or disk error, Replaceand press any key when ready 或者 Invalidsystem disk, Replace the disk, and then press any key：这表明开机系统与设定不符合，一般有几种情况：①硬盘参数设置不当。②把软驱设定为第一驱动器，而软驱里放的不是启动盘，这时取出软盘，然后按任意键就可以了。③如果硬盘没有问题，而且参数设置正确的话，那就要费点时间重新安装一遍系统了。

2. POST 报警声响的含义

POST 加电自检还会通过报警声响次数指出故障部位。要听见报警声，必须确保机箱上的喇叭与主板上的 PC Speaker 跳线正确连接。不同类型的 BIOS，其自检响铃次数所定义的自检错误是不一样的，因此一定要分清。例如，Award BIOS 自检响铃含义如表 7-2-1 所示，AMI BIOS 自检响铃含义如表 7-2-2 所示，Phoenix BIOS 自检响铃含义如表 7-2-3 所示。

表 7-2-1　Award BIOS 的自检响铃含义

自 检 响 铃	自 检 响 铃 含 义
1 短	系统正常启动，每次开机时出现，表明机器没有任何问题
2 短	常规错误，进入 CMOS Setup，重新设置不正确的选项
1 长 1 短	内存或主板出错，换一条内存试试，如果问题依旧，只好更换主板
1 长 2 短	显示器或显卡错误
1 长 3 短	键盘控制器错误，检查主板
1 长 9 短	主板 Flash RAM 或 EPROM 错误，BIOS 损坏。换块 Flash RAM 试试
不停长声响	内存条未插紧或损坏，重插内存条，如果问题依旧，只好更换内存条
不停地响	电源、显示器未和显卡连接好，检查问题所在的所有插头
重复短响	电源问题

表 7-2-2　AMI BIOS 的自检响铃含义

自 检 响 铃	自 检 响 铃 含 义
1 短	内存刷新失败，更换内存条
2 短	内存 ECC 校验错误，在 CMOS Setup 中将有关内存 ECC 校验的选项设为 Disabled 就可以解决，不过最根本的解决办法还是更换内存条
3 短	系统基本内存（第 1 个 64 KB）检查失败，更换内存

续表

4 短	系统时钟出错
5 短	中央处理器（CPU）错误
6 短	键盘控制器错误
7 短	系统实模式错误，不能切换到保护模式
8 短	显示内存错误，显示内存有问题，更换显卡试试
9 短	BIOS 检验和错误
1 长 3 短	内存错误，内存损坏，更换即可
1 长 8 短	显示测试错误，显示器数据线未插好或显卡未插牢

表 7-2-3　Phoenix BIOS 的自检响铃含义

自 检 响 铃	自检响铃含义	自 检 响 铃	自检响铃含义
1 短	系统启动正常	1 短 1 短 1 短	系统初始化失败
1 短 1 短 2 短	主板错误	1 短 1 短 3 短	CMOS 或电池失效
1 短 1 短 4 短	ROM BIOS 校验错误	1 短 2 短 1 短	系统时钟错误
1 短 3 短 2 短（3 短）	基本内存错误	1 短 4 短 2 短	基本内存校验错误
1 短 4 短 1 短（2 短）	基本内存地址线错误	4 短 2 短 2 短	关机错误
4 短 3 短 3 短（4 短）	时钟错误	2 短 1 短 1 短	前 64 KB 基本内存错误
3 短 2 短 4 短	键盘控制器错误	3 短 3 短 4 短	显示内存错误
3 短 4 短 2 短	显示错误	4 短 3 短 1 短	内存错误
3 短 4 短 3 短	时钟错误	4 短 2 短 1 短	时钟错误
4 短 4 短 1 短	串行口错误	4 短 4 短 2 短	并行口错误

 思考与练习7-2

一、填空题

1. POST 自检过程大致如下：加电→＿＿＿＿＿→＿＿＿＿＿→＿＿＿＿＿→System Clock →DMA→64 KB RAM→IRQ→显卡。

2. ＿＿＿＿＿是连接操作系统和硬件之间的桥梁，为计算机提供最低级且最直接的硬件控制，计算机的原始操作都是依照固化在 BIOS 中的内容（指令）来完成的。

3. Windows 经常自动进入安全模式的故障一般是由于＿＿＿＿＿引起。

4. 不同类型的 BIOS，其自检响铃次数所定义的自检错误是不一致的，因此一定要分清。要听见报警声，必须确保机箱上的 PC 喇叭与主板上的＿＿＿＿＿正确连接。

二、问答题

1. 简单叙述 POST 检测的过程。

2. 简单介绍 POST 自检代码的含义。

3. 简单介绍计算机开机后显示器没有显示的故障有几种常见的原因。

7.3 【案例18】主机故障与维修

◎ **案例描述**

主机故障是由于组成主机中的主板、CPU、内存、硬盘和光驱等器件损坏、性能不良、参数超过极限值和设置错误等原因造成的。例如，元器件失效后造成的电路断路、短路，元器件参数漂移范围超出允许范围使主频始终变化等。下面从一个个案例中来详细介绍计算机主板、CPU、内存、硬盘、光驱、显卡和声卡等器件常见故障的现象与解决方法。

 **实战演练**

1. CPU 常见故障与维修

CPU 是计算机中很重要的配件，它的可靠性较高，正常使用时故障率并不高，但是若安装或使用不当，则可能带来很多意想不到的麻烦。CPU 出现故障时，一般的故障现象是无法启动计算机和死机。前者是开机后系统没有任何反应，即按下电源开关，机箱喇叭无任何鸣叫声，显示器无任何显示；后者是计算机运行中突然自动关机或死机，即对任何操作无反应。CPU 本身出现故障的几率非常小，常见的故障原因是 CPU 散热不良和超频不当。下面简介一些维修案例。

（1）计算机无法启动。此类故障通常是由于 CPU 的针脚被氧化、锈蚀造成 CPU 针脚接触不良引起的。可能是因为制冷片将芯片的表面温度降得太低，低过了结露点，导致 CPU 长期工作在潮湿的环境中。而裸露的铜针脚在此环境中与空气中的氧气发生反应生成了铜锈。还有一些劣质主板，由于 CPU 插槽质量不好，也会造成接触不良，用户需要解决 CPU 和插槽的接触问题，才可以排除故障。

（2）CPU 风扇有杂音。CPU 的风扇发出响声，可能是由于风扇轴承灰尘太多或润滑油已经不能起到润滑的作用了，从而导致轴承磨损过大，造成间隙太大而来回晃动发出响声，此时只有更换风扇，更换 CPU 的散热装置，以保证 CPU 在良好的环境下工作。

对于主频较高的 CPU，由于工作时发热量较大，因此必须为其降温，否则很容易引起 CPU 工作异常而导致死机，而最行之有效的方法是为 CPU 安装一个散热风扇。CPU 风扇使用一两年后，转动的声音明显增大，主要是由于轴承润滑不良所致，进而影响 CPU 的性能，因此必须为其加滑油，以延长使用寿命。

（3）计算机经常死机或者重启。

◎ 原因之一：一般的故障原因是主板设计散热不良造成的。如果因主板散热不够好而导致该故障，可以在死机后触摸 CPU 周围主板元件，会发现其非常烫手，在更换大功率风扇之后，死机故障即可解决。

◎ 原因之二：故障原因是主板 Cache 有问题造成的，可以进入 CMOS 设置，将 Cache 禁止后即可。当然，Cache 禁止后，机器速度肯定会受到影响。

◎ 原因之三：是 CPU 有问题，可以使用鲁大师等软件检查 CPU 的温度，如果 CPU 温度很高，温升很快，可以检查 CPU 风扇，CPU 风扇和 CPU 间的导热硅脂等，最后是更换 CPU。

随着工艺和集成度的不断提高，CPU 核心发热已是一个比较严峻的问题，对于主频较高的 CPU，由于工作时发热量较大，很容易引起 CPU 工作异常而导致死机。CPU 对散热风扇的要求也越来越高，需要选择质量过硬的 CPU 风扇，否则轻者机器重启，重者烧毁 CPU。通常的解决方法就是配置一个强劲而有力的散热风扇，最好能够安装机箱风扇，让机箱风扇与电源的抽风风扇形成对流，使主机能够得到更良好的通风环境。

◎ 原因之四：是主板有问题，只有更换主板了。

（4）在计算机工作的时候，CPU 风扇"噼里啪啦"响，而且经常出现自动重启现象。CPU 风扇发出响声，可能是由于风扇轴承灰尘太多或润滑油已经不能起到润滑的作用了，导致轴承磨损过大，造成因间隙太大而来回晃动，发出响声，此时只有更换风扇和散热装置。

（5）CPU 超频后不能访问硬盘，对硬盘低格、分区、格式化，但故障依旧。在超频的时候，要一次超一个档位地进行，而不要一次就大幅度提高 CPU 的频率。只因每次超频都具有一定的危险性，如果一次超得太高，会出现烧坏 CPU 的意外。不要对高频率 CPU 超频，原本发热量已经很大的高频率 CPU 一旦超频，不仅难以保证系统稳定运行，而且 CPU 会被烧毁。此外，使用休眠时应设定 CPU 风扇不停转并把休眠时的 CPU 功耗设置为 0%，让 CPU 在休眠时尽量减少发热，也是防止烧毁的必要方法。

（6）CPU 超频后正常使用了几天后再开机，显示器黑屏，复位后无效。先检查显示器的电源是否接好，电源开关是否开启，显卡与显示器的数据线是否连接好，确信无误后，关闭电源，打开机箱，检查显卡和内存条是否接好，或干脆重新安装显卡和内存条，再启动计算机，屏幕仍无显示，说明此处无故障。因为 CPU 是超频使用，且是硬超，怀疑是超频不稳定引起的故障。开机后，用手摸了一下 CPU 发现非常烫，于是找到 CPU 的外频与倍频跳线，逐步降频后，启动计算机，系统恢复正常，显示器也有了显示。

将 CPU 的外频与倍频调到合适的频率后，应检测一段时间看是否稳定，如果系统运行基本正常，但偶尔会出点小毛病（例如，非法操作，程序要单击几次才打开），此时如果不想降频，为了系统的稳定，可适当调高 CPU 的核心电压。

（7）启动后屏幕提示 "Defaulte CMOS Setup Loaded"。CPU 的频率自动降低了，启动后提示 "Defaulte CMOS Setup Loaded"，在重新设置 CMOS Setup 中的 CPU 参数后，系统恢复正常显示，但是还会重复出现此现象。

首先打开机箱，看到主板上面有一粒纽扣大小的圆形电池，即为 CMOS 电池，有的主板在电池上还会安一个小零件，防止其滑落，大部分机器的电池都是卡在电池槽里的，用手指轻轻一抠就下来了，再买一块一样的新电池安装上。然后，重新设置 CPU 的参数。

2. 主板常见故障与维修

主板是计算机中很重要的配件。下面简介一些维修案例。

（1）计算机频繁死机，在进行 CMOS 设置时也会出现死机现象。

一般是主板设计散热不良或者主板 Cache 有问题引起的。如果因主板散热不够好而导致该故障，可以在死机后触摸 CPU 周围主板元件，会发现其温度非常烫手，在更换大功率风扇之后，死机故障即可解决。如果是 Cache 有问题造成的，可以进入 CMOS 设置，将 Cache 禁止后即可。当然，Cache 禁止后，机器速度肯定会受到影响。如果按上法仍不能解决故障，那就是主板或 CPU 有问题，只有更换主板或 CPU 了。

（2）开机后几秒钟就自动关机。

一般是电源开关或 RESET 键损坏。现在很多机箱上的开关和指示灯，耳机插座、USB 插座的质量太差。如果 RESET 键按下后弹不起来，加电后因为主机始终处于复位状态，所以按下电源开关后，主机会没有任何反应，和加不上电一样，因此电源灯和硬盘灯不亮，CPU 风扇不转。打开机箱，修复电源开关或 RESET 键。

主板上的电源多为开关电源，分立器件较多，功率管和电容比较容易损坏，只有进行更换。

（3）CMOS 设置不能保存。

此类故障一般是由于主板电池电压不足造成，对此予以更换即可，但有的主板电池更换后同样不能解决问题，此时有以下两种可能。

◎ 主板电路问题，对此要找专业人员维修；

◎ 主板 CMOS 跳线问题，有时候因为错误地将主板上的 CMOS 跳线设为清除选项，或者设置成外接电池，使得 CMOS 数据无法保存。

（4）关机画面迟迟不消失。

选择"开始"→"关闭"命令后，关机画面迟迟不消失，计算机自动重启。如果先安装显卡驱动，关机正常；安装主板驱动后，计算机关机时又会自动重启。

主板或者显卡不兼容，更换主板或者显卡，故障即可顺利解决。

（5）安装或启动 Windows 时鼠标不能使用。

出现此类故障一般是鼠标插头接触不良、鼠标损坏或 CMOS 设置错误。CMOS 设置的电源管理栏中的 Modem use IRQ 项目，其选项分别为 3、4、5、…、NA，一般默认选择 3，将其设置为 3 以外的中断项即可。

3. 内存常见故障与维修

内存故障率相当高，大部分死机、蓝屏、无法启动故障基本上都是由内存引起的。因此，在检查硬件故障时往往将内存故障放在首要位置优先判断。与主板、显卡等其他配件相比，内存故障检查起来比较简单，一般是利用替换法更换一条内存测试一下即可以准确地进行判断。由于内存故障表现相当直观，在实际操作中可以通过计算机许多外在的表现直接判断出故障的出处，以下简单介绍几种内存故障的现象，以及内存故障的排除方法。

（1）无法正常启动。计算机出现无法启动的故障，按下机箱电源按钮后，报警喇叭长时间发出短促的"滴滴"报警声，计算机无法启动，机箱电源指示灯亮，硬盘灯不亮。

这是典型的内存条故障。故障原因可以有三种：①内存彻底烧毁或损坏，只能更换；②内存松动；③内存的金手指氧化造成与插槽接触不良。对于后两种情况，只要用橡皮擦来回擦拭其金手指部位（不要用酒精等清洗），将内存条的金手指擦拭干净并插紧后即可解决。有些时候可能是内存插槽损坏或变形造成的，则需要更换内存插槽。另外，内存兼容性也相当重要，尤其是双通道对内存兼容性要求更高。

（2）系统经常随机性死机。此类故障一般是由于采用了几种不同芯片的内存条，各内存条速度不同产生了一个时间差从而导致死机，可以在 CMOS 设置内降低内存速度予以解决，或者使用同型号内存。还有，内存条与主板不兼容（此类现象一般少见）或内存条与主板接触不良也可能引起计算机随机性死机。

（3）计算机启动时会带有报警声响，"嘀嘀"地响个不停。一般是因为内存条与主板内存条插槽接触不良而造成的。例如，内存条不规范，内存条有点薄，当内存插入内存插槽时，留有一定的缝隙；内存条的金手指工艺差；金手指的表面镀金不良，时间一长，金手指表面的氧化层逐渐增厚，导致内存接触不良；内存插槽质量低劣，簧片与内存条的金手指接触不实在等。打开机箱，用橡皮擦仔细地把内存条的金手指擦干净，把内存条取下来重新插一下，用热熔胶把内存插槽两边的缝隙填平，防止在使用过程中继续氧化。

（4）Windows 系统运行经常产生错误或死机。例如：一台计算机老出现非法错误而导致计算机死机，重新启动后不到两个小时即出现同样的错误，重新安装系统后问题仍旧没有解决。此机内存为一条现代 512 MB DDR400 兼容条。此类故障一般是由于内存条的芯片质量不过硬造成的。排除软件故障后依然经常死机，说明内存条的芯片有着严重的问题，而随着时间的延长，故障发生的频率会越来越高，最后则会导致机器完全不能启动。通过更换了一条金士顿 256 MB DDR400 内存后，故障解决。

（5）Windows 注册表经常无故损坏。例如：一台机器配有现代 256 MB DDR266 兼容条，在使用中经常提示 Windows 注册表损坏，要求恢复注册表信息。这类故障多数是由于内存的质量不佳造成的，一般的解决方法是直接更换内存条。这也是内存故障的初期表现，长期下去后内存便会损坏而导致无法启动机器。

（6）启动后很快死机，再次启动后能够稳定运行。例如：一台 AMD 64 位速龙处理器的计算机开机后很快就死机，再次启动后便能够正常运行。此类故障多发于内存条，打开机箱发现使用了两条相同型号的内存，内存条插在 DIMM1 与 DIMM2 两个插槽中，并没有打开双通道功能。将一条内存取下换到 DIMM3 插槽中，打开了内存的双通道功能（AMD 64 位速龙处理器内建了双通道功能），开机测试，问题解决。

（7）升级内存后容量并没有增加。可以把内存条互相换个插槽试一试，或内存条在主板上的不同插槽换插试一试。不同型号的内存条插进后，有的内存计算机检测不到，这是因为主板和不同种类的内存之间不兼容造成的。如果是这样的情况，一定要更换相同规格的内存条才行。

4. 硬盘故障与维修

硬盘故障大体上可以分为硬件故障和软件故障。硬件故障是指硬盘的机械或电子部分损坏，软件故障则是指由于操作系统或应用软件的原因，使得硬盘上存储的数据出现错误。一旦发生硬件故障，通常只能送还厂商检修。一般硬盘故障基本上是软件故障，用户可以自己动手解决。

（1）BIOS 检测不到硬盘。BIOS 检测不到硬盘的原因主要有以下几种。

◎ 硬盘未正确安装：首先检查硬盘的数据线及电源线是否正确安装，一般情况下可能是虽然已插入相应位置，但是却未正确插入到位。

◎ 主/从跳线未正确设置：如果安装了双硬盘，那么需要将其分别设置为主硬盘（Master）和从硬盘（Slave）。如果两个都设置为主硬盘或从硬盘，并将两个硬盘用一根数据线连接到主板的 IDE 插槽，这时 BIOS 无法正确检测到硬盘信息，最好是分别用两根数据线连接到主板的两个 IDE 插槽中，这样还可以保证即使硬盘接口速度不一致，也可以稳定工作。

◎ 硬盘与 CD-ROM 接在同一个 IDE 接口上：一般情况下，只要正确设置，将硬盘和 CD-ROM 接在同一个 IDE 接口上都不会有问题。但有些新式 CD-ROM 会与老式硬盘发生冲突，因此还是分开接比较保险。

◎ 硬盘或 IDE 接口发生物理损坏：如果硬盘已经正确安装，而且跳线正确设置，CD-ROM 也没有与硬盘接到同一个 IDE 接口上，但 BIOS 仍然检测不到硬盘，那么最大的可能就是 IDE 接口发生故障。可以试着换一个 IDE 接口，如果 BIOS 识别不到，表示计算机的 IDE 接口有故障。假如仍不行，可能是硬盘问题。

（2）开机自检完成时显示 "HDD controller failure Press F1 to Resume" 提示信息。该提示信息的意思是 "硬盘无法启动"，甚至有时用 CMOS 中的自动监测功能也无法发现硬盘的存在。当出现上述信息时，应该重点先检查与硬盘有关的电源线、数据线的接口有无损坏、松动、接触不良、反接等现象，此外常见的原因还有硬盘上的主从跳线设置错误。

如果在自检硬盘时出现 "咔咔咔" 之类的噪声，则表明硬盘的机械控制部分或转动臂有问题，或者盘片有严重操作。

（3）开机显示如下提示信息

Drive not reday error Insert Boot Diskette in A

Press any key when ready …

出现上述错误，多属于 CMOS 设置错误或因 CMOS 供电不足造成 CMOS 信息丢失所引起，重新设置或者放电复位 CMOS 中数据即可。CMOS 设置的正确与否直接影响硬盘的正常使用，当硬盘类型错误时，常会发生读写错误，有时则干脆无法启动系统。比如 CMOS 中的硬盘容量小于实际的硬盘容量，则硬盘后面的扇区将无法读写。

（4）硬盘显示的容量和实际容量不符或者计算机无法启动。硬盘常见的硬件故障是出现坏道，其中最为严重的特例表现为 0 磁道损坏。硬盘坏道可分为逻辑坏道及物理坏道两大类，逻辑坏道是由于非正常关机等软件问题引起的，一般可以通过格式化等方法加以去除，而物理坏道则是盘体因冲击、灰尘等原因受到了物理损坏，物理坏道通过一般方法是无法修复的。

◎ 逻辑坏道的修复：对于逻辑坏道，Windows 自带的"磁盘扫描程序（Scandisk）"就是最简便常用的解决手段。如果硬盘出现了坏道，可以在 Windows 系统环境下运行"磁盘扫描程序"，它将对硬盘盘面做完全扫描处理，并且对可能出现的坏簇做自动修正。除了 Scandisk 之外，还有很多优秀的第三方修复工具，例如，诺顿磁盘医生 NDD（Norton Disk Doctor）及 PCTOOLS 等也是修复硬盘逻辑坏道的好帮手。

运行 NDD，它的界面如图 7-3-1 所示，选择要处理的分区后，再选中"自动修复错误"复选框，单击"诊断"按钮即可。经过一系列对"分区表""引导记录""文件结构"和"目录结构"的诊断以及"表面测试"之后，如图 7-3-2 所示，它会自动给出一份诊断统计报告，显示硬盘的详细信息，如图 7-3-3 所示。

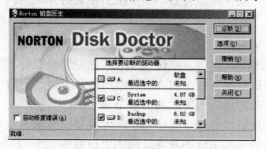

图 7-3-1　Norton 磁盘医生对话框

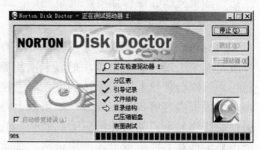

图 7-3-2　NDD 检测界面

◎ 物理坏道的隔离：对于硬盘上出现的无法修复的坏簇或物理坏道，可以利用一些磁盘软件将其单独分为一个区并隐藏起来，让磁头不再去读它，这样可在一定程度上延长硬盘的使用寿命。需要特别强调的是，使用有坏道的硬盘时，一定要时刻做好数据备份工作，因为硬盘上出现了一个坏道之后，更多的坏道会接踵而来。修复这种错误最简单的工具是 Windows 系统自带的 Fdisk。如果硬盘存在物理坏道，通过前面介绍的 Scandisk 和 NDD 用户就可以估计出坏道大致所处位置，然后利用 Fdisk 分区时为这些坏道分别单独划出逻辑分区，所有分区步骤完成后再把含有坏道的逻辑分区删除掉，余下的就是没有坏道的好盘

图 7-3-3　NDD 测试报告界面

了。需要特别留意的是修好的硬盘千万不要再用 DOS 下的 Fdisk 等分区工具对其进行重新分区，以免又改变硬盘的起始扇面。

◎ 0 磁道损坏的修复：在硬盘使用过程中，当发现 0 磁道损坏时，一般情况下也就判了硬盘死刑，很难修复。不过对于硬盘 0 扇区损坏的情况，合理运用一些磁盘软件，把损坏的 0 扇区屏蔽掉，而用 1 扇区取代却有可能，例如，Pctools、诺顿 NU 等。

启动诺顿 NU，运行其磁盘编辑器组件，将硬盘的起始扇区从 0 面 0 柱 1 扇区改为 0 面 1 柱 1 扇区即可。另外需要说明的就是，改动数值要根据具体情况而定。最后存盘后退出重启计算机，用 Format 命令格式化硬盘即可正常使用了。

5. 光驱故障与维修

（1）操作系统找不到光驱。这可能是由于 BIOS 设置而造成，进入 BIOS，检查 IDE 设置，发现除了 PRIMERY MASTER 显示有主硬盘之外，其他均设置为 NONE。将 SECONDERY MASTER 改为 AUTO，保存设置后重启。顺利找到了光驱。虽然不同的机器 BIOS 各有不同，但其中都有关于 IDE 设备的设置，只要 IDE 相关的参数能设置正确，就能顺利地找到光驱。其实可能造成光驱找不到的原因还有很多，例如，IDE 数据线断裂、主板 IDE 接口损坏、光驱本身的损坏等。

（2）光盘转动响声大且无法读取内容。光驱机械部分由于长时间使用而产生磨损、损坏、错位以及震动太大，造成激光头无法正常发射光束，或发射的光束无法正确反射接收，会使光驱不读碟或者读碟很差，可用擦镜头专用纸或医用棉球将灰尘清除即可。

（3）光驱中的光盘无法转动。拆开光驱发现光盘下方夹盘托的橡皮圈严重硬化，无法夹紧光盘，将大张橡皮布剪成与夹盘托相同大小的圆圈粘在原来老化的橡皮圈上将其垫高一层，放入光盘后再试发现摩擦声消失，证明夹盘托已经夹紧光盘内圈，能够顺利使用。注意，如果光驱在保修期内，请拿到厂家维修，实在是没有办法的情况下才去拆开光驱。

6. 显卡故障与维修

（1）启动后，显示器无显示、黑屏（有显卡报警声，一长两短的鸣叫）或者有乱码。一般是显卡松动或显卡损坏，把显卡重新插好即可。另外，应检查 AGP 插槽内是否有小异物，否则会使显卡不能插接到位；对于使用语音报警的主板，应仔细辨别语音提示的内容，再根据内容解决相应故障。如果以上办法处理后还报警，就可能是显卡的芯片坏了，更换或修理显卡。如果开机后听到"嘀"的一声自检通过，显示器正常但就是没有图像，把该显卡插在其他主板上，使用正常，那就是显卡与主板不兼容，应该更换显卡。

对于一些集成显卡的主板，如果显存共用主内存，则需注意内存条的位置，一般在第一个内存条插槽上应插有内存条。

（2）显示器显示不正常，出现异常杂点或图案，或者出现花屏，看不清内容。显示器显示出现异常杂点或图案一般是由于显卡的显存出现问题或显卡与主板接触不良造成。需要清洁显卡金手指部位或更换显卡。出现花屏，一般是由于显示器或显卡不支持高分辨率而造成的。花屏时可切换启动模式到安全模式，然后在 Windows 中恢复正常的显示模式。重新启动后，在 Windows 正常模式下删掉显卡驱动程序，重新启动计算机即可。也可不进入安全模式，在 DOS 环境下，编辑"SYSTEM.INI"文件，将"display.drv=pnpdrver"改为"display.drv=vga.drv"，保存退出，在 Windows 中更新驱动程序。

也可能是显示器被磁化，一般有磁性的物体过近接触显示器，会产生显示不正常，还可能会引起显示画面偏转的现象。

（3）安装显卡驱动程序失败。首先，在 BIOS "Chipset features setup" 中，将 "Assign IRQ to VGA" 设为 "Enable"。很多显卡，尤其是 Matrox 的显卡，此项为 "Disable" 时无法正确安装。此外，"AGP aperture size" 中数值应设小一点或干脆设为 0。对于 Aladdin V 主板，大多数 AGP 显卡只有当 "Paste write from buffer" 设为 "Disable" 时才能完全正常使用。

接着，安装各兼容芯片组主板的 AGP 补丁，一般在随板的驱动程序光盘中有，还不行的话，请上网下载最新的补丁程序。

最后，安装显卡驱动程序和 Direct X 6.0，如果不能安装或安装错误，说明 Windows 无法正确设置显卡，可以试着先安装标准的 VGA 驱动，再用更改驱动的方式安装 AGP 显卡，这样可解决 99%的问题。剩下的 1%只能手动调整设置。

（4）显卡驱动程序载入，运行一段时间后驱动程序自动丢失。一般是由于显卡质量不佳或显卡与主板不兼容，使得显卡温度太高，从而导致系统运行不稳定或出现死机，此时只有更换显卡。此外，还有一类特殊情况，以前能载入显卡驱动程序，但在显卡驱动程序载入后，进入 Windows 时出现死机。可更换其他型号的显卡，在载入其驱动程序后，插入旧显卡予以解决。如果还不能解决则说明注册表故障，对注册表进行恢复或重新安装操作系统即可。

（5）频繁死机。一般多见于主板与显卡的不兼容或主板与显卡接触不良；显卡与其他扩展卡不兼容也会造成死机。有的显示器设计上的问题造成接地线短路或反馈信号太强烈使得显示不正常就存在上述问题。找一根显示器连接线，把管脚 4、5、9、11、12、15 切断，接在显示器和显卡之间，这样可以获得最大的兼容性。

7. 声卡故障与维修

（1）声卡无声。操作系统会自己寻找声卡，并安装其认为最匹配的驱动程序。但若依然无法发出声音，那么需要检查与音响或耳机是否连接，Windows 音量控制中的各项声音通道是否被屏蔽。如果声卡仍没有声音，可以打开"设备管理器"对话框，删除"声音、视频和游戏控制器"项目中被打了叉号或者感叹号的项目，然后单击"刷新"命令或重新启动计算机重新安装驱动程序。

（2）播放音乐 CD 无声。

◎ 完全无声，遇到此类问题时，首先应该检查是否安装了声卡驱动，如果全部安装，那么最大的可能就是没有连接好 CD 音频线，这条 4 芯线是 CD-ROM 和声卡附带的。线的一头与声卡上的 CD IN 相连，另一头与 CD-ROM 上的 ANALOG 音频输出相连。

◎ 只有一个声道出声。检查声道的均衡状况，选择"开始"→"所有程序"→"附件"→"娱乐"→"音量控制"命令，打开"音量控制"窗口，查看"Master"和"CD Player"中控制声道音量的滑动杆是否处于两声道的正中央。如果此处不存在问题，则可能是声卡驱动遭到了破坏，重新安装即可。

☕ **相关知识**

1. 硬件故障的产生原因

硬件故障主要是由于组成计算机系统部件中的元器件损坏或性能不良而造成的，例如，元器件损坏、电路短路或断路，元器件参数漂移，电网波动等。另外，还有一部分故障是因为硬件参数设置超过极限值所产生的假故障。硬件故障大致可以分为以下四类。

（1）器件故障：这类故障主要有电源插座、开关未插好或接触不良，板卡上的元器件、接插件和印制板损坏等，内存和硬盘存储介质损坏等。

（2）机械故障：通常主要发生在外围设备中，这类故障比较容易被发现。

外设常见的机械故障有，打印机断针或磨损、色带损坏、电机卡死、走纸机构不灵等，磁盘驱动器磁头磨损或定位偏移，键盘按键接触不良、弹簧疲劳致使卡键或失效等。

（3）人为故障：人为故障的主要原因是使用者对计算机性能、操作方法不熟悉，致使操作不当而造成的。所涉及的问题大致包括以下几个方面。

◎ 电源接错，这种错误会造成破坏性的故障，并伴有火花、冒烟、焦臭和发烫等现象。

◎ 带电插拔，在通电的情况下插拔板卡或集成块而造成的损坏，硬盘运行时突然关闭电源或搬动机箱，致使硬盘磁头未退至安全区而造成损坏。

◎ 接线错误，支流电源插头或 I/O 通道接口板插反或位置插错，信号线接错或接反。

一般来说，除电源线接反能造成损坏外，其他错误只要更正即可。

◎ 使用不当。

（4）设置问题：例如，硬盘不被识别也许只是主、从盘跳线位置不对等。显示器无显示很可能是行频调乱、宽度被压缩，甚至只是亮度被调至最暗。音响放不出声音也许只是音量开关被关掉。详细了解该外设的设置情况，并动手试一下，可以解决问题。

2. 常见的硬件故障检修方法

（1）清洁法：对于使用环境较差，或使用了较长时间的机器，应首先进行清洁。可用毛刷轻轻刷去主板、外设上的灰尘，如果灰尘已清扫掉，或无灰尘，就进行下一步的检查。

另外，由于板卡上一些插卡或芯片采用插脚形式，震动、灰尘等其他原因，常会造成引脚氧化，接触不良。可用橡皮擦擦去表面氧化层，重新插接好后开机检查故障是否排除。

（2）直接观察法：即"看""听""闻""摸"的方法，简介如下。

◎ "看"：观察系统板卡的插头、插座是否歪斜，电阻、电容引脚是否相碰，元件表面是否烧焦或开裂，主板上的铜箔是否烧断。还可以查看是否有异物掉进主板的元器件之间，板子上是否有烧焦变色的地方，印制电路板上的铜箔是否有断裂等。

◎ "听"：即监听电源风扇、软/硬盘电机或寻道机构、显示器变压器等设备的工作声音是否正常。另外，系统发生短路故障时常常伴随着异常声响。监听可以及时发现一些事故隐患和帮助在事故发生时及时采取措施。

◎ "闻"：即辨闻主机、板卡中是否有烧焦的气味，便于发现故障和确定短路所在地。

◎ "摸"：即用手按压管座的活动芯片，看芯片是否松动或接触不良。另外，在系统运行时用手触摸或靠近 CPU、显示器、硬盘等设备的外壳，根据其温度可以判断设备运行是否正常；用手触摸一些芯片的表面，如果发烫，则可以为该芯片损坏。

（3）插拔法：插拔法适用于板卡一级故障（尤其是"死机"故障）的排除，它是通过将主板上的部件或芯片逐块拔出和插入来寻找故障原因的一种方法。这是一种非常有效的方法，尤其适用于将故障缩小到板卡时。每拔出一块板就开机观察机器运行状态，一旦拔出某块板卡后主板运行正常，那么故障原因就是该插件板故障或相应 I/O 总线插槽及负载电路故障。若拔出所有插件板后系统启动仍不正常，则故障很可能就在主板上。

插拔法的另一作用是：一些芯片、板卡与插槽接触不良，将这些芯片、板卡拔出后再重新正确插入，可以解决因安装接触不当引起的微机部件故障。

插拔法适合于没有显示的故障，而且主要适合于只有一台计算机无法比较的情况。

（4）振动敲击法：对于机器运行时出现的一些时隐时现的瞬时性故障，机器运行时好时坏，可能是各元器件或组件虚焊、接触不良、插件管脚松动、金属氧化使接触电阻增大等原因造成的。对于这种情况可以用敲打法来进行检查，可以用手指轻轻敲击机箱外壳，有可能解决因接触不良或虚焊造成的故障问题。然后可进一步检查故障点的位置排除之。

（5）升温法：如果计算机运行一段时间后故障出现，则可以用电烙铁给怀疑的元件局部加温，如果故障提前出现，则是该元件损坏。另外，升高计算机运行环境的温度，可以检验计算机各部件（尤其是 CPU）的耐高温情况，及早发现事故隐患。

（6）替换法：替换法是用相同的插件板或器件替换后观察故障变化情况，以便于判断寻找故障原因的一种方法。将同型号插件板，总线方式一致、功能相同的插件板或同型号芯片替换，根据故障现象的变化情况判断故障所在。此法多用于易插拔的维修环境，如果能找到相同型号的计算机部件或外设，使用替换法可以快速判定是否是元件本身的质量问题。

如果某块板卡使运行正常的计算机显示故障，则故障一定是在这块板卡上。在使用这种方法时应确认有故障的板卡插入到好的计算机上时，不会给好的计算机造成影响。一般来说，如果坏的板卡的电源与接地有短路情况时，将坏板卡放在好的计算机上运行，不会将好的计算机或板卡损坏。但在使用前应先用万用表测量有问题的板卡的电源和底线之间有无短路现象，如果有，则证明该板卡已损坏，不需使用替换法。同样，将好的计算机中的板卡或设备插入到有故障的计算机中，如果插入某块正常的板卡使故障现象消失，则故障就出现在这块板卡。如果故障还在，则说明计算机其他地方存在故障。

（7）比较法：可以在维修一台计算机时，使用另一台相同型号的计算机作比较，当怀疑某些模块时，分别测试两块板卡的相同测试点。用正确的特征，例如，波形或电压，与有故障的机器的波形或电压相比较，看哪一个组件或模块的波形或电压不符，凡是不相同的地方，一定是原因所在。以此作为寻找故障的线索，根据逻辑电路图逐级测量，使信号由逆求源的方向逐点检测，分析后确诊故障位置。

（8）测量法：测量法是将计算机暂停，用万用表电压挡测量所需要检查点的电平。在不加电的情况下，用普通的万用表电阻挡测量元件的内阻，检查元件是否开路或短路，检查元件的外围电路是否开路、短路和接触不良。一般集成电路的引脚电阻都是具有 PN 结效应，即正向电阻小，反向电阻大。但是正向电阻不会接近零，反向电阻也不能为无限大。另外芯片输入引脚之间的内阻不能为零，否则会引起逻辑错误。

（9）程序诊断法：程序诊断法称为软件分析法，它包括简易程序测试法、检查诊断程序测试法和高级诊断法。简易程序测试法是指维修人员针对具体故障，通过编制一些简单而有效的检查程序来帮助测试和检查硬件故障的方法，它依赖于对故障现象的分析和对系统的熟练程度。在计算机不完全死机的情况下，可以通过运行程序，诊断故障部位。

检查诊断程序测试法是采用系统提供的一些专用检查诊断程序来帮助寻找故障，这种程序一般具有多个功能模块，可以检测处理器、存储器、显示器、软/硬盘、键盘和打印机等。通过显示错误码、错误标志信息或发出不同声响，为用户提供故障原因和故障位置。

高级诊断法是利用厂商提供的诊断程序，或者利用某些专门为检测计算机而编制的程序来帮助查找故障原因的一种方法，这也是考核计算机性能的重要手段。这种程序一般提供了多种选择项目，可以检测系统的各个部分，包括各种接口适配器和电缆，检测后通过反馈问题流程编码使用户找到故障原因。

大部分诊断软件只能诊断出电路板卡一级的故障。随着诊断软件的不断发展，目前很多诊断软件已能够指出某些芯片一级的错误，尤其是存储器芯片的检测。最普遍的诊断程序软件可以检查系统 RAM 及某些输入/输出接口部件。有些程序虽能检查 CPU 的运行状态，但一般只能检查出一些小毛病，这是因为大部分诊断工作均要假设 CPU 运行正常。

（10）综合法：计算机有时出现的故障现象比较复杂，单独采用以上介绍的某一种方法不能找出故障原因的时候，可同时采用上述几种方法来检测和查找故障部位及原因。

3．CPU 及风扇的维护

为了延长 CPU 的寿命，应该正确、顺利地安装，注意一般不要对 CPU 进行超频使用，最后要正确安装及保养好 CPU 风扇。可以使用鲁大师等软件对 CPU 温度进行检测和报警。

在散热片与 CPU 之间涂敷导热硅脂。导热硅脂的作用不仅仅是把 CPU 所产生的热量迅速而均匀地传递给散热片。更重要的是，硅脂还可以弥补因散热器底部不平衡而导致的与 CPU 接触后没有热量通过的现象。因为硅脂具有一定的黏性，在固定散热片的金属弹片轻微老化松动的情况下，可以在一定程度上使散热片不至于与 CPU 表面分离，维持散热风扇的效能。硅脂的使用原则是能少则少，过多则会使 CPU 温度不能快速地散去。固定散热风扇用的金属弹片的松紧程度一般可以调节，如果并未使用内核裸露在外的 CPU，则应该用尽可能紧密的方式安装散热风扇；否则有可能因为散热片不能与 CPU 表面充分接触而引起散热效率的降低和振动现象的发生。在使用中发现，如果新安装的散热风扇在使用数天后效能降低，通常是弹片轻微脱落的结果，例如，挡片向上划了一档等。所以在使弹片就位时不能因为怕费力而马虎了事，一定要尽其所能保证牢固。另外安装时要注意不要用力过猛，以免损坏 CPU 插座附近的元件和电路。

CPU 散热风扇存在吸入灰尘的副作用，较多的灰尘不仅阻碍散热片的通风，也会影响风扇的转动，所以散热风扇在使用一段时间后需要进行清扫。清扫时需要先把散热片和风扇拆开，拧开固定风扇的螺钉，将散热片上的风扇拆卸下来。拆除后首先使用毛刷清除风扇扇叶上的灰尘。注意用毛刷刷风扇扇叶时不要太用力，否则容易损坏风扇。散热片还可以直接用水冲洗，对于风扇及散热片上具有黏性的油性污垢，可以用棉签擦拭干净。如果散热风扇经过半年到一年左右的正常运转后噪声异常增大，一般是因为风扇内部润滑油消耗殆尽所致，需要给风扇轴心加注润滑油。CPU 散热风扇对润滑油的种类没有什么要求，常见的润滑油都可使用，但不要使用黏度大的润滑脂，否则风扇会转动不灵。从散热片上卸下风扇，打开底部油封（一般是一片黑色塑料片），便可以看到风扇的轴心，加油时可用镊子或牙签之类具有细小尖端的物品蘸取滴入，油滴至轴深度的一半即可，不要太多。加油后马上贴好油封以防润滑油挥发，倒置一段时间，待润滑油渗入轴承内部后，再将其固定到散热片上，风扇就可重新使用了。虽然风扇是一个易损耗的设备，但是因其工作性质的重要，因此不建议维修已损坏的风扇。而且要杜绝风扇已经不正常工作还继续使用。

4. 硬盘和光驱的使用与维护

在计算机故障中，有 1/3 的故障是硬盘故障，包括软件故障和硬件故障，而其中有很多故障是用户未能根据硬盘的特点而采取必要的维护保养措施所致。由于硬盘在读写时磁头及驱动装置仍是机械运动，如果使用不当，便会产生"物理"磨损。可以通过一些方法减少磁头和驱动器的机械运动，不仅可以提高硬盘的性能，而且对于延长硬盘的使用寿命也有一定的效果。

（1）保持工作环境清洁：虽然一般情况下并不能保证硬盘处于无尘环境中，但如果工作环境中灰尘过多，灰尘就会被吸附到硬盘主控电路板、主轴电机的内部，严重时甚至会堵塞过滤器进而对硬盘的散热构成威胁，所以除了必须保持工作环境的清洁，还要对硬盘进行定期除尘，在断电时拆下硬盘后用刷子将灰尘轻轻扫干净。

（2）散热良好：硬盘温度直接影响着其工作状况（稳定性）和使用寿命，轻则造成系统的不稳定（常死机）或丢失数据，重则会产生硬盘坏道。

（3）物理坏道及时处理：当硬盘出现物理坏道时，即使是一个坏簇，也要很注意，因为其很快就会扩散成一大片，尽快把坏簇划作一个分区并通过屏蔽的方法来解决问题。

（4）防震：虽然磁头与盘片间没有直接接触，但它们之间的距离的确离得很近，而且磁头也有一定的重量，所以如果出现过大震动，磁头会由于地心引力和产生的惯性而对盘片进行敲击。这种敲击会导致硬盘盘片的物理性损坏，轻则磁头会划伤盘片，重则会损坏磁头而至整个硬盘报废，而且由于磁道的密度是非常大的，磁道间的宽度只有百万分之一英寸，如果在磁头寻道时发生震动就极有可能会造成读、写故障，所以说必须将计算机放置在平衡、无震动的工作平台上，尤其是硬盘处于工作状态时，一定要尽量避免移动硬盘，而且在硬盘启动或停机过程中更不要移动硬盘。

（5）定期整理硬盘碎片：硬盘的寻道操作会导致机械装置的频繁运动，这会加速硬盘的老化和磨损，而碎片可以成倍增加硬盘的寻道次数。因此，对硬盘的碎片进行整理可以提高硬盘的运行速度，更可以延长其寿命。

（6）将交换文件（虚拟内存）设置为固定值：系统在默认状态下是让 Windows 管理虚

拟内存，这样会造成虚拟内存的大小经常发生变化，这种变化会产生磁盘碎片。而且系统默认是将虚拟内存放到 C 盘上，为了防止系统所在盘产生大量磁盘碎片，要将虚拟内存设置固定值，而且要将其放到其他速度比较快的磁盘分区上。

设置虚拟内存之前一定要用系统自带的磁盘整理软件先整理一下才会有明显的效果，而且其对硬盘的加速效果也会十分明显。

 思考与练习7-3

一、填空题

1．CPU 本身出现故障的几率非常小，常见的故障原因是_____和_____。

2．CPU 风扇发出响声可能是由于_____或_____。

3．计算机启动后屏幕显示"CMOS Battery State Low"提示信息，故障原因大多是_____引起的。

4．计算机启动时会带有"嘀嘀"报警声响个不停，该故障的原因往往是_____。

5．硬件故障常见的检修方法有_____、_____、_____、_____、_____、_____、_____和_____。

6．在散热片与 CPU 之间涂敷_____，它的作用不仅仅是把 CPU 所产生的热量迅速而均匀地传递给散热片，更重要的是_____。

二、问答题

1．简述内存的常见故障现象特点，以及常用的维修方法。

2．简述计算机硬件故障的产生原因，以及硬件常见故障的检修方法。

7.4 【案例19】外设故障与维修

 案例描述

外设故障是指键盘和打印机等设备损坏、性能不良、参数超过极限值和设置错误等原因造成的。下面从一个个案例中来详细介绍键盘和打印机等设备常见故障的现象与解决方法。

 实战演练

1．键盘故障与维修

键盘在使用过程中，故障的表现形式是多种多样的，原因也是多方面的。有接触不良故障，有按键本身的机械故障，还有逻辑电路故障、虚焊、假焊、脱焊和金属孔氧化等故障。维修时要根据不同的故障现象进行分析判断，找出产生故障原因，进行相应的修理。

（1）按键失灵。这种故障也称为"卡键"，不仅仅是使用很久的旧键盘，有个别没用多久的新键盘上，卡键故障也有时发生。出现卡键现象主要是键帽下面的插柱位置偏移，使得键帽按下后与键体外壳卡住不能弹起而造成了卡键，此原因多发生在新键盘或使用不久的键盘上。还有就是按键长久使用后，复位弹簧弹性变得很差，弹片与按杆摩擦力变大，不能使按键弹起而造成卡键，此种原因多发生在长久使用的键盘上。

将键帽拨下，按动按杆，若按杆弹不起来或乏力，则是由第二种原因造成的，否则为第一种原因所致。若是由于键帽与键体外壳卡住的原因造成"卡键"故障，则可在键帽与键体之间放一个垫片，该垫片可用稍硬一些的塑料（如废弃的软磁盘外套）做成，其大小等于或略大于键体尺寸，并且在按杆通过的位置开一个可使按杆自由通过的方孔，将其套在按杆上后，插上键帽；用此垫片阻止键帽与键体卡住，即可修复故障按键；若是由于弹簧疲劳，弹片阻力变大的原因造成卡键故障，这时可将键体打开，稍微拉伸复位弹簧使其恢复弹性；取下弹片将键体恢复。通过取下弹片，减少按杆弹起的阻力，从而使故障按键得到恢复。

（2）某些字符不能输入或者键盘输入与屏幕显示的字符不一致。如果只有某一个键字符不能输入，则可能是该按键失效或焊点虚焊。检查时，打开键盘，用万用表电阻档测量接点的通断状态。若键按下时始终不导通，则说明按键簧片疲劳或接触不良，需要修理或更换；若键按下时接点通断正常，说明可能是因虚焊、脱焊或金属孔氧化所致，可沿着印刷线路逐段测量，找出故障进行重焊；若因金属孔氧化而失效，可将氧化层清洗干净，然后重新焊牢；若金属孔完全脱落而造成断路时，可另加焊引线进行连接。还可能是因为线路板导电塑胶上有污垢，电路板上产生短路现象造成的。拆开键盘，注意一定要按钮面（操作面）朝下，线路板朝上，否则每个按键上的导电塑胶都会脱落。然后翻开线路板，线路板一般为用软塑料制成的薄膜，上面刻有按键排线。用无水乙醇轻轻地在线路板上擦洗两遍，对于按键失灵部分的线路要多擦几遍。

2．打印机故障与维修

为了解决打印问题，首先要检查打印机是否启动了，然后打印一张测试页。

（1）打印机输出空白纸。对于针式打印机，引起打印纸空白的原因大多是由于色带油墨干涸、色带拉断、打印头损坏等，应及时更换色带或维修打印头；对于喷墨打印机，引起打印空白的故障大多是由于喷嘴堵塞、墨盒没有墨水等，应清洗喷头或更换墨盒；而对于激光打印机，引起该类故障的原因可能是显影辊未吸到墨粉（显影辊的直流偏压未加上），也可能是感光鼓未接地，使负电荷无法向地释放，激光束不能在感光鼓上起作用。

另外，激光打印机的感光鼓不旋转，则不会有影像生成并传到纸上。断开打印机电源，取出墨粉盒，打开盒盖上的槽口，在感光鼓的非感光部位做个记号后重新装入机内。开机运行一会儿，再取出检查记号是否移动了，即可判断感光鼓是否工作正常。如果墨粉不能正常供给或激光束被挡住，也会出现打印空白纸的现象。因此，应检查墨粉是否用完、墨盒是否正确装入机内、密封胶带是否已被取掉或激光照射通道上是否有遮挡物。需要注意的是，检查时一定要将电源关闭，因为激光束可能会损坏操作者的眼睛。

（2）打印纸输出全黑。对于针式打印机，引起该故障的原因是色带脱毛、色带上油墨过多、打印头脏污、色带质量差和推杆位置调得太近等，检修时应首先调节推杆位置，如故障不能排除，再更换色带，清洗打印头，一般即可排除故障；对于喷墨打印机，应重点检查喷头是否损坏、墨水管是否破裂、墨水的型号是否正常等；对于激光打印机，则大多是由于电晕放电丝失效或控制电路出现故障，使得激光一直发射，造成打印输出内容全黑。因此，应检查电晕放电丝是否已断开或电晕高压是否存在、激光束通路中的光束探测器是否工作正常。

（3）打印字符不全或字符不清晰。对于喷墨打印机，可能有两方面原因，墨盒墨尽、打印机长时间不用或受日光直射而导致喷嘴堵塞。解决方法是可以换新墨盒或注墨水，如果墨盒未用完，可以断定是喷嘴堵塞。取下墨盒（对于墨盒喷嘴不是一体的打印机，需要取下喷嘴），把喷嘴放在温水中浸泡一会儿，注意一定不要把电路板部分浸在水中，否则后果不堪设想。对于针式打印机，可能有以下几方面原因：打印色带使用时间过长；打印头长时间没有清洗，脏物太多；打印头有断针；打印头驱动电路有故障。可以先调节一下打印头与打印辊间的间距，若故障不能排除，可以换新色带，如果还不行，就需要清洗打印头了。卸掉打印头上的两个固定螺钉，拿下打印头，用针或小钩清除打印头前、后夹杂的脏污，一般都是长时间积累的色带纤维等，再在打印头的后部看得见针的地方滴几滴仪表油，以清除一些脏污，不装色带空打几张纸，再装上色带，这样问题基本就可以解决，如果是打印头断针或是驱动电路问题，就只能更换打印针或驱动管了。

（4）打印字迹偏淡。对于针式打印机，引起该类故障的原因大多是色带油墨干涸、打印头断针、推杆位置调得过远，可以用更换色带和调节推杆的方法来解决；对于喷墨打印机，喷嘴堵塞、墨水过干、墨水型号不正确、输墨管内进空气、打印机工作温度过高都会引起本故障，应对喷头、墨水盒等进行检测维修；对于激光打印机，当墨粉盒内的墨粉较少，显影辊的显影电压偏低和墨粉感光效果差时，也会造成打印字迹偏淡现象。此时，取出墨粉盒轻轻摇动，如果打印效果无改善，则应更换墨粉盒或调节打印机墨粉盒下方的一组感光开关，使之与墨粉的感光灵敏度匹配。

（5）打印纸上重复出现污迹。产生该故障大多是由于色带脱毛或油墨过多引起的，更换色带盒即可排除。喷墨打印机重复出现脏污是由于墨水盒或输墨管漏墨所致；当喷嘴性能不良时，喷出的墨水与剩余墨水不能很好断开而处于平衡状态，也会出现漏墨现象。而激光打印机出现此类现象有一定的规律性，由于一张纸通过打印机时，机内的 12 种轧辊转过不止一圈，最大的感光鼓转过 2～3 圈，送纸辊可能转过 10 圈，当纸上出现间隔相等的污迹时，可能是由脏污或损坏的轧辊引起的。

（6）打印机不打印。引起该故障原因有很多种，有打印机方面的，也有计算机方面的。以下分别进行介绍。

◎ 检查打印机是否处于联机状态：在大多数打印机上"On Line"按钮旁边都有一个指示联机状态的灯，正常情况下该联机灯应处于常亮状态。如果该指示灯不亮或处于闪烁状态，则说明联机不正常，重点检查打印机电源是否接通、打印机电源开关是否打开、打印机电缆是否正确连接等。如果联机指示灯正常，关掉打印机，然后再打开，看打印测试页是否正常。

◎ 检查打印机是否已设置为默认打印机：选择"开始"→"设备和打印机"，检查当前使用的打印机图标上是否有一小钩，若没有则将打印机设置为默认打印机。如果"打印机"窗口中没有使用的打印机，则点击"添加打印机"选项，然后根据提示进行安装。

◎ 检查当前打印机是否已设置为暂停打印：方法是在"设备和打印机"窗口中右击打印机图标，在弹出的菜单中检查"暂停打印"选项上是否有一小钩，如果选中了"暂停打印"则取消该选项。

◎ 在"记事本"中随便键入一些文字，然后选择"文件"→"打印"命令，如果能够打印测试文档，则说明使用的打印程序没有问题，重点检查 Word 或其他应用程序是否选择了正确的打印机，如果是应用程序生成的打印文件，请检查应用程序生成的打印输出是否正确。

◎ 检查计算机的硬盘剩余空间是否过小：如果硬盘的可用空间低于 10 MB 则无法打印。

◎ 检查打印机驱动程序是否合适，打印配置是否正确：在"打印机属性"对话框中检查打印机端口设置是否正确，最常用的端口为"LPT1（打印机端口）"，但是有些打印机却要求使用其他端口。

◎ 检查计算机的 BIOS 设置中打印机端口是否打开：BIOS 中打印机使用端口应设置为"Enable"，有些打印机不支持 ECP 类型的打印端口信号，应将打印端口设置为"Normal ECP+EPP"方式。

◎ 检查计算机中是否存在病毒：若有需要用杀毒软件进行杀毒。

◎ 检查打印机驱动程序是否已损坏：可右击打印机图标，选择"删除设置"命令，然后单击"添加打印机"按钮，重新安装打印机驱动程序。

◎ 打印机进纸盒无纸或卡纸，打印机墨粉盒、色带或碳粉盒是否有。

（7）打印头移动受阻，停下长鸣或在原处震动。这主要是由于打印头导轨长时间滑动会变得干涩，打印头移动时就会受阻，到一定程度就会使打印停止，如不及时处理，严重时可以烧坏驱动电路。可以在打印导轨上涂几滴仪表油，来回移动打印头，使其均匀分布。重新开机后，如果还有受阻现象，则有可能是驱动电路烧坏，需要拿到维修部了。

（8）打印机卡纸或不能走纸。打印机最常见的故障是卡纸。出现这种故障时，操作面板上指示灯会发亮，并向主机发出一个报警信号。出现这种故障的原因有很多，例如纸张输出路径内有杂物、输纸辊等部件转动失灵、纸盒不进纸、传感器故障等，排除这种故障的方法十分简单，只需打开机盖，取下被卡的纸即可，但要注意，必须按进纸方向取纸，绝不可反方向转动任何旋钮。

如果经常卡纸，就要检查进纸通道，清除输出路径的杂物，纸的前部边缘要刚好在金属板的上面。检查出纸辊是否磨损或弹簧松脱，压力不够，即不能将纸送入机器。出纸辊磨损，一时无法更换时，可用缠绕橡皮筋的办法进行应急处理。缠绕橡皮筋后，增大了搓纸摩擦力，能使进纸恢复正常。此外，装纸盘安装不正常，纸张质量不好也会造成卡纸或不能取纸的故障。

（9）打印出现乱码字符。无论是针式打印机、喷墨打印机还是激光打印机出现打印乱码现象，大多是由于打印接口电路损坏或主控单片机损坏所致，而实际检修中发现，打印机接口电路损坏的故障较为常见，由于接口电路采用微电源供电，一旦接口带电拔插产生瞬间高压静电，就很容易击穿接口芯片，一般只要更换接口芯片即可排除故障。另外，字库没有正确载入打印机也会出现这种现象。

相关知识

1. 硬件故障检修的流程

检修硬件故障的基本步骤可归纳为，由系统到设备、由设备到部件、由部件到器件、由器件到故障点。即应该从大到小、从表到内，逐渐缩小范围，直到查找到故障点为止。

（1）由系统到设备：当一个计算机系统出现故障，应先确定是系统中的哪一部分出了问题，例如，主板、电源、磁盘驱动器、显示器、硬盘和打印机等。先确定故障的大致范围后，再作进一步的检测。

（2）由设备到部件：由设备到部件是指在确定是计算机的哪一部分出了问题后，再对该部件进行检查。例如，判断是主板出了故障，则进一步检测是主板中哪一个部分的问题，例如，CPU、内存、时钟、总线和接口部件等。

（3）由部件到器件：由部件到器件是指判断某一部分出问题后，再对该部件中的各个具体元器件或集成块芯片进行检查，以找到故障器件。

（4）由器件到故障点：由器件到故障点是指确定故障器件后，应进一步确认是器件损坏，还是外部器件引脚、引线接点或插点接触不良，或是导线、引线的断开或短接等问题。

2. 故障检修中应注意的安全措施

在进行故障检修时应注意以下几点，以免造成人身伤害或导致其他故障的产生。

（1）注意机内高压系统：机内高压系统是指市电 220 V 的交流电压和显示器 10 000 V 以上的阳极高压。高电压无论是对人体或设备都是很危险的，必须引起重视。

在对计算机做一般性检查时，能断电操作的尽量断电操作，在必须带电检查的情况下，注意人体和器件的安全。对于刚通电又断电的操作，要等待一段时间，或者预先采取放电措施，待有关贮能元件（如大电容等）完全放电后再进行操作。

（2）不要带电插拔各插卡和插头：带电插拔各控制卡（非热插拔类）很容易造成芯片的损坏。因为在加电情况下，插拔控制卡会产生较强的瞬间反激电压，足以把芯片击毁。带电插拔打印口、串行口、键盘口等外设的连接电缆常常是造成相应接口损坏的原因。

（3）防止烧毁主板及其插卡：应尽量避免烧坏主板。因此当插入无法确定好坏，也不知有无短路情况的控制卡或其他插件时，首先不要马上加电，而是要用万用表测一下+12V端（如 PC/XT 机 I/O 槽的 B9 脚）和–12V 端（I/O 槽的 B7 脚）与周围的信号有无短路情况（可以在另一空槽上测量），再测一下系统板上的电源+5V 端、–5V 端与地是否短路。

思考与练习7-4

一、填空题

1．显示器显示出现杂点或图案一般是由于_____或_____。

2．遇到播放音乐 CD 无声的故障，首先应该检查_____，再检查_____。

3．为了解决打印问题，首先要检查打印机是否启动了，然后打印一张_____。

4．对于喷墨打印机，引起打印空白的故障大多是由于_____和_____等。

5．检修硬件故障的基本步骤可归纳为_____、_____、_____、_____。
硬件故障的检查步骤应该_____、_____，依次检查，逐渐缩小范围。

二、问答题

1．简述硬件故障检修的基本流程。

2．简述在计算机故障检修中应注意哪些安全措施。